DLCの基礎と応用展開

Fundamentals and Applications of DLC Films

監修：大竹尚登
Supervisor : Naoto Ohtake

シーエムシー出版

はじめに

　炭素はsp，sp^2，sp^3の3種類の混成軌道を持つが故に，材料として様々な顔を持つ。フラーレン（C_{60}）とグラフェンは共にsp^2炭素物質であり，それぞれ1996年のノーベル化学賞と2010年のノーベル物理学賞の受賞対象となった。「C」のみの物質から2度に渡ってノーベル賞に結びつく業績が生まれていることからも，炭素物質に大きな魅力のあることが理解できる。

　ダイヤモンドライクカーボン（Diamond-Like Carbon，以下DLC）膜は，宝石で知られるダイヤモンドと炭で知られるグラファイトの中間の物質で，ダイヤモンドのsp^3結合とグラファイトのsp^2結合の両者を炭素原子の骨格構造としたアモルファス炭素膜である。DLC中のダイヤモンド結合の成分は20〜90％と幅広く，水素を0〜50％含み，さらにシリコンなどの第3元素を含むこともあるので，一言でDLCと言ってもその物性は千差万別である。そこで，DLCを何種類かに分けて産業応用しやすくする必要に迫られており，現在DLCの標準化が検討されている。

　DLCは以前と比較して随分身近な存在になった。自動車を例にとれば，F1クラスにしか用いられていなかったDLCコーティング部品が，100万円台の市販車にも用いられている。低燃費が希求される自動車業界にあって，摩擦係数の低い表面を実現できるDLCは，今後ますます重宝される存在になるだろう。しかし，さらなる用途拡大のためには，以下の技術的要素が求められる。

① より低コスト・高信頼性の成膜を実現すること。成膜コストはここ10年間で随分下がったとはいえ，量産機械部品への適用，さらにはポストCrめっきとしての応用を視野に入れると，1/2〜1/10のコストダウンが求められる。また大量生産への適用のためには，1μm/min程度の高速成膜の実現も重要である。この際に，少なくとも3σ以上の耐剥離信頼性を担保することが必要である。

② より高機能化を図ること。DLC表面の構造についてはかなり理解が進んでおり，親水性，撥水性を付与することも可能である。生体親和性の高いことも確認されている。一方，高硬さなどの機械的機能と離型性などの化学的機能の両者を高い次元で併せ持つ膜の開発が今後重要である。光学的特性も，再び重要度を増している。透明な鉄ならぬ透明なDLCコーティングの実現は，長年の課題である。

③ DLCの構造を明らかにすること。現在DLCの構造を完全に説明できる技術者・研究者は世の中にいない。構造解明より応用が大きく進んでいる不思議な材料である。DLC技術のさらなる発展のためには，その構造を明らかにして，それを制御するための知見が必要である。

　本書は，主にDLCの応用を扱ったものであるが，上述の用途拡大に必要な基礎的視座を重視し，DLCの構造，表面修飾についても詳述している。もちろん応用の基幹をなす機械的特性と

トライボロジー特性については多くのページを割いている。DLCの応用とそれを支える基礎技術について，読者の皆様に多くの気づきがあることを期待する。

2016年7月

東京工業大学
大竹尚登

―――― 執筆者一覧(執筆順) ――――

大竹 尚登	東京工業大学　工学院　教授
神田 一浩	兵庫県立大学　高度産業科学技術研究所　教授
佐々木 信也	東京理科大学　工学部　機械工学科　教授
加納 眞	KANO Consulting Office
大花 継頼	(国研)産業技術総合研究所　製造技術研究部門 トライボロジー研究グループ　グループ長
平栗 健二	東京電機大学　工学部　電気電子工学科　教授
三好 理子	㈱東レリサーチセンター　構造化学研究部 構造化学第2研究室　研究員
竹田 正明	㈱東レリサーチセンター　材料物性研究部 材料物性第2研究室　室長
辻岡 正憲	日本アイ・ティ・エフ㈱　常務取締役
平塚 傑工	ナノテック㈱　研究開発セクター　取締役
赤理 孝一郎	㈱神戸製鋼所　機械事業部門産業機械事業部 高機能商品部技術室　次長
鈴木 泰雄	㈱プラズマイオンアシスト　代表取締役
熊谷 泰	ナノコート・ティーエス㈱　代表取締役社長
森 広行	㈱豊田中央研究所　材料・プロセス1部　表面改質研究室
佐川 琢円	日産自動車㈱　材料技術部　油材・電動材料グループ　主管
熊谷 正夫	㈱不二WPC　技術部　取締役技術部長

松尾　　誠	㈱iQubiq　代表取締役	
岩本　喜直	㈱iMott　代表取締役	
鹿田　真一	関西学院大学　理工学部　先進エネルギーナノ工学科　教授	
梅原　徳次	名古屋大学　大学院工学研究科　教授	
鷹林　　将	㈱アドテックプラズマテクノロジー　開発部	
白倉　　昌	オールテック㈱　代表取締役	
森　貴則	慶應義塾大学　大学院理工学研究科　開放環境科学専攻	
鈴木　哲也	慶應義塾大学　理工学部　機械工学科　教授	
中村　挙子	（国研）産業技術総合研究所　先進コーティング技術研究センター　主任研究員	
稗田　純子	名古屋大学　大学院工学研究科　マテリアル理工学専攻　准教授	
青野　祐美	防衛大学校　機能材料工学科　准教授	
一ノ瀬　泉	（国研）物質・材料研究機構　機能性材料研究拠点　副拠点長	
赤坂　大樹	東京工業大学　工学院　機械系　准教授	
滝川　浩史	豊橋技術科学大学　電気・電子情報工学系　教授	
井上　雅貴	東京工業大学　大学院理工学研究科	
髙村　瞭太	東京工業大学　大学院理工学研究科	
葛巻　　徹	東海大学　工学部　材料科学科　教授	

目次

第1章　DLCの基礎

1　DLC膜の基礎と応用の概観
　　　………………………大竹尚登…　1
　1.1　はじめに ………………………… 1
　1.2　機械とDLC …………………… 2
　1.3　切削工具とDLC ……………… 4
　1.4　DLCの分類 …………………… 6
　1.5　DLC成膜の基礎 ……………… 9
2　DLC構造分析の基礎 ……神田一浩… 16
　2.1　DLC膜の構造 ………………… 16
　2.2　DLC膜のsp^2/sp^3比の分析方法…… 18
　2.3　DLC膜の水素含有率の分析方法 … 22
　2.4　ヘテロ元素含有DLC膜の構造解析 … 25
　2.5　むすび ………………………… 26
3　薄膜トライボロジーの基礎
　　　………………………佐々木信也 28
　3.1　はじめに ………………………… 28
　3.2　トライボロジーの基礎メカニズム … 29
　3.3　トライボマテリアルとしてのDLC
　　　の特徴 ………………………… 33
　3.4　おわりに ………………………… 35
4　DLCのトライボロジー応用における
　　留意点 ………………加納　眞… 37
　4.1　はじめに ………………………… 37
　4.2　応用における留意点 …………… 37
　4.3　おわりに ………………………… 44
5　DLC膜の密着力とその評価
　　　………………………大花継頼… 46
　5.1　はじめに ………………………… 46
　5.2　一般的な評価方法 ……………… 46
　5.3　摩擦摩耗試験とはく離 ………… 48
　5.4　統計的なはく離荷重 …………… 53
　5.5　はく離評価における課題 ……… 54
　5.6　おわりに ………………………… 54
6　DLCの生体親和性 ………平栗健二… 56
　6.1　はじめに ………………………… 56
　6.2　アモルファス炭素系薄膜（含む
　　　DLC膜）と膜特性 ……………… 57
　6.3　評価結果 ………………………… 59
　6.4　まとめ ………………………… 63
7　固体NMRによる炭素膜の構造分析
　　　………………三好理子，竹田正明… 65
　7.1　はじめに ………………………… 65
　7.2　固体高分解能NMR（核磁気共鳴）
　　　法によるsp^3炭素比率の評価 …… 65
　7.3　DLC膜の評価事例 …………… 66
　7.4　まとめ ………………………… 69

第2章 機械的応用展開

1 DLCの機械的応用の最前線
　　　　　　　　　　辻岡正憲 … 71
　1.1　はじめに ………………………… 71
　1.2　DLCの種類と特徴 ……………… 71
　1.3　工具・金型への応用 …………… 72
　1.4　DLCの機械部品（摺動部品）への
　　　応用 ……………………………… 78
　1.5　DLCの自動車部品への応用 …… 83
　1.6　まとめ …………………………… 85
2 分析の視点からの機械的応用と特徴
　　　　　　　　　　平塚傑工 … 86
　2.1　はじめに ………………………… 86
　2.2　光学的評価による構造と硬さの関係
　　　 …………………………………… 86
　2.3　多元素含有とその特性 ………… 90
　2.4　おわりに ………………………… 92
3 DLCの自動車部品への適用の新展開
　　　　　　　　　　加納　眞 … 93
　3.1　はじめに ………………………… 93
　3.2　自動車部品への適用状況 ……… 93
　3.3　DLC膜の摩耗に及ぼす潤滑剤の影響
　　　 …………………………………… 96
　3.4　DLCの自動車部品適用の新展開 … 97
　3.5　おわりに ………………………… 101
4 UBMS装置によるDLC膜の最前線
　　　　　　　　　　赤理孝一郎 103
　4.1　UBMS法の原理と特長 ………… 103
　4.2　UBMS装置によるDLC形成プロセス
　　　 …………………………………… 104
　4.3　UBMS法による高機能DLC膜の形成
　　　 …………………………………… 105
　4.4　UBMS装置によるDLC膜の展開 … 108
　4.5　おわりに ………………………… 109
5 導電性DLCをコートした燃料電池用
　セパレータの開発 ………鈴木泰雄 111
　5.1　はじめに ………………………… 111
　5.2　セパレータに要求される特性 … 111
　5.3　DLCの導電化 …………………… 112
　5.4　接触抵抗の低減 ………………… 114
　5.5　耐食性 …………………………… 115
　5.6　低コスト ………………………… 117
　5.7　ステンレスセパレータの発電性能 … 119
　5.8　アルミセパレータの発電性能 … 121
　5.9　まとめ …………………………… 122
6 多層化水素含有DLC膜の特性と応用
　　　　　　　　　　熊谷　泰 … 123
　6.1　はじめに ………………………… 123
　6.2　成膜装置とプロセス …………… 123
　6.3　密着力評価 ……………………… 124
　6.4　トライボロジー特性 …………… 126
　6.5　実用例 …………………………… 127
　6.6　おわりに ………………………… 128
7 DLC-Si膜の電動ウォータポンプシャフ
　トへの適用 ………………森　広行 130
　7.1　はじめに ………………………… 130
　7.2　鋼材への高密着化技術 ………… 131
　7.3　DLC-Si膜のトライボジー特性 … 132
　7.4　防食設計 ………………………… 135
　7.5　おわりに ………………………… 136
8 ta-Cの自動車部品への適用

…………………佐川琢円… 138
　8.1　はじめに ……………………… 138
　8.2　ta-Cの自動車部品への適用事例 …… 138
　8.3　ta-C膜における低フリクション化 … 139
　8.4　ta-C膜と省燃費エンジンオイルによる低フリクション化メカニズム …… 143
　8.5　おわりに ……………………… 145
9　WPC処理によるAl合金部材へのDLCコーティング ……………熊谷正夫… 146
　9.1　はじめに ……………………… 146
　9.2　WPC処理について …………… 146
　9.3　DLC被覆のためのアルミニウム合金へのWPC処理 ……………… 148
　9.4　DLC被覆アルミニウムピストンの開発 ……………………………… 150
　9.5　おわりに ……………………… 151
10　セグメント構造DLC膜のはさみへの応用展開 ………松尾　誠，岩本喜直… 153
　10.1　理美容用はさみの構造設計 …… 153
　10.2　理美容用S-DLCコーティングはさみの設計 ……………………… 153
　10.3　S-DLCコーティングはさみの特性 ……………………………… 154
　10.4　S-DLCコーティングはさみのまとめ ……………………………… 157
　10.5　S-DLCコーティングはさみの今後の展開 ……………………………… 157
11　ナノダイヤモンドの合成と機械的応用
　　　　　　　　　…………………鹿田真一… 158
　11.1　はじめに ……………………… 158
　11.2　合成と特性 …………………… 158
　11.3　機械的応用 …………………… 161
　11.4　機械的応用の展開 …………… 164
12　a-CNx膜のトライボロジー特性
　　　　　　　　　…………………梅原徳次… 167
　12.1　はじめに ……………………… 167
　12.2　a-CN膜の乾燥窒素中における超低摩擦の発現 …………………… 167
　12.3　a-CNxの乾燥窒素ガス中超低摩擦発現メカニズム ………………… 169
　12.4　a-CNxの添加剤を含有しないベース油（PAO油）中での超低摩擦発現 ……………………………… 170
　12.5　a-CNx膜の反射分光分析摩擦面その場観察による構造変化層の厚さ及び物性と摩擦係数の関係 …… 172
　12.6　今後の展望 …………………… 173

第3章　電気的・光学的・化学的応用展開

1　DLCの電気特性と化学構造との関係
　　　　　　　　　……………鷹林　将… 175
2　DLC膜のガスバリヤ性とその応用の最前線
　　　……白倉　昌，森　貴則，鈴木哲也… 182
　2.1　はじめに ……………………… 182
　2.2　PETボトル内面へのDLCコーティングと改良開発の状況 …………… 183
　2.3　PETボトルのリユース適性向上への利用 ……………………………… 187

2.4 大気圧プラズマCVD法によるガスバリヤ性向上 ……………… 187	4.1 はじめに ……………………… 203
2.5 DLC膜と酸化ケイ素系膜の積層膜の大気圧プラズマによるコーティング ……………………………… 189	4.2 BドープDLC膜の作製 ……… 203
	4.3 BドープDLC膜の表面構造と表面特性 ……………………………… 204
2.6 マイクロ波励起大気圧プラズマCVD法によるDLCコーティング ……… 190	4.4 BドープDLC膜の血液適合性 …… 205
	4.5 おわりに ……………………… 207
2.7 大気圧プラズマCVD法によるコンクリート保護 ………………… 191	5 アモルファス窒化炭素のガス応答性 ……………………… 青野祐美 … 209
2.8 おわりに ……………………… 192	5.1 はじめに ……………………… 209
3 DLCの表面修飾法 ……… 中村挙子 … 195	5.2 抵抗値の雰囲気依存性 ……… 210
3.1 はじめに ……………………… 195	5.3 雰囲気依存性の原因 ………… 211
3.2 フッ素官能基化技術 ………… 195	5.4 まとめ ………………………… 214
3.3 酸素官能基化技術 …………… 197	6 DLCのフィルターへの応用
3.4 硫黄官能基化技術 …………… 198	……………………… 一ノ瀬泉 … 216
3.5 他のカーボン材料への適用 … 199	6.1 はじめに ……………………… 216
3.6 化学修飾カーボン材料の医用応用 … 200	6.2 研究動向 ……………………… 217
3.7 まとめ ………………………… 202	6.3 DLC製の濾過フィルターの特徴 … 219
4 BドープDLCの生体親和性	7 DLC膜の耐エッチング性
……………………… 稗田純子 … 203	……………………… 赤坂大樹 … 223

第4章 次世代DLC応用のためのキー技術

1 大電力パルススパッタリングによるDLC成膜技術 ……… 平塚傑工 … 230	2.3 真空アーク蒸着 ……………… 240
	2.4 フィルタードアーク蒸着 …… 241
1.1 はじめに ……………………… 230	2.5 高sp^3比DLC膜の作り方 …… 242
1.2 高硬度化 ……………………… 231	2.6 高sp^3比DLC膜の応用 ……… 243
1.3 高速成膜 ……………………… 233	2.7 おわりに ……………………… 244
1.4 HiPIMS技術の今後の展開 …… 236	3 準大気圧・大気圧DLC成膜と円管内壁へのDLC成膜
2 高sp^3比DLC膜の成膜 …… 滝川浩史 … 239	
2.1 はじめに ……………………… 239	…… 大竹尚登, 井上雅貴, 髙村瞭太 … 245
2.2 成膜方法 ……………………… 239	3.1 ナノパルスプラズマCVDと準大気

	圧下でのDLC成膜 ……………… 245
3.2	準大気圧下でのDLC膜の厚膜化 …… 247
3.3	大気圧下でのDLC成膜 …………… 249
3.4	ナノパルスプラズマCVDによる円管内へのDLC成膜 ……………… 251
3.5	まとめ ……………………………… 253

4	ナノ材料試験システムによるDLC膜の力学特性評価 ……………**葛巻　徹** … 255
4.1	緒言 ………………………………… 255
4.2	実験方法 …………………………… 255
4.3	実験結果および考察 ……………… 258
4.4	まとめ ……………………………… 261

第5章　DLCとその応用の未来　　**大竹尚登** ……………… 263

第1章　DLCの基礎

1　DLC膜の基礎と応用の概観

大竹尚登*

1.1　はじめに

　アダマント材料とは，ダイヤモンド，立方晶窒化ホウ素（c-BN）など，原子同士のsp^{3}結合による強固な共有結合性を有する低元素結晶およびアモルファス材料であり，ナノメートルスケールで構造が制御され，機械的には硬質・耐摩耗性を有する特徴がある[1]。ダイヤモンドライクカーボン（Diamond-Like Carbon, DLC）膜はアダマント材料の一つで，ダイヤモンドのsp^{3}結合とグラファイトのsp^{2}結合の両者を炭素原子の骨格構造としたアモルファス炭素膜である[2~5]。

　DLC膜は高い硬さ，低摩擦係数，高耐摩耗性，高絶縁性，高化学安定性，高ガスバリア性，高耐焼付き性，高生体親和性，高赤外線透過性などの特徴を有し，表面が平坦で室温から500℃程度の比較的低温で成膜できることから，図1にまとめたように電気・電子機器（ハードディスクのヘッド，ディスク，ビデオテープ，集積回路など）や切削工具（ドリル，エンドミル，カミソリなど），金型（光学部品，射出成形，粉末成形など），自動車部品（ピストンリング，カム関連部品，クラッチ板，インジェクタ，水ポンプなど），光学部品（レンズ，窓など），PETボトルの酸素バリア膜，衛生機器（水栓），レンズ，窓，装飾品（時計のベゼルなど）などに幅広く応用され始めている[6]。とりわけ優れた耐摩耗性と低い摩擦係数を利用した機械部品の保護膜としての需要が加速度的に増大している。

　日本国内のDLCの市場規模は，2015年の統計で約90億円と言われている。しかし，これらは表に出ている数字であって，実際にはこの数字より大きい規模と思われる。DLCコーティングを内製で行っている企業が多いからである。さらに最近では，自動車用の量産部品としても実用化している。インジェクタなどでは以前からDLCが用いられていたが，最近適用範囲が大幅に拡大している。代表例の一つは電磁クラッチ板へのコーティングであり[7]，DLCをコーティングすることにより，油中での摩擦係数がDLCコーティングにより高くなることおよび滑り速度の増加により摩擦係数が増加することを利用した点でユニークな応用である。またエンジン部品としては，カムフォロワへの応用がある。これは，DOHCエンジンのカムが吸排気バルブを押す極めて重要な摺動部であって，このような箇所にDLCが実用化されたことは注目に値する[8]。さらにロータリーエンジンの部品にもDLCが採用され[9]，さらに水ポンプへの適用，ピストンリングへのコーティングが進むなど，枚挙に暇が無い。DLCの応用範囲は今後ますます拡大すると思われる。

＊　Naoto Ohtake　東京工業大学　工学院　教授

図1 構造によるDLCの分類と応用の例[6]（タイプは後述の表1に従う）

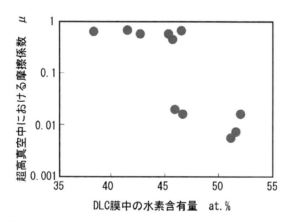

図2 超高真空中（10^{-8}Pa）中でのDLC膜の摩擦係数の水素含有量依存性。ピンおよびディスク材料はZ100CD17（440C）であり，ディスクにDLC/Tiがコートされている。ヘルツ圧力：1GPa，摺動速度：1mm/s

1.2 機械とDLC

　先に述べたように，DLC膜は，優れた膜平滑性や耐薬品性，アルミニウムなどの金属に対する耐溶着性を有することが良く知られており，またセラミックス全般，鉄鋼材料，シリコンなど多くの材料に対して大気中での摩擦係数が0.1以下と低い特徴を有する。DLC大気中での摩擦挙動については様々な説があるが，表面にごく薄いグラファイト層が生じ，これがせん断されるために0.1程度の低い摩擦係数となるという説が支配的である[10]。トライボケミカル反応が，グラ

第1章 DLCの基礎

ファイトと同じ層状構造のMoS$_2$の場合には酸化に効いて寿命を低下させるのに対して，DLCの場合にはグラファイト化に効くので非常に寿命が長くなるとの説明は，実際の実験結果ともよく一致する。

さて，材料の摩擦摩耗特性はその硬度だけでは決まらない。摩耗粉などの第三体がなければ，摩擦特性は表面層のせん断変形とわずかな圧縮変形によって決まるからであり，使用環境によって特性が大きく変化する。

図2に超高真空中におけるDLC膜の摩擦係数の膜中の水素量による変化を示す[10]。膜中水素量が45%を越えると摩擦係数が一挙に1/70程度に低下することがわかる。これは，膜表面に非常に薄いPLC（Polymer-like Carbon）層が形成されるためと考えられている。ドライ環境下ではこのPLCが相手材に移着することによって摩擦係数が大きく低下する。この性質を利用して，Ti-DLCの多層コーティング材料が宇宙用摺動部材として検討されている[10]。宇宙環境ではメンテナンス・フリーの概念が必要なので，付着力，高真空中での耐摩耗性に非常に高いレベルが要求される。Tiは残留抗力を減少させて鉄鋼材料基板とDLCの付着力を増大させるために用いられ，DLCのぜい性を補うためにTiとDLCの傾斜組成として表面のDLC膜を保護し，さらに表面のPLC層で低摩擦係数を生む構成である。

DLCコーティングは，上述のようにドライ環境下での機械部品の耐摩耗性向上が期待されている。一方，高面圧下でのドライ適用は現状では容易でなく，実用化されているのはウェット環境下が多い。ウェット環境となるとDLC表面と潤滑剤との相互作用が重要となるので，DLC表面の官能基修飾が焦点になる。DLCはアモルファス構造でその表面は多様な結合様式が存在していて単結晶のように各表面原子に対して一義的な修飾を施すことは簡単でない（例えば混酸処理でカルボキシル基修飾しようとすると，五員環部やsp^{2}結合部が優先的にエッチングされるはずである。）が，カルボキシル基や水酸基，アミノ基の修飾は多くの場合可能である。ウェット状態の部材へのDLC適用においては，使用する油との相性を調査したうえでDLCと潤滑剤の組み合わせとして実用化がなされている。この組み合わせの系統的データベースは存在しないが，いくつかの有益な報告がある。

例えば，加納らはDLCとSCM415との摩擦係数について各種潤滑剤を用いて調べ，Poly-Alpha-Olefin（PAO）中に，フリクション・モディファイアーとしてGlycerol-mono-oleate（GMO）を1%添加することで，DLCがta-Cの場合には$\mu = 0.02$の低い摩擦係数が得られることを示している。ta-Cのかわりにa-C:Hを用いた場合には，SCM415との摩擦係数が$\mu = 0.18$とSCM415対SCM415の$\mu = 0.12$より高くなってしまうことから，GMOの水酸基とta-C間の相互作用で低せん断降伏応力を有する何らかのトライボフィルムが生成している可能性を示唆している[11]。また，森らは誘導体化XPS法によりSi含有DLCの表面を分析することにより，シラノール（Si-OH）基量と摩擦係数との相関を調べ，DLC中のシリコンの含有量が多く，摩擦係数が低い膜ほどシラノール基が多いことから，Si/DLC膜においてはシラノール基が摩擦低減に寄与することを明らかにしている[6]。なお，この試験は対SUJ2のドライ試験だが，ウェットの場合にも

3

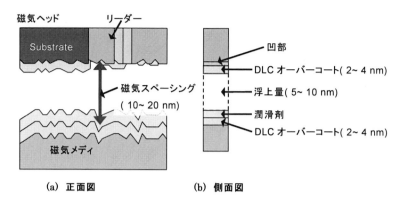

図3　ハードディスクのヘッド・磁気メディアとDLCオーバーコートの関係を表す模式図

OH基を活用して摩擦係数を制御できると思われる。

　ついで，ハードディスクへのDLC応用について述べる。ハードディスクへのDLCオーバーコートは，DLC厚さの点で他の機械的応用と一線を画する。ハードディスクは，図3に示すように磁気メディアに書き込まれている磁気情報を浮上している磁気ヘッドにより読み取るので，出来るだけヘッドとメディアとの距離が小さいことが望まれる[12]。従って，ヘッドおよびメディアを保護しているDLCの厚さとして，最近は2nm程度の極薄膜が要求されている。しかも，その極薄膜DLCと僅かな潤滑剤で，耐摩耗性を担保し，耐食性を持たせねばならない。

　ヘッドには硬さの大きいTYPEⅠのDLC膜が用いられる（DLCのTYPEについては，表1を用いて後述する）。また，メディアには通常TYPEⅡまたはⅢの膜が用いられている。TYPEⅠ膜のディスクへの利用が難しいのは，ドロップレットを完全に無くすことが容易でないためと言われているが，ごく最近にTYPEⅠの膜を利用可能との研究結果も出されている。いずれにしても，10～20原子層厚さの膜であるから，粒子状の物質は厳禁で，しかも硬さが大きく，連続膜で高いガスバリア性を有する必要もある。DLCオーバーコートはHDDの高密度化に大きく貢献してきた。さらに進化できるかどうか，今後の技術開発が期待される。

1.3　切削工具とDLC

　既に述べたように，DLCは高い耐摩耗性と耐アルミニウム溶着性に優れているので，アルミニウム加工用の切削工具およびドリルに用いられている。主にPVDによるTYPEⅠ，TYPEⅡの膜が用いられており，硬さは20GPa以上である。靭性を増すためにSiなどの金属元素を含有するMe-DLC（分類ではTYPEⅡaに相当する。）を用いる場合もある一方，耐摩耗性を考慮した50GPa以上の硬さを有するTYPEⅠ膜の場合もある。例えば，図4に示すようにアルミ合金A5052のウェット加工において，超硬合金工具では1,570穴で折損の生じる切削条件でも，DLCコーティングを施すことにより10,400穴の加工が可能で，しかも穴数増加に伴う穴の拡大もほとんどみられないことが明らかにされており，DLCコーティングの効果が極めて高いことがわかる[13]。

第1章　DLCの基礎

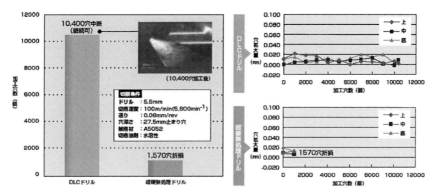

図4　DLCコーティング工具と超硬工具によるA5052ウェット切削時の性能評価　不二越HP
http://www.nachi-fujikoshi.co.jp/tool/pdf/dlc_drill.pdfより

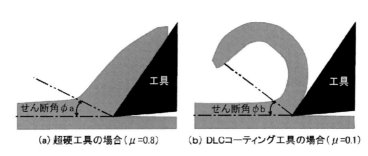

図5　DLCコーティングによる切り屑流れの変化の模式図

　DLCコーティング工具の良さは，その摩擦係数の小ささにある．図5に示すように，超硬合金工具では，摩擦係数がAlに対して0.8程度と大きいために，せん断角ϕ_1が小さくなって，カール直径の大きい厚い切り屑になってしまう．それに対してDLCはAlとの摩擦係数が$\mu=0.1〜0.2$と小さいので，切り屑の排出が容易で，せん断角ϕ_2は顕著に大きくなり，カール直径の小さく薄い切り屑となる．当然焼き付きも起きにくいので，構成刃先を生じにくく表面粗さの小さい加工品が得られる．
　次に，表面テクスチャをDLCに与えることにより切削工具の特性をさらに向上させる試みについて述べる[14]．これは，切削工具のすくい面にセグメント構造DLC膜をコーティングすることによって，MQL切削を検討しているものである．超硬合金（K10），DLCコーティング超硬，セグメント構造DLCコーティング超硬の3種類の切削チップを用いてA5052の正面切削を行ったときのせん断角の測定結果を図6に示す．切削速度は380m/min，切削油はユニカットジネンMFFをオイルミスト供給装置により17mL/hで供給している．図6より，DLCコーティングによりせん断角が大きくなり，切り屑のカール半径が小さくなっていることがわかる．さらに，DLCをセグメント構造化することで，せん断角の工具回転による減少が抑制されている．これは，セグメント溝部の油保持効果により，安定した潤滑状態を維持出来ることを示しており，セグメント

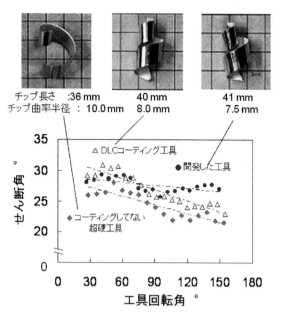

図6　MQL切削における各種切削チップのせん断角

構造化がMQL加工における大きな武器になる可能性を示す結果と言える。

1.4　DLCの分類[2]

　現在DLCと言われているアモルファス炭素膜中のダイヤモンド構造の比率は10〜90%と幅広く，さらに水素を0〜50atm.%含むので，一言でDLCと言ってもその物性は千差万別である。故にDLCを適材適所に産業利用するためには，DLCを材料として定義し，明確に分類・標準化することが急務である。日本では平成18年から長岡技術科学大学の斎藤教授，ナノテックの中森総長を委員長とし，ニューダイヤモンドフォーラムを実施組織としてDLCの標準化の検討を行ってきた。

　DLC膜を構成する原子が基本的に炭素のみであるか，あるいは炭素と水素のみによって構成されたものをノンドープDLC膜と定義する。水素は，炭素のsp^3結合を安定化させる効果の高いことは周知であり，またCVD法では炭化水素ガスを原料に用いるために必ず水素が入る。従って水素は分類においても重要な役割を果たす。実用時にはDLCにSi，Wなどの第3元素をドープしたり，中間層を形成したりすることが多いが，標準化の検討の中の，ノンドープDLCの分類においては，これらの膜は含められていない。

　DLCの分類を状態図として考えれば，Robertsonの提唱したsp^3，sp^2，Hを成分とする三元図[15]による分類が妥当であり，実際筆者らも三元図を用いた分類図を作成している[2]。しかし，産業応用にあっては，より単純かつタイプ間に隙間のない図が求められる。そこで三元図による分類を単純化し，整理することで標準化に見合った分類案を作成する作業が行われている。最新の分

第1章　DLCの基礎

表1　アモルファス炭素膜の分類とDLCの定義

Type	Name	$sp^3/(sp^3+sp^2)$ (%)	Hydrogen content (atm.%)	Remarks
I	ta-C	$50=<sp^3=<90$	$H=<5$	A Type of DLC
II	ta-C:H	$50=<sp^3=<100$	$5<H<50$	A Type of DLC
III	a-C	$20<sp^3<50$	$H=<5$	A Type of DLC
IV	a-C:H		$5<H<50$	A Type of DLC
V	–	$0=<sp^3=<20$	$(0=<H=<5)$	Other film I Graphite-like
VI	–	–	$(50=<H=<70)$	Other film II $5=<H$ @ $sp^3<20$ Polymer-like

Typeの決定にあたっては，NEXAFSによる$sp^3/(sp^3+sp^2)$およびERDAによる水素量について実測値の±5％の補正を許容する。

類案は表1に示す通りである。

本分類案においては，ノンドープDLC膜は4分類，Type I テトラヘドラル・アモルファスカーボン（ta-C），Type II 水素化テトラヘドラル・アモルファスカーボン（ta-C:H），Type III アモルファスカーボン（a-C），Type IV 水素化アモルファスカーボン（a-C:H）からなるとし，Type V とType VI についてはその他の膜として，DLCの枠外に分類した。Type V はグラファイト状の炭素膜，Type VI は高分子状の炭素膜に相当する。

また，測定誤差を考慮し，Typeの決定にあたっては，sp^3比および水素量について実測値の±5％の補正を許容することとした。例えば，sp^3比20％，水素量3 atm.％と測定された膜は，sp^3比は15〜25％，水素量0〜8 atm.％の範囲なので，III，IV，V，VIの何れかのTypeであると表現される一方，sp^3比35％，水素量25％と測定された膜はType IVと決まる。

ta-Cとa-Cとの違いは，それぞれsp^3構造あるいはsp^2構造が支配的であるか否かにより規定した。すなわち，sp^3構造比率が50％以上と確認されるものをta-Cとし，sp^3構造比率が50％未満のものをa-Cとしている。また，ta-Cおよびa-Cでは形成方法として水素を用いていない場合でも，吸着水分子が膜表面に吸着することにより水素含有量としては0〜5 atm.％含まれる可能性があるため，同表のように水素含有量の範囲を設定した。ドイツVDI2840規格においては，3％を境界としている[16]。なお，例えば成膜時の環境により膜中に酸素や窒素を多量に含むような例外的な場合については，本分類は適用出来ない。適用可否のしきい値については検討がおよんでいないが，前述の誤差と同様に全体の5％未満の元素組成比で適用可とするのが好ましい。

一方，意図的に水素を含有させた膜をそれぞれta-C:Hおよびa-C:Hと定義する。ここで，それぞれの水素含有量最大値は，過去に報告された値を参考に決定している。

次に，DLCの範囲について，特にナノダイヤモンドを含めるかどうかを言及する。プラズマCVDによるナノダイヤモンドは，粒径5〜20nmのダイヤモンド粒子で構成される膜であると言われている[17]。ダイヤモンド粒子はTEMで明確に観察されており，ta-Cでsp^3ドメインが観察さ

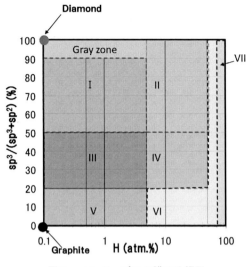

図7　ノンドープDLC膜の分類図

れていないのとは対照的で，両者を同じTypeに分類するのは難しい。また，爆発法，爆轟法により合成されるナノダイヤモンド粒子は，通常ダイヤモンド粒子の周囲にアモルファス炭素とグラファイト層を有していて[18]，ナノコンポジットの様態を示す。一方，静的高圧合成法では粒径10～30nm程度のナノダイヤモンドからなる高純度な焼結体も合成されている[19]。

　以上のように，ナノダイヤモンド自身もDLCと同様に組成・組織の幅が大きく，現時点でDLCと共に分類するのは時期尚早と判断される。そこで，ダイヤモンド付近の領域をGray zoneとし，sp^3比としてDLCの試料の存在する約90％を上限として設定した。Gray zoneの一部はナノダイヤモンドで，一部はType I となるが，その境界は現在の分析結果から決めることは出来ない。

　図7は表1をグラフ化したものであり，横軸が対数表現の水素含有量，縦軸がsp^3構造比率となる。上記したように本分類案において水素含有量は，二次的因子と考えられており，あらゆる可能性を考慮した範囲になっている。領域IIの上限線を100％とするか，領域III，IVの下限線を20％とするかについては，ISOを舞台とした今後の国際交渉により決まると思われる。

　DLCの定義と分類を考えるに際し，現時点でDLCと共にナノダイヤモンドを分類するのは困難のため，ダイヤモンド付近の領域をGray zoneとしてsp^3比約90％を上限に設定することにより，ノンドープDLCの分類図を図7のように定めている。

　一方，産業界で実際に製造しているDLCがどのTypeに属するかをNEXAFSやERDAによる測定により決定するのは，巨大な設備が必要なことや費用の観点から現実的でない。従って，実際の現場で利用可能な簡易測定法が求められている。実用的には，屈折率，消衰係数，密度や硬さで分類できると良い。原則と簡易測定結果の相関を予め明らかにしておくことで，産業界で利用しやすい分類方法を提示することが期待されている。

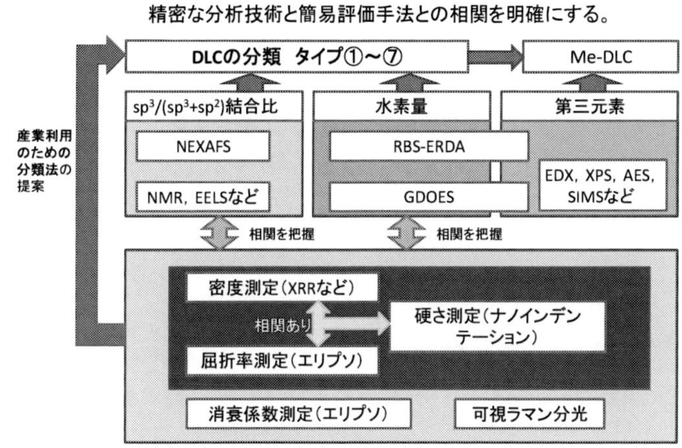

第1章　DLCの基礎

図8　産業で活用するためのDLCの分類手法の考え方

　さらに産業界において良く用いられる，炭素と水素以外に例えばSiなどの第3元素を含む膜（仮にMe-DLCと称する）については，DLCとしてのタイプを見極めたうえで第3元素の分析を行い，それらを総合してどのような分類になるかを示すことになるだろう。以上に述べた分類方法を図8に示す。

1.5　DLC成膜の基礎

　DLCは，当時黎明期であったダイヤモンドの気相合成を意図したイオンビーム蒸着の実験の副産物として生まれたものである。現在でこそダイヤモンドはCVDで容易に合成されているが，1960～70年代は，高エネルギーの炭素イオンをダイヤモンドに変換させるPVD法が有望と思われていた観がある。ダイヤモンドが地下深くの高温超高圧状態で合成されること，隕石中にダイヤモンドが発見されたことを考えると，イオンを使うのが自然だという考えも頷ける。そんな中，1971年にAisenbergらはイオンビームによるダイヤモンドの合成実験結果を$J.\ Appl.\ Phys.$に'Ion-Beam Deposition of Thin Films of Diamondlike Carbon'として発表した[20]。これが"Diamondlike"の使われた端緒である。DLC膜が高硬度，低摩擦係数，高耐摩耗性を有するアモルファス炭素膜として産業に応用がなされてきたのは，1980年代後半の光学部品への耐環境性コーティングからであると思われる。1990年代にはいるとJ. Robertsonによりアモルファス炭素膜，またはDLC膜の構造とその特性について総括されており，これまでの成膜法や膜中の水素濃度，sp^3結合比率，光学バンドギャップ，屈折率，硬度，ヤング率，摩擦係数と成膜条件の相関に着目し，原子構造のモデル化を試みてその物理的特徴の関係についてまとめている[21]。機械的特性では，膜構造とヤング率について言及しており，ヤング率はC-C結合やCの平均配位数と関連があり，sp^2クラスターやsp^2結合やポリマー的な＝CH_2などは膜の硬さを低下させるとしている[22]。

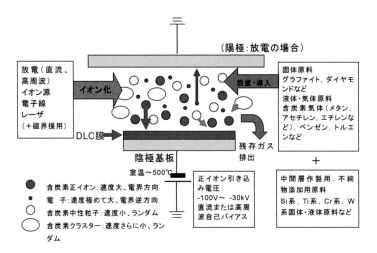

図9　DLCの成膜法の概念図

　DLC成膜の概念図を図9に示す。DLCはメタンなどの含炭素気体またはグラファイトなどの固体原料から成膜される。これらの原料に放電などでエネルギーを与えて炭素を含む正イオンを生成させ，このイオンを電界で加速して陰極基板上に供給することにより，基板上にDLC膜が生成する。この際，イオン量を増やすために磁場を援用することもある。従って，DLC膜の生成はイオンプロセスであると言って良い。ダイヤモンドが中性ラジカルプロセスであるのと対照的であり，ダイヤモンドの出来損ないがDLCの訳ではなくて，両者の生成条件は大きく異なっている。基板温度は，DLC成膜においては通常室温〜200℃で高くても500℃であり，ダイヤモンドの800℃と比較して低いのが特徴である。DLCはイオンが存在しないと生成しないが，プラズマCVD法やスパッタリング法によるDLC成膜ではイオンのほかに中性ラジカルやクラスターも成膜に寄与していると考えられ，基板に到達するイオンとラジカルとの比がDLCの成膜速度や膜質に影響をおよぼしている。

　DLC膜は，ダイヤモンド膜と比較して，その成膜時に以下の実用上の特徴がある。

①液体窒素温度（77K）〜500℃の低温で成膜できる。

②基板（被膜材料）の種類が多く，非耐熱性のプラスチックなどにもコーティングが可能である。

③大面積，また三次元的に複雑な形状の基板に成膜することが容易である。

④アモルファス故にコーティングしても表面粗さがほぼ変化しない。

　そのため，工業化に有利であり，さまざまな製品に応用展開されてきている。

　DLCは，ほぼ全てが真空容器中で製造されており，炭素源の違いより大きく以下の二つの方式に類別される。

①高真空中で固体炭素源からスパッタリングや電子ビーム蒸着，陰極アーク放電，レーザアブレーションを利用して成膜する方法。

第1章　DLCの基礎

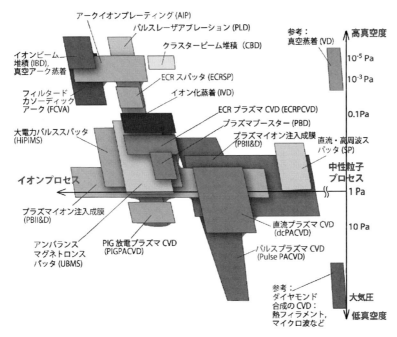

図10　イオンの貢献度，真空度とDLC成膜法。左ほどイオンの影響が大きく，右に行くほど中性活性種の影響が大きい。概ね右下がりの傾向を有していることがわかる。ダイヤモンドおよび蒸着炭素とDLCの生成領域が大きく異なることもわかる。

②低真空中で炭化水素ガス（C_2H_2, CH_4, C_6H_6など）をプラズマ放電によりイオン化し，炭化水素イオンを基板に印加した負バイアス電圧により加速衝突させることにより成膜する方法。
①を物理気相成長法（PVD法）による成膜，②を化学気相成長法（CVD法）による成膜と分類する。

現在，PVD法の範疇として，イオンビーム蒸着法，（フィルタード）アークイオンプレーティング法，（アンバランスマグネトロン）スパッタリング法，イオン化蒸着法，レーザ蒸着法などが，またCVD法の範疇として，（直流，高周波，パルス）プラズマCVD法，プラズマソースイオン注入（PBⅡ）法，PIG放電プラズマ法，ECRプラズマCVD法，ホローカソード放電法，プラズマブースター法，大電力パルススパッタ法などが実用コーティングに用いられている。

PVD法では炭素のみからなる膜の堆積が可能なのに対して，CVD法ではふつう10atm.%以上の水素が膜中に含まれる。従って，TYPE Ⅰの膜は，例外を除きPVDに限られる。CVD法により成膜されたDLCはTYPE Ⅱ，Ⅲに属する。水素量は成膜方法により15～50at.%の範囲内で大きく異なり，DCプラズマCVD，RFプラズマCVDでは15～45at.%である。

これらのDLC成膜法について，真空技術の観点を含めまとめたのが図10である。この図では，縦軸が真空度を表しており，イオンビーム蒸着は$10^{-4}～^{-6}$Pa程度の高真空下で行われる。フィルタードカソーディックアークやパルスレーザ蒸着の場合には，水素やテトラメチルシラン，アル

表3　四重極形質量分析計によるイオン種の測定結果

$\times 10^{-11}$ A		2	12	13	14	15	16	17	18	24	25	26	27	28	29	37	43	49	50	58	74
Species		H_2	C	CH	CH_2	CH_3	O	OH	H_2O	C_2	C_2H	C_2H_2	C_2H_3	C_2H_4	C_2H_5	C_3H	C_3H_7	C_4H	C_4H_2	C_4H_{10}	C_6H_2
$H_2/(C_2H_2+H_2)=0$	20kHz (−5kV)	12000	200	390	55	110	91	140	580	520	1700	7400	190	430	25	36	110	150	290	23	23
	10kHz (−5kV)	7900	240	610	71	150	80	160	600	660	2300	10000	260	300	25	40	180	150	310	41	22
	2kHz (−5kV)	3000	320	800	82	190	38	150	610	870	2900	17000	320	150	26	24	340	87	170	71	10
	(0kV)	2200	300	840	86	200	19	150	580	940	3100	13000	330	96	25	94	370	5.7	240	85	0
$H_2/(C_2H_2+H_2)=0.5$	20kHz (−5kV)	26000	77	160	29	65	61	190	650	190	630	2700	85	220	22	17	51	55	110	8.8	7.7
	10kHz (−5kV)	24000	99	200	30	67	47	160	620	260	870	3500	110	170	20	17	74	62	120	14	7.6
	2kHz (−5kV)	23000	120	260	38	76	29	160	600	330	1100	4700	130	110	19	11	130	36	73	23	3.2
	(0kV)	21000	130	290	33	71	18	150	580	350	1100	5200	130	80	18	4.1	140	1.8	6.5	28	0
$H_2/(C_2H_2+H_2)=0.75$	20kHz (−5kV)	30000	46	84	19	47	50	160	590	100	340	1500	53	140	18	8.7	31	29	58	4.9	2.9
	10kHz (−5kV)	31000	57	110	21	51	40	150	570	120	440	1900	61	120	18	8.7	42	30	56	7.3	2.7
	2kHz (−5kV)	29000	62	140	24	48	27	150	600	160	540	2500	74	90	17	5.6	67	16	33	12	1.1
	(0kV)	29000	57	140	21	46	18	140	560	170	590	2500	77	71	16	2.6	75	0.8	2.8	1.3	0

ゴンなどを導入する場合があり，高圧力側にもDLC生成領域が進展する。ほとんどの成膜プロセスは10Pa以下の真空下で行われており，CVDによる成膜の場合は，0.1～10Paの圧力範囲である。この圧力範囲は，ピラニー真空計の下限に近く，成膜プロセスの管理上，さらに電子真空計，バラトロン真空計など複数の真空計が必要になる。図10の横軸は，抽象的にイオンプロセスと中性粒子プロセスを示している。左端はほぼイオンのみによる成膜を，また右端はほぼ中性粒子のみによる成膜プロセスを示しているが，線形ではなく，例えば直流，高周波スパッタでもイオン種は僅かに存在している。概ね右下がりの傾向があり，圧力の増加とともにイオンプロセスから中性粒子プロセスに移行する傾向が読み取れる。この図で各成膜法の領域が傾いているのは，圧力が高くなるとイオン種が相対的に減少することを反映しており，パルスプラズマCVDの右側の領域線の傾きが高圧力側で垂直に近くなっているのは，あまり中性活性種が多いと，ラジカル重合などにより粉状となり，DLCに分類できない軟質膜となるためである。

　さて，CVD法によるDLC成膜時にはどのようなイオン種が存在するのだろうか。パルスプラズマCVD法で，$C_2H_2+H_2$を原料として成膜した時のイオン種を四重極形質量分析計（QMS）で測定した結果を表3に示す[23]。

　ここでは水素流量を，0，C_2H_2と等量，C_2H_2の3倍に変化させ，さらにパルス周波数を変化させている。電圧は−5kVで一定とし，パルス幅は20μsである。C_2H_2を用いているので，C_2H，C_2H_2の値は大きい。また，C_6までのイオンが存在していることがわかる。従って，CVD法によるDLC成膜では，様々なイオン種が前駆体になっていると言える。

第1章　DLCの基礎

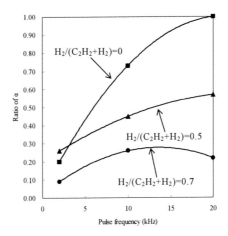

図11　総イオン量比 a とパルス周波数との関係

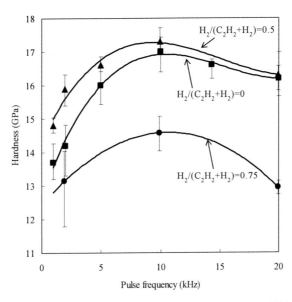

図12　ナノインデンテーション硬さとパルス周波数との関係

なお，参照値の0 kV（無放電状態）では，原料ガスはチャンバ内でイオン化されることなくすべてがQMSに届く。参照値より放電時のイオンが少ない例が見られるが，例えばC_2H_2のうちいくらかが高圧パルス放電により分解され，プラズマ中でのC_2H_2生成量より分解量が多くなると，QMSに到達するC_2H_2の量は供給量すなわち0 kVの場合よりも少なくなる。

ここで a をイオン種の総質量とおくことにする。さらに各水素流量比，各パルス周波数における a を水素流量比0，パルス周波数20 kHzにおける a の値で除することにより a 比を求めた。水素流量比，パルス周波数と a 比との関係を図11に示す。概してパルス周波数が大きいほど a 比は

大きく，その傾向は水素流量比が小さい場合に顕著である。また，概して水素流量比が大きいほどa比は小さく，その傾向はパルス周波数が大きい方が顕著である。

　さらに，これらの膜のナノインデンテーション硬さを調べた結果を図12に示す。イオン量は印加パルスの周波数の増加に伴って増加するのに対し，膜硬さは周波数10kHzで最大であり，必ずしもイオン総量と関係しない点には注意を要する。

　H_2流量比0では，パルス周波数が大きくなるにつれて成膜面へのイオン衝撃が大きくなるが，質量分析，ラマン分光分析，膜中水素量の解析結果によると，パルス周波数が大きくなることに伴う規則性六員環の増加および成膜面へのイオン過衝撃のため，10kHzでの生成膜が最も硬くなると言える。H_2流量比0〜0.5の範囲では，イオン衝撃効果が規則性六員環増加の影響より大きいため，H_2流量比が大きいほど硬さは大きくなる。一方，H_2流量比0.5〜0.75の範囲では，イオン衝撃効果が小さいため，膜中の高分子状の構造が増加し，硬さは低下すると判断される。以上は，CVD法によるDLC成膜の基礎として留意すべき点である。

文　　献

1) 光田好孝，小田克郎，福谷克之，澤邊厚仁，川原田洋，大竹尚登，鈴木哲也，八田章光，河野省三，髙井治，杉野隆，斎藤秀俊，加茂睦和，大串秀世，橘武史，鹿田真一，"アダマント薄膜表面のナノ機能デザイン"，科学研究費補助金基盤研究（C）2002年度研究実績報告書，文部科学省，1（2003）
2) 大竹尚登，平塚傑工，齋藤秀俊，DLC膜の分類と標準化，ニューダイヤモンド，**28**，15（2012）
3) A. C. Ferrari and J. Robertson, Interpretation of Raman spectra of disordered and amorphous carbon, *Phys. Rev.*, **B61**(20), 14095（2000）
4) 齋藤秀俊，DLC膜ハンドブック，NTS出版（2006）
5) A. Erdemir and C. Donnet, Tribology of diamond-like carbon films: recent progress and future prospects, *J. Phys. D., Appl. Phys.*, **39**, R311（2006）
6) 大竹尚登監修，DLCの応用技術，シーエムシー出版（2007）
7) 太刀川英男，森広行，中西和之，長谷川英雄，舟木義行，まてりあ，**44**（3），245（2005）
8) M. Kano, Y. Yasuda, Y. Mabuchi, J. Ye, S. Konishi, *Transient Processes in Tribology*, **43**, 689（2004）
9) 中谷達行，岡本圭司，安藤悟，鷲見智夫，ニューダイヤモンド，**79**，36（2005）
10) C. Donnet, J. Fontaine, T. Le Mogne, M. Belin, C. Heau, J. P. Terrat, F. Vaux and G. Pont, *Surf. Coat. Technol.*, **120-121**, 548（1999）
11) M. Kano, Y. Yasuda, T. Sagawa, T. Ueno, Y. J. Ye and J. M. Martin, Proc. *3rd Asia Int. Conf. on Tribology.*, **399**（2006）
12) N. Yasui, H. Inaba, N. Ohtake, APEX, **1**, 035002（2008）

13) 不二越HP, http://www.nachi-fujikoshi.co.jp/tool/pdf/dlc_drill.pdf
14) 榎本俊之, 渡部敬士, 青木佑一, 大竹尚登, 機論 (C), **73** (729), 288 (2007)
15) J. Robertson, Diamond-like amorphous carbon, *Mater. Sci. Eng.*, **R37**, 129 (2002)
16) VDI 2840 Carbon films - Basic knowledge, film types and properties, Verein Deuttscher Ingennieure, Dusseldorf (2005)
17) K. Tsugawa, M. Ishihara, J. Kim. M. Hasegawa and Y. Koga, Large-Area and Low-Temperature Nanodiamond Coating, *New Diamond and Frontier Carbon Technology*, **16** (6), 337 (2006)
18) 株式会社KRI, 特願2005-100180 (平成17年3月30日)
19) 角谷均, 入舩徹男, 高純度ナノダイヤモンド多結晶体の合成とその特徴, SEIテクニカルレビュー, **165**, 68 (2004)
20) S. Aisenberg and R. Chabot, *J. Appl. Phys.*, **42**(7), 2953 (1971)
21) J.Robertson, *Surf. Coat. Technol.*, **50**(3), 185-203 (1992)
22) J.Robertson, *Diamond Relat. Mater.*, **1**(5-6), 397-406 (1992)
23) S. Fujimoto, H. Akasaka, T. Suzuki, N. Ohtake, O. Takai, *Jpn. J. Appl. Phys.*, **49**, 075501 (2010)

2　DLC構造分析の基礎

神田一浩*

　ダイヤモンドライクカーボン（Diamond-Like Carbon：DLC）膜は，非常に多くの産業分野・応用分野でコーティング材として用いられている産業素材である[1〜4]。その一端を上げただけでも，成形金型，切削工具，ハードディスク，自動車エンジン，湯水混合栓，Oリング，インプラント部品，ペットボトルなど，用途もコーティング対象も多岐に渡っていることがわかる。これらの分野で用いられているDLC膜は同一でなく，用途・コーティング対象材料に合わせて，適した硬度・ヤング率・耐熱性などの物性を有したDLC膜が用いられており，例えばDLC膜のナノインデンタ硬度は10〜90GPa，光学バンドギャップは0.2〜2.5eVに分布している[5]。見方を変えるならばDLC膜がこのように幅広い物性を持ち合わせているからこそ，これほどの広い用途での利用が進んでいると言える。

　振り返ってDLC膜自体を注目してみれば，その構成元素は炭素と水素の2種でしかなく，この単純な組成でこのように幅広い物性を示すのは，その構造の違いに起因している。したがって，DLC膜の構造を正確に把握することは，そのDLC膜の物性について科学的に理解するだけでなく，利用目的に合致したDLC膜であるか判断するための指標となる。本稿では，DLC膜の構造についてその分析法ともに紹介する。

2.1　DLC膜の構造

　DLC膜の基本骨格を成している炭素原子は原子番号6の原子であり，電子を6つ有している。このうち2つ（$1s^2$）はK殻を閉殻するのに使われるので，最外殻には4つ（$2s^2 2p^2$）の電子を有する。これはL殻の閉殻に必要な電子のちょうど半分に当たり，炭素は共有結合として最大である4本の結合を作ることができる。これがDLC膜に様々な物性を生み出す源となっている。

　最外殻の4つの電子は，分子によって構造や参加する電子の数の異なる3種類の混成を取る。sp混成は，1つのs軌道と1つのp軌道の重ね合わせにより2つの混成軌道が形成され，直線構造（$D_{\infty h}$）を成す。同様にsp^2混成は，1つのs軌道と2つのp軌道の重ね合わせにより3つの混成軌道が形成され，平面構造（D_{3h}）を成し，sp^3混成は，1つのs軌道と3つのp軌道の重ね合わせにより4つの混成軌道が形成され，立体構造（T_d）を成す。アセチレン（acetylene）のような気体の有機分子ではsp混成も安定して存在しているが，無機固体中ではエネルギーが高いためにほとんど存在しないと考えられており，無機固体中の炭素はsp^2混成とsp^3混成のいずれかを取っていると考えて良い。sp^3混成は，炭素原子の有する4つの電子をすべて正四面体となる隣接原子とのσ結合に用いているために，強固な立体構造を成し，電気伝導度に乏しい。このsp^3混成炭素が繰り返し構造を取った場合は，強靭なダイヤモンド（diamond）となる。一方，sp^2混成では

＊　Kazuhiro Kanda　兵庫県立大学　高度産業科学技術研究所　教授

第1章　DLCの基礎

　3つの電子を用いて，正三角形となる隣接原子と3本のσ結合を作るため，1つのp電子が余る。この電子は結合面と垂直方向に分布を持ち，同じく隣接原子の剰余p電子とπ結合を作る。この電子は共役系を成すことで移動できるため，sp^2混成は柔らかで電気伝導度の高い構造となる。sp^2混成炭素が繰り返し構造を取った場合がグラフェン（graphene）であり，グラフェンシートが層状に集まったものがグラファイト（graphite）である。

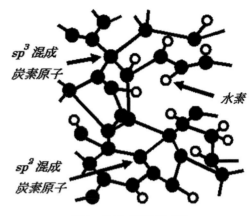

図1　DLCの構造模式図

　DLC膜はダイヤモンドやグラファイトと異なり，定まった結晶構造を持たないアモルファス構造を取っている。すなわち，sp^3混成軌道を持っている炭素原子とsp^2混成軌道を持っている炭素原子が混ざり合っていると考えられる（図1）。この膜中に存在するsp^3混成軌道を持っている炭素原子の存在比が大きければ，硬く電気伝導度の小さいDLC膜に，sp^2混成軌道を持っている炭素原子の存在比が大きければ柔らかく電気伝導度の大きいDLC膜になるなど，sp^2/sp^3比はDLC膜の硬度や電気伝導度をはじめ，様々な物性に密接な関係を持つため，DLC膜の構造評価指標として重要な因子である。アモルファス構造であるDLC膜では，隣接する炭素原子間の核間距離も一定ではなくて分布を持っており，また，隣接する炭素原子の数も一定ではない。そのために，適当な距離に隣接する炭素原子が存在しない場合，結合を作ることができない不対電子が生じる。これをダングリングボンド（dangling bond）と呼ぶが，ダングリングボンドはエネルギー的に不安定な状態であるために，活性で容易にほかの原子と結び付く。DLC膜の場合，出発物質に炭化水素を用いることが多いために，このようなダングリングボンドは水素で終端されることが多い。DLC膜中の水素含有量が増加すると，単位体積中の炭素骨格の結合が減るためにDLC膜は柔らかくなる。また，CH基は伝導性がないために電気伝導度が低下する，結合解離エネルギーが小さいために耐熱性が低下するなど多くの物性に影響があり，これもDLC膜の構造評価指標として重要な因子である。

　このようにDLC膜の構造に関与する物理量として，炭素のsp^2/sp^3比と水素含有量が挙げられる。この関係に着目してsp^2 100%，sp^3 100%，水素100%を三角形の頂点として3元状態図を考案したのが，JacobとMollerである[6]。DLC膜の構造を端的に表しており，Robertsonが総説で紹介したことで[7]，多くのDLC研究者の共通認識となっている（図2）。トライアングルの上の頂点は水素を含まず，sp^3混成軌道を持っている炭素原子のみで構成されるダイヤモンドを示し，トライアングルの左下の頂点は水素を含まず，sp^2混成軌道を持っている炭素原子のみで構成されるグラファイトである。また，トライアングルの右下の頂点は水素存在比100%，すなわち水素ガスを意味し，その近傍は炭化水素分子であるが，固体の膜にはならない。膜として存在する

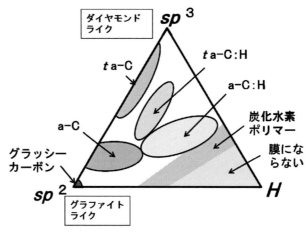

図2　DLCのsp^2-sp^3-H 3元状態図

極限はsp^3-H線上ではC:H比＝1：2のポリエチレンであり，sp^2-H線上ではC:H比＝1：1のポリアセチレンである。このような3つの頂点の中に，amorphous carbon（a-C）膜，tetrahedral amorphous carbon（ta-C）膜，hydrogenated amorphous carbon（a-C:H），hydrogenated tetrahedral amorphous carbon（ta-C:H）膜，グラッシーカーボンなどが存在する。この3元状態図はDLC膜の構造に関して直感的な理解が可能であり，多くの研究者に利用されているが，それぞれのグループの領域に具体的な数値がなく，"なんとなく理解した気になる"という点は否めない。

この図を本当に活用するためには，DLC膜の構造に関して科学的分析手段により，定量評価を行う必要がある。日本のDLC研究者はこの状況に危惧を抱き，DLC膜の科学的理解・産業上の利用拡大のために，平成18年度NEDO公募プロジェクト「DLCの特性とその測定・評価技術の標準化に関する調査」において，58種類のDLC膜の科学的調査を行い，sp^2/sp^3比と水素含有率を基軸とした構造評価を基にDLC膜の分類分けを行った[5]。その結果は，日独共同提案で行われたISO提案"Carbon based films − Classification and designation"[8]にも反映されている。

2.2　DLC膜のsp^2/sp^3比の分析方法

DLC膜のsp^2/sp^3比は，前節で示したようにDLC膜の重要な構造因子であるが，DLC膜中の炭素のsp^2混成原子とsp^3混成原子はエネルギーが近いために，従来法ではsp^2/sp^3比の精度の高い決定は困難であった。ISO提案[8]では，DLC膜中のsp^2/sp^3比の決定手法として，UVラマン分光法，EELS，NMR，NEXAFS（XANES），XPSが挙げられている。ここではNEDOプロジェクト[5]で採択されたNEXAFS（吸収端近傍X線吸収微細構造）を中心に紹介する。

2.2.1　NEXAFSによるsp^2/sp^3比の決定

物質に当てるX線のエネルギーを徐々に上げていくと，原子の内殻電子の結合エネルギーに相

第1章　DLCの基礎

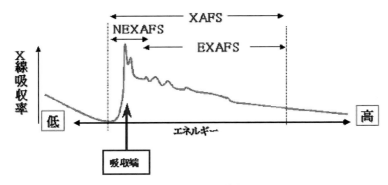

図3　XAFSの構造

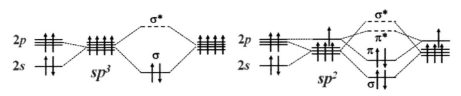

図4　炭素原子の電子準位

当するエネルギーで，光イオン化過程が起きるためにX線の吸収係数が急激に上昇する（図3）。X線吸収スペクトルにおけるこのエッジ構造を吸収端と呼んでいる。吸収端よりも入射X線のエネルギーが大きくなると吸収係数は次第に減衰するが，吸収端から1000eV程度の高エネルギー領域にかけて吸収係数にピーク（微細構造）が観測される。この微細構造はX線吸収微細構造（X-ray Absorption Fine Structure：XAFS）と呼ばれている。XAFSは固体・薄膜・粉末・液体などあらゆる形態の試料を分析することができ，X線回折と異なって試料が結晶である必要がなく，DLC膜のようなアモルファス構造の材料にも適用が可能である[9,10]。

　XAFSは，吸収端から50eV程度の領域に現れ，化学情報を反映する吸収端近傍X線吸収微細構造（NEXAFS：Near Edge X-ray Absorption Fine Structure：NEXAFS，またはXANES：X-ray Absorption Near Edge Structure）と，それ以上のエネルギー領域で現れ，物理情報を反映する広域X線吸収微細構造（EXΛFS：Extended X-ray Absorption Fine Structure）に分けられる。炭素のような軽元素ではEXAFS領域の測定は困難であり，もっぱらNEXAFSの測定が構造分析に用いられている。

　2.1項で述べたようにDLC膜中の炭素原子はsp^2混成，もしくはsp^3混成のいずれかの混成軌道を形成している。sp^2混成およびsp^3混成の炭素原子の電子軌道準位を図4に示す。sp^2混成軌道を取った場合に形成されるπ結合の空軌道は，σ結合の空軌道に比べると10eV程度低い。σ性の軌道はsp^2，sp^3結合の双方に存在するために，σ性の空軌道も両者に存在し，この空軌道を経由する$1s \rightarrow \sigma^*$遷移を引き起こす。一方，π性の軌道はsp^2混成軌道にしか存在しないため，π性の

空軌道を経由する$1s \to \pi^*$遷移はsp^2混成軌道を作っている炭素原子でしか起こらない。したがって，$1s \to \pi^*$遷移の強度を分離検出することで，DLC膜内のsp^2混成原子の存在比を知ることができる。

図5に一般的なDLC膜の炭素原子K端NEXAFSスペクトルを示す。炭素のイオン化エネルギーは295eVであるので，このエネルギーより高いエネルギーでは直接光イオン化で生じた光電子およびそれに引き続いて起きる正常オージェ電子およびこれらに起因する2次電子が含ま

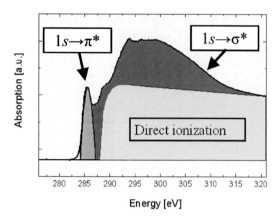

図5　DLC膜のC K端NEXAFSスペクトル

れる。図4に示したように炭素原子ではσ性の空軌道がイオン化エネルギーより高エネルギー側に，π性の空軌道はイオン化エネルギーより低エネルギー側に存在するという特徴を持っている。290～310eVに存在するブロードなピークはC $1s \to \sigma^*$共鳴オージェ電子放出過程に由来する共鳴オージェ電子および共鳴オージェ電子に起因する2次電子を反映している。グラファイトやダイヤモンドのような結晶性の物質ではC-C間の結合距離が一定で空準位のエネルギーも一定であるために，$1s \to \sigma^*$遷移はシャープな構造を与えるが，DLC膜はアモルファス構造であり，C-C結合が様々な距離を持つなど炭素原子が様々な化学環境に存在するために，空準位のエネルギーが広がりを持って存在するので$1s \to \sigma^*$遷移に対応するピークはこのようにブロードになる。285.4eV付近に観測されるピークは$1s \to \pi^*$共鳴オージェ電子放出過程に由来する遷移を反映している。σ性の軌道が結合軸上に電子分布を持つのに対し，π性の軌道では結合軸上で電子の波動関数が節になって分布を持たない。そのために，π軌道のエネルギーは核間距離に鈍感で，空準位のエネルギーはほとんど広がりが起きず，$1s \to \pi^*$遷移は鋭いピークとなって観測される。このように空軌道の大きなエネルギー差を利用できることとπ性の遷移が鋭いピークとなることで，$1s \to \pi^*$遷移を分離して観測できることがNEXAFS測定法の特長であり，DLC膜中の炭素原子の$sp^3/(sp^2+sp^3)$結合比を高い精度で決定することができる[11~14]。

炭素のK端NEXAFSの測定には，炭素K殻のイオン化エネルギーである300eV付近における連続光源が必要であり，現在この目的に合致する光源はシンクロトロン放射光以外に存在しない。図6はC K端NEXAFSの測定に用いられている兵庫県立大学所有のニュースバル放射光施設のビームライン05B（BL05B）である[15,16]。BL05Bは偏向電磁石を光源とし，不等間隔刻線平面回折格子を持つHettrick-Underwoodタイプの分光器を有しており，300eVにおいて$E/\Delta E > 1000$の高エネルギー分解能で分光測定が可能である。

2.2.2　そのほかのsp^2/sp^3比の分析法

EELS（Electron Energy Loss Spectroscopy：電子エネルギー損失分光法）は，試料に電子を

第1章　DLCの基礎

照射し，電子の失ったエネルギーを電子分光する手法で，その原理はNEXFASと全く同じであり，$1s \to \pi^*$遷移のピーク強度からsp^2比を決定する。EELSでは，励起源・測定対象は電子ビームであるが，電子分光のエネルギー分解能は，NEXAFSに用いる軟X線のエネルギー分解能に比べて劣るために，スペクトルの分解能が良くなかったが，近年高エネルギー分解能のEELSも開発が進み，DLC膜の分析にも用いられている[17]。

図6　ニュースバル　ビームラインBL5B

XPS（X-ray Photoelectron Spectroscopy：X線光電子分光法）は代表的な表面分析法であり，DLC膜のsp^2比の決定にも用いられている。XPSは，X線を試料に照射し，放出された光電子を電子分光する手法であり，占有準位の電子のエネルギーを直接的に調べることができるため，ダイレクトにsp^2/sp^3比を測定することができる。DLC膜では，sp^2混成の炭素原子とsp^3混成の炭素原子の占有軌道のエネルギー差が1 eV以下と小さいために，ピークは分離しないので，慎重なデコンボリューションが必要となる。また，XPSの検出深度は1 nm以下の最表面であることに留意が必要である。一般に光電子分光法では対象元素のイオン化エネルギーよりやや高いエネルギーの光を励起源とするとイオン化断面積が大きくなる。シンクロトロン放射光を光源とした放射光光電子分光法（Synchrotron Radiation-PhotoElectron Spectroscopy：SR-PES）は，放射光の連続性を利用して適した励起エネルギーを選択することができるために，非常に精度よく，目的元素の光電子分光スペクトルを観測できる。さらに近年，高エネルギー光を光源とした硬X線光電子分光法（HArd X-ray PhotoElectron Spectroscopy：HAXPES）の研究が進んでいる[18]。HAXPESでは，放出される光電子の運動エネルギーが大きくなるため，検出深度が大きくなるので最表面ではなく膜内部の情報が取得でき，今後の研究展開が期待される。

ラマン分光法は，光が物質に入射して分子と衝突した時に固有振動数分，入射光と異なった波長の光として散乱されるラマン散乱光を分光測定する分析法である。DLC膜のラマンスペクトルでは，1,584 cm^{-1}（G-band）と1,350 cm^{-1}（D-band）にピークが観測され，このピークの強度比（I_D/I_G）比からDLC膜のsp^2/sp^3比を推測することが試みられたこともあったが，G-band（E_{2g}）もD-band（A_{1g}）も六員環構造（すなわちsp^2混成軌道）の振動に由来しており，（I_D/I_G）比とsp^2/sp^3比には相関がないことが明らかになっている[5]。むしろ，（I_D/I_G）比はグラファイトの結晶粒径をよく反映することが知られており[19]，DLC膜中のsp^2構造のクラスターサイズを評価する方法として有用と考えられる。近年，光源に紫外光レーザーを用いたUVラマン分光が利用されるようになった。紫外光レーザー励起によるDLC膜のラマンスペクトルには，1,060 cm^{-1}にT-peakと呼ばれるブロードなピークが現れる[20]。T-peakの強度はsp^3成分比を反映しており，I_T/I_G比からDLC膜のsp^2/sp^3比を定量することが試みられている。

固体NMR（核磁気共鳴：Nuclear Magnetic Resonance）は，薄膜であるDLC膜では，試料の収集・採取に労力を有するが，化学シフトを利用することで炭素に結合する水素数まで特定できる高精度分析法であり，1章7節で詳述されている．

2.3 DLC膜の水素含有率の分析方法

DLC膜のもうひとつの構造因子である水素は最軽量元素であり，内殻電子を持たないため電子遷移を利用した分析法を適用できず，定量が難しい元素として知られている．マクロ量ではガス分析が行われるが，薄膜であるDLC膜では必要な試料量を集めるのが困難で，精度良い定量法は限られている．ISO提案では，DLC膜中の水素含有率の分析手法として，ERDA/RBS，SIMS，GD-OESが挙げられている[8]．NEDOプロジェクト[5]で採択されたERDA/RBSを中心に紹介する．

2.3.1 ERDA/RBSによる水素含有率の決定

ERDA（Elastic Recoil Detection Analysis，弾性反跳検出分析）は，HFS分析（Hydrogen Forward Scattering Spectrometry，水素前方散乱分析）とも言われるように薄膜中の水素を高精度で検出する手法である[21]．本法の紹介の前に，本法と極めて近く，実際，共に測定されるラザフォード後方散乱分析（Rutherford. Back Scattering；RBS）について簡単に説明する[21]．ラザフォード散乱とは，荷電粒子が原子核との間の静電気力によって散乱される過程であり，散乱角度が90°以上の場合が後方散乱と呼ばれている．散乱イオンの強度は標的原子の濃度に比例するため，散乱イオンの強度から試料の濃度情報を得ることができる．入射イオンが散乱される確率は標的原子の原子番号の2乗に比例し，RBSで検出されるピークの強度は散乱される確率に比例するため，同じ濃度でも重元素ほど検出感度が高い．

後方散乱によるエネルギーロスは標的原子の質量に依存するため，衝突相手（固体試料中の標的原子）の種類が判別できる．また，侵入・散乱中に試料固体中で失われるエネルギーは主としてイオンと電子との相互作用によるもので原子番号に応じて増大する阻止能として表され，進入距離に応じてエネルギーが失われるため，深さ情報を得ることができ，原子種の深さ方向分布や膜厚を求めることができる．

後方散乱は標的原子よりも入射イオンの質量が小さくないと起きないため，DLC膜を標的とする場合は入射イオンとして，炭素より軽いヘリウムのイオン，すなわちHe^+もしくはHe^{2+}が用いられている．また，定量に用いる散乱断面積や試料中のエネルギーロス（阻止能）などのデータの信頼性が高いため，標準試料を用いることなく深さ方向組成分析が可能である．

このようにRBSでは，薄膜を構成する元素の同定と深さ方向の組成，膜厚を標準試料に頼らずに求めることができる優れた手法だが，水素より軽い原子が存在しないために水素の定量を行うことはできず，前方散乱を利用した弾性反跳検出分析（Elastic Recoil Detection Analysis；ERDA）が用いられている．図7にRBSとERDAの測定の原理図を示す．ERDAでは，数MeVの高エネルギー入射イオンを固体に照射し，入射イオンより軽い固体中の水素（H）を前方側に散

第1章　DLCの基礎

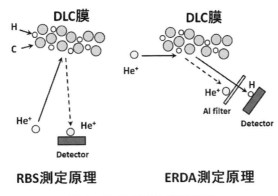

図7　RBSとERDAの測定原理

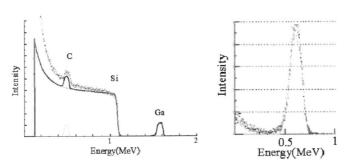

図8　Siウェハ上に製膜したGa含有DLC膜のRBSスペクトルとERDAスペクトル

乱させる。RBSと共通に測定されることが多いので，入射イオンはやはり，He^+もしくはHe^{2+}が用いられることが多い。前方側にはHと同時に入射したHeイオンも散乱されるため，アルミ箔などを検出器の前に置いて，Heイオンを取り除くことでHのみを検出する。

　ERDAでは，前方側へ散乱されたHのエネルギーとその強度を直接検出するので，RBSと同様に，膜中の水素の深さ方向の濃度分布，膜厚の情報を得ることが可能だが，実際には，ERDAはRBSに比べると信号強度が弱いために，RBSの測定で炭素の厚さ－膜厚－を決定して，その値を用いてERDAの解析を行うことが多い。また，2.4項で紹介するヘテロ元素含有DLC膜の組成分析の場合には，RBSを用いてヘテロ元素の定量が行えるので，ERDA/RBSの組み合わせ測定は非常に有用である。

　図8はSiウェハ上に製膜したGa含有DLC膜のERDA/RBSの測定結果である[22]。本測定は長岡技術科学大学の極限エネルギー密度工学研究センターに設置されているタンデム型静電加速器（図9）を用いて測定を行った[23,24]。イオン種にはHe^+を用い，加速エネルギーは2.5MeVである。質量の大きいGaで後方散乱されたHe^+がもっとも高いエネルギーを持ち，エネルギーが低い領域に基板のSi，DLC膜中のCによる散乱He^+が観測される。このRBSスペクトルから得られた膜厚のデータを基にERDAで得られた前方散乱した水素の定量分析を行っている。

2.3.2 そのほかの水素含有率の分析法

図9 長岡技術科学大学 静電加速器

SIMS (Secondary Ion Mass Spectrometry：二次イオン質量分析法) は，固体の表面に数keV程度のエネルギーを持つイオンを照射し，そのイオンと固体表面の衝突によって発生する二次イオンを質量分析計で検出する表面計測法である。GD-OES (Glow discharge optical emission spectrometry：グロー放電発光分析法) は，グロー放電領域内で試料を高周波スパッタリングし，スパッタで放出された原子のプラズマ内における発光線を分光測定することにより，元素分布を測定する手法である。SIMS，GD-OESとも装置が小型であり，利用しやすいことからDLC膜の水素量分析に用いられている[25,26]。また，水素以外の元素の定量が同時に行えるので，ヘテロ元素含有DLC膜の組成分析にも用いることができる。特にDLC膜中の水素に関してはGD-OESの利用が多くなってきた。ただし，両方とも絶対量に関しては標準試料が必要で，正確な定量性ではERDA/RBSに劣る。しかし，深さ方向の分布に関してはERDA/RBSよりも分解能が高く，組み合わせた利用が有効と考えられる。

ISO提案には記されていないが，近年DLC膜中の水素含有量の定量に関して中性子や核反応を用いた分析法が提案されている。XRR (X-ray Reflection：X線反射率) は，膜厚，膜密度，表面ラフネスを求めることのできる有用な手法で，DLC膜の分析にも良く用いられているが，X線は電子と相互作用をするため，1電子しか有しない水素に関してはほとんど相互作用を起こさず，有用な情報を得られない。一方で，中性子は原子核と核力により相互作用を行うため，水素であっても他元素と比較できる散乱能を持つ。これを利用した散乱法が中性子散乱 (Neutron Scattering) であり，水素含有量の定量だけでなく，膜厚，膜密度の情報が同時に取得できることや，深さ方向の分解能が高いという利点がある[27]。

RNRA (Resonance Nuclear Reaction Analysis：共鳴核反応分析法) は，加速器などによって加速されたイオンビームを表面に衝突させ，共鳴的に原子核反応を起こして生じるγ線を検出する分析法であり，特に定量の難しい水素定量で活用されている。水素を標的とした場合には，次の共鳴核反応が利用されている[28]。

$$^{15}N + {}^{1}H \rightarrow {}^{12}C + \alpha + \gamma$$

共鳴条件の^{15}Nの運動エネルギーは6.385MeVであり，放出されるγ線のエネルギーは4.965MeVであり，このγ線を検出して水素の定量を行う。

第1章　DLCの基礎

2.4　ヘテロ元素含有DLC膜の構造解析

　近年，DLC膜の用途が広がるにつれ，密着性・耐熱性・耐酸化性・表面ぬれ性など更なる機能性の向上を求める動きが顕著になっている。このような機能性の拡大のために，炭素と水素以外の第3元素－ヘテロ元素－を含有したDLC膜の開発が盛んに行われており，このようなDLC膜の構造分析技術の進歩が求められている。

　ヘテロ元素含有DLC膜の構造分析において，もっとも基本情報となるのはヘテロ元素の含有量である。膜全体の組成分析に関しては，EPMA（電子線マイクロアナライザ：Electron Probe Micro Analyzer）なども用いられるが，2.3項で紹介したRBSがもっとも定量性が高い。しかし，気を付けなければならないのは，特にこのようなヘテロ元素含有DLC膜では，ヘテロ元素の分布に深さ方向の傾斜があることが多いことである。特にフッ素含有DLC（F-DLC）膜では，フッ素は表面に多く分布していることが知られている。このため，このようなヘテロ原子含有DLC膜では，深さ方向の分布のプロファイルが重要である。RBSでも深さ方向のプロファイルは測定可能だが，GD-OESやSIMSなどが活用されている。また，F-DLC膜のように表面ぬれ性制御が主目的の場合は表面元素組成が重要であり，これにはXPSが用いられている。

　ヘテロ元素の含有による炭素原子の局所構造の変化は，2.2.1項で紹介したC K端NEXAFSにより，情報を得ることができる。C K端NEXAFSでは，大別するとヘテロ元素の含有により，σバンドの構造が変わるタイプと，あまりσバンドの構造が変わらず，特有のピークを与える2種類がある。前者は窒素，シリコンなどの元素で知られており，後者は，酸素，ハロゲン，金属元素でみられる。これは，前者の元素ではDLC膜の炭素基本骨格に組み込まれ，周辺の炭素原子骨格のエネルギーに影響を与えるのに対し，後者では，ヘテロ元素は終端になり，結合した炭素原子のみのエネルギーが変化していることに由来すると考えている。Si-DLCに関してはNEDOプロジェクトとしてラウンドロビンテストが実施され，Si含有量とNEXAFSスペクトルに関して系統的な報告がなされている[29]。

　ヘテロ元素含有DLC膜に関しては，ヘテロ元素側からも局所構造に関する情報を取得することができ，構造に関する重要な指標となる。これらの元素のNEXAFSと，C K端NEXAFSと合わせて構造について議論することが可能になる。さらにシリコンなど第3周期以上の元素に関しては，EXAFS（Extended X-ray Absorption Fine Structure，広域X線吸収微細構造）の測定が可能である。2.2項で紹介したように，吸収端から50eV以上の領域に現れる振動構造をEXAFS振動と呼んでいる。これは内殻軌道から出された光電子が隣接する原子により散乱され，光電子とその散乱波との干渉により，内殻電子の励起確率，すなわちX線吸収係数が変化することに由来する[9,10]（図10）。この振動構造を解析することで，隣接原子種・原子間距離・配位数などの情報を得ることができる。図11はGa含有DLC膜のGa原子のK端EXAFSスペクトルより求めた$k_3\chi(k)$スペクトルの振動である。この振動構造の解析から，Ga含有DLC膜中のGaの第1近接原子は炭素であり，原子間距離は2.6Å，配位数は6.4であることが求められている[30]。

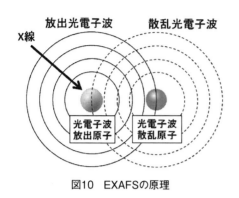

図10　EXAFSの原理

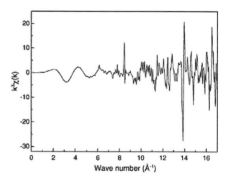

図11　Ga含有DLC膜のGa K端XAFSスペクトルより得られた$k^3\chi(k)$スペクトル

2.5　むすび

　DLC膜の構造分析法について，ISO提案に上げられた手法を主に紹介を行い，合わせて近年提案されている新しい分析手法についても，いくつか紹介を行った。DLC膜は近年，生産量の増加に伴って分析機会も上昇しているため，分析手法に関しても簡便で安価な手法と高価でも定量性の高い分析手法を組み合わせていくことが必要と考えられる。また，用途・種類が拡大を続け，特に2.4項で紹介したヘテロ元素含有DLC膜の利用比率が上がっており，これらを含んだ新しい情報を引き出せる分析手法の開発が必要となるであろう。本稿がDLC膜の構造および構造分析の理解の一助になり，DLC膜の開発・産業振興に少しでも繋がれば幸いである。

文　　献

1) 鈴木秀人ほか，事例で学ぶDLC成膜技術，日刊工業新聞社（2003）
2) 斎藤秀俊ほか，DLC膜ハンドブック，NTS（2006）
3) 池永勝ほか，高機能化のためのDLC成膜技術，日刊工業新聞社（2007）
4) 大竹尚登ほか，DLCの応用技術，シーエムシー出版（2007）
5) NEDO平成18年度成果報告書，DLCの特性とその測定・評価技術の標準化に関する調査（2007）
6) W. Jacob, W. Muller, *Appt. Phys. Lett.*, **63**, 1771（1993）
7) J. Robertson, *Mater. Sci. Eng.*, **37**, 129（2002）
8) "Carbon based films - Classification and designation", ISO/TC107 NP PWI20523
9) 太田俊明ほか，X線吸収分光法，アイピーシー（2002）
10) 太田俊明ほか，内殻分光，アイピーシー（2007）
11) K. Kanda et al., *Jpn. J. Appl. Phys.*, **41**, 4295（2002）

第1章　DLCの基礎

12) A. Saikubo et al., *Dia. Rel. Mater.*, **17**, 1743 (2008)
13) 神田一浩, *New Diamond*, **28**, 19 (2012)
14) 神田一浩, *J. Vac. Soc. Jpn.*, **56**, 117 (2013)
15) 長谷川孝行ほか, X線分析技術の進歩, **41**, 99 (2010)
16) K. Kanda et al., *J. Phys. Conf. Ser.*, **425**, 132005 (2013)
17) 横溝臣智, *J. Surf. Ana.*, **20**, 18 (2013)
18) 高田恭孝, 放射光, 17 (2004)
19) P. Lespade et al., *Carbon*, **20**, 427 (1982)
20) A. C. Ferrari, *Dia. Rel. Mater.*, **11**, 1053 (2002)
21) 藤本文範ほか, イオンビームによる物質分析・物質改質, 内田老鶴圃 (2000)
22) J. Igaki et al., *Jpn. J. Appl. Phys.*, **46**, 8003 (2007)
23) Y. Ohkawara et al., *Jpn. J. Phys.*, **40**, 7007 (2001)
24) Y. Ohkawara et al., *Jpn. J. Appl. Phys.*, **40**, 3359 (2001)
25) 馬場恒明ほか, 長崎県工業技術センター研究報告, **41**, 39 (2012)
26) 丸岡智樹ほか, 京都市産業技術研究所研究報告, **4**, 22 (2014)
27) 尾関和秀, 工業材料, **60**, 29 (2012)
28) 安井治之, *New Diamond*, **25**, 16 (2009)
29) K. Kanda et al., *Jpn. J. Appl. Phys.*, **52**, 095504 (2013)
30) A Saikubo et al., *Dia. Rel. Mater.*, **17**, 659 (2008)

3 薄膜トライボロジーの基礎

佐々木信也*

3.1 はじめに

DLCは幅広分野での製品化が進んでいるが，中でもトライボロジー関連分野における展開には目覚ましいものがある。その用途は，磁気記録媒体，金型，軸受，エンジン摺動部品，切削工具，シールなど，広範かつ多岐に渡っている。このように普及した理由は，DLCの持つ表面平滑性と高硬度という基本的な特性にある。これらをトライボロジーの基礎メカニズムに照らせば，DLCは必要とされる諸特性を十分に満たす可能性を有していると言える。DLCの品質，信頼性および生産性は，低コスト化とともに今後のさらなる進化が期待されるところであり，今後も市場におけるDLCの製品化は飛躍的に拡大していくものと予想される。

トライボロジー（Tribology）とは，固体の摩擦・摩耗・潤滑を取り扱う工学分野を指し，相対運動を行いながら相互作用を及ぼし合う表面およびそれに関連する実際問題の科学・技術と定義されている。トライボロジーが扱うものは図1に示すように，分子レベルでの摩擦現象からハードディスクのスライダヘッド，自動車のエンジンやタイヤ，発電タービンの軸受，様々な電気接点，人工関節，地震予知や人工衛星など，一般工業製品に留まらずナノやバイオさらにはジオサイエンスや宇宙に至るまでの摩擦に起因する様々な現象を網羅し，非常に幅広い分野・領域に跨っている[1]。

実学としてトライボロジーを見た場合，制御対象とする課題は，表1に示したように①摩擦の制御，②摩耗の制御，③エミッションの制御の3つに大別される。

摩擦の制御においては，ピストン・シリンダー間の摺動のようにエネルギー損失を抑えるために摩擦を極力下げるということが注目されるが，自動車のブレーキシステムのように高い摩擦係数を安定して発生させることも求められる。摩擦を制御する場合には，固体の表面物性や固体同士の接触状態などに加え，摩擦表面と潤滑剤との相互作用も大きな役割を果たす。

摩耗の制御においては，摺動部品の長寿命化や信頼性向上を図るため摩耗を減すことが強く求められるが，切削や研磨などの除去加工プロセスにおいては加工効率向上のため被加工表面の摩耗を促進するための方策が要求される場合もある。摩耗を低減あるいは促進するいずれの場合でも，摩擦の制御と同様に表面の機械的特性が大きな役割を果たすため，硬質薄膜コーティングをはじめとする様々な表面処理技術が適用される。

エミッションの制御については，近年の地球環境問題への意識の高まりを背景に大きな関心が寄せられている。トライボロジーに関係するエミッションには，摩擦現象に起因する振動や騒音などに加え，潤滑油などの環境へ放出，ブレーキやタイヤなどからの摩耗粉などが挙げられる。製造現場ではローエミッション加工プロセスの実現に向け，生分解性潤滑剤の利用や加工油の最小油量化（MQL），さらにはドライプロセスへの移行が強力に推進されている。

---

* Shinya Sasaki　東京理科大学　工学部　機械工学科　教授

第1章　DLCの基礎

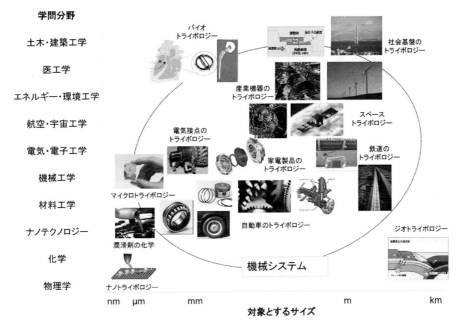

図1　トライボロジーの対象と学問分野

表1　トライボロジーによる3つの制御

1．摩擦の制御
・摩擦の低減：ピストン-シリンダーなど，低摩擦による摩擦損失の低減
・摩擦の安定化：ブレーキシステムなど，環境変化などに影響を受けない一定の摩擦係数
2．摩耗の制御
・耐摩耗性向上：摺動部品などの信頼性向上，長寿命化のための摩耗低減
・摩耗の促進：除去加工プロセスなどにおける被加工表面の除去（摩耗）効率向上
3．エミッションの制御
・エミッションの利用：楽器などにおける摩擦音，地電流による地震予知，摩擦熱
・エミッションの抑制：摩擦ノイズ，振動，潤滑油漏れ，摩耗粉，摩擦帯電

　このようなローエミッション加工プロセス技術を普及させるためには，工具と被加工物との摩擦の低減や工具，金型などの耐摩耗性向上が重要な技術課題であり，DLCをはじめとする薄膜コーティング技術が大きな役割を果たす。

3.2　トライボロジーの基礎メカニズム
3.2.1　摩擦のメカニズム
　摩擦は，"接触する2つの固体が外力の作用のもとですべりやころがり運動をするとき，あるいはしようとするときに，その接触面においてそれらの運動を妨げる方向の力（摩擦力）が生じ

る現象"と定義される[2]。2つの平面を重ねたとき，その重なっている面積全体は接触面と呼ばれるが，接触面を詳細に観察すればすべてが相手面と接触している訳ではない。どんなに平坦に仕上げた表面であっても，本当に接触している部分（真実接触面積）は見かけの接触面積よりもかなり小さい[3]。真実接触面積Arは，垂直荷重W，金属の塑性流動圧力をPmとおけば，

$$Ar = \frac{W}{Pm} \tag{1}$$

と表わせ，真実接触部のせん断強さをsとすれば，摩擦力Fsは$Fs = Ar \times s$，摩擦係数μsは次式で表わせる。

$$\mu s = \frac{Fs}{W} = \frac{s}{Pm} \left(= \frac{s}{H} \right) \tag{2}$$

この式で塑性流動圧力Pmをその上限値となる押し込み硬さHと置き換えて考えれば，硬い表面ほど摩擦係数は小さくなることが判る。また，接触部の凝着が不完全な場合などのようにせん断強さsが小さいほど摩擦係数は下がることになる。凝着摩擦のメカニズムに従えば，DLCは高硬度であることに加え化学的安定性が高く凝着を起こし難いため，低摩擦を発現し易いことになる。

一方で，摩擦の原因は凝着だけではなく表面の凹凸の影響も受け，すべり摩擦抵抗は次式に示すように凝着に起因した凝着項（μs）と掘り起こし項（μp）との和によって発現する。

$$\mu = \mu s + \mu p \tag{3}$$

掘り起し項（μp）は，柔らかい材料に硬い材料の凸部の一部がめり込み，柔らかい材料を押し退けながら進むときの抵抗と定義される。この抵抗を下げるには押し込み量を減らすため表面を硬くすることが有効であるが，その表面が粗い場合には自らの硬い突起が相手面を掘り起こすことで摩擦を増大させる場合もある。DLCの場合はある程度の硬さを有しながら平滑であるため，相手面攻撃性が少なく摩擦の掘り起し項も小さいため摩擦低減に優位性がある。

この他の摩擦抵抗の原因になるものは，表面ヒステリシス損失がある。これは主に転がり摩擦において発現するもので，転がり軸受やタイヤと路面，車輪と線路などにおいて顕著に観察されるが，硬質薄膜表面においては，通常その影響は少ない。

3.2.2 摩耗のメカニズム

表2にバーウェル（J. T. Burwell）[4]によって分類された摩耗メカニズムを示す。凝着摩耗は，真実接触部において凝着が生じた後，相対運動によって引き離される際に凝着部周辺部からの破断が起こり，ある確率で摩耗粉が脱離することによって進行する摩耗形態である。凝着の起こる真実接触面積は(1)式で示した通りで，塑性流動圧力の高い，すなわち硬い表面ほど接触面積は小さくなり凝着摩耗は減少する。また，DLCのように凝着性の低い表面ほど摩耗は低減する。

アブレシブ摩耗は硬い突起や硬質粒子によって，相手摩擦面が削り取られることによって起こる摩耗形態である。図2にアブレシブ摩耗のモデルを示す。アブレシブ摩耗の基本的な考え方

第1章　DLCの基礎

表2　摩耗形態の分類

---
(1) 凝着摩耗（Adhesive Wear）
　　真実接触部の凝着に起因する破断から生じる摩耗
(2) アブレシブ摩耗（Abrasive Wear）
　　硬い突起や粒子の切削によって起こる摩耗
(3) 腐食摩耗（Corrosive Wear）
　　雰囲気や潤滑剤の表面腐食作用と腐食反応物の除去によって起こる摩耗
(4) 疲れ摩耗（Fatigue Wear）
　　ピッチングやフレーキングなどのころがり疲れに起因する摩耗

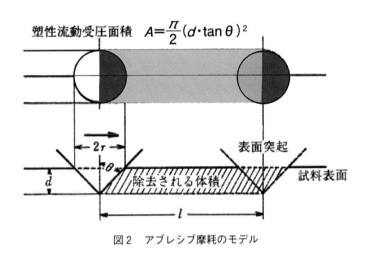

図2　アブレシブ摩耗のモデル

は，先端が半頂角 θ の円錐をした硬い突起が荷重 W で柔らかい表面に深さ d だけ押し込まれる場合，その状態で突起が距離 ℓ だけ移動する領域においてある確率で削り取られて摩耗するというものである[5]。接触点が過酷な塑性接触であると仮定するとこの接触面積 A は

$$A = \frac{\pi}{2}(d \cdot \tan\theta)^2 \tag{4}$$

となり，表面の塑性流動圧力を Pm とすると荷重 W は，

$$W = \frac{\pi}{2}(d \cdot \tan\theta)^2 \cdot Pm \tag{5}$$

と表される。摩耗粒子の発生する確率を k とおくと，摩耗体積 V は次式のように与えられる。

$$V = \frac{2k}{\pi \cdot \tan\theta} \cdot \frac{W\ell}{Pm} \tag{6}$$

塑性流動圧力 Pm を硬度 H と置き換えて考えれば，硬い表面ほどアブレシブ摩耗に対して耐摩耗性に優れるということになる。実際の機械システムにおける摩耗に関するトラブルの多くはアブレシブ摩耗に起因するものであると言われている。これは凝着摩耗などの他の摩耗メカニズム

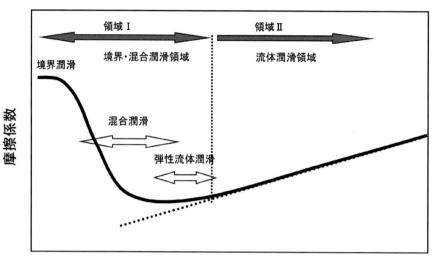

図3 ストライベック線図

に比べ，アブレシブ摩耗による摩耗量が桁違いに大きい（比摩耗量で10^{-4}～10^{-2}mm^3/Nm）ため，故障の直接的な原因になる確率が高くなるためと考えられる。そのため耐摩耗性を付与する場合，表面に硬質薄膜をコーティングする手法が用いられるが，中でもDLCはその有力な候補材料の一つである。DLCが用いられる理由は，表面平滑性に起因した相手面への低攻撃性にある。

摩擦表面では局所に大きな応力や高い温度などが生じることにより，トライボケミカル反応[6]と呼ばれる特異的な化学反応が促進されることがある。このような摩擦面反応に起因する摩耗形態は，トライボケミカル摩耗と呼ばれ腐食摩耗に分類される。DLCは化学的安定性の高い材料で，通常の金属などでは使えない腐食性環境下でも優れた耐食性能を発揮するが，高温環境下では鉄との固相反応を起こす。鉄系材料の切削工具にDLCの適用が難しいのはこのためである。また，DLCが固体潤滑性を発現するメカニズムについては，摩擦面におけるアモルファスカーボンからグラファイトへの構造変化が重要な役割[6]を果たす。このような構造変化（トライボケミカル反応）の進行は，摺動条件により摩耗を促進させることにある。凝着摩耗やアブレシブ摩耗に優れるDLCの場合，膜の剥離や破断がなければ，その摩耗はトライボケミカル摩耗によって大きく支配される。

疲労摩耗は，変動応力を受ける転がり軸受などにおいて顕著にみられる摩耗形態である。薄膜表面においては，膜と母材界面との間の剥離の原因になる場合もある。

3.2.3 潤滑のメカニズム

潤滑状態を理解する上で，ストライベック線図[7]は大いに理解を助けるものである。これは潤滑状態の遷移を，動摩擦係数と軸受特性数S（摩擦速度×潤滑油粘度／荷重）を用いて表したも

第1章　DLCの基礎

のである。図3にストライベック線図を示す。ストライベック線図は，潤滑状態を境界・混合潤滑領域と流体潤滑領域との2つに大別される。流体潤滑領域では，界面に介在する流体によって固体の直接接触が妨げられており，その摩擦力は流体の粘性抵抗によって生じる。流体膜によって固体接触を妨げるためには十分な流体膜厚さが必要になるが，これは粘度と速度，接触圧などのパラメータから流体力学的に決定される。なお，十分な油膜厚さは2固体間の接触が起こらない距離を意味し，摩擦面の表面粗さによって影響を受ける。

低摩擦で固体接触がなく摩耗の起こり難い流体潤滑領域は，摺動部品を設計する上では理想的な潤滑状態と言える。しかしながら実際の部品では，静止時や不意の荷重変動などにより固体接触が余儀なくされる。このため，境界・混合潤滑領域への遷移は，摺動部品を設計する上で常に考慮されなければならない。境界・混合潤滑領域においては，吸着もしくは反応膜を形成して接触面を保護する潤滑油添加剤が重要な役割を果たす。これまでの潤滑油は，主に金属材料表面を対象として添加剤の最適化が行われているため，DLCなどの化学的特性が大きく異なる表面に対しては，従来の添加剤が効果を発揮しない場合もある[8]。

3.3　トライボマテリアルとしてのDLCの特徴

摺動表面の耐摩耗性を向上させるための方策としては，①高硬度，②平滑性（低攻撃性），③テキスチャリング，④固体潤滑性そして⑤化学的安定性の付与が挙げられる。

3.3.1　高硬度

表面の硬度を向上させる手法としては，鋼の焼入れ，浸炭，窒化などの熱処理技術にはじまり，クロムなどの湿式めっきやTiN，CrN，DLC（ダイヤモンドライクカーボン）などのCVD，PVD法，金属やセラミックスなどの溶射法などが知られている。コーティングの場合，膜自体の硬度を上げることで耐摩耗性を向上させることは比較的容易なのであるが，剥離などの信頼性や相手面への攻撃性などが実用化を阻む要因となることがある。そのため，硬度が高ければ高いほど良いということにはならない。DLCの場合，その硬度は製法や組成[9~11]によって大きな幅があるが，水素含有a-c：H膜の場合はビッカース硬度でHv1,000〜2,000程度，水素フリーta-C膜の場合はHv5,000程度の値を示すものが摺動面硬質薄膜として用いられている。

3.3.2　平滑性と低攻撃性

トライボロジーは2つの固体表面によって成り立つため，片方の性能向上を図るのみでは十分な効果は得られない。むしろ，相手面を無視した一方的な性能向上は，トライボシステムとしての性能劣化をもたらすことがある。例えば，表面の耐摩耗性向上を目的に硬質薄膜をコーティングした場合，硬質薄膜側の耐摩耗性は向上するものの相手材料の摩耗を増大させ，結果として十分な摺動特性が得られないことがある。相手材料に対する攻撃性は，硬さと表面粗さが大きくなるほど増加する。炭素鋼を相手材料として，各種硬質被膜を摺動させた場合の摩擦・摩耗特性[12]を図4に示す。未処理のSKH鋼やTiAlNの場合には，すべりはじめはCrNよりも低摩擦ながら，摩擦距離が長くなるとこれよりも高い摩擦係数を示している。また，相手側のピンの摩耗を見る

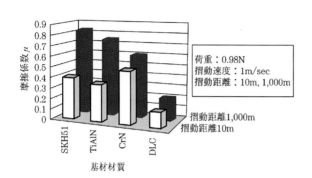 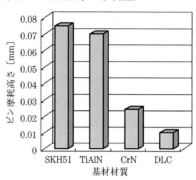

図4　炭素鋼に対する各硬質薄膜の摩擦・摩耗特性[12]

と，SKH鋼，TiAlNともにCrN，DLCに比べ大きいことがわかる。CrNの場合には，表面粗さが大きいために初期の摩擦係数が高い。DLCの場合は摩擦係数と摩耗量ともに最も低い値を示すが，これは膜の平滑性と低凝着性によるものと考えられる。DLCは自らの高い耐摩耗性とともに相手材料に対する低攻撃性を有することから，例えば金属材料などを塑性加工する金型表面への普及も拡大している。

3.3.3　固体潤滑性

高温環境や高真空など潤滑油の使えない特殊環境下では，表面に固体潤滑性を付与することで摩擦によるせん断力を抑制し，摩擦・摩耗特性の向上を図ることが行われる。固体潤滑剤には，二硫化モリブデン，二硫化タングステン，グラファイトやフッ素樹脂などが用いられる。図5に乾燥摩擦環境下における各種固体潤滑膜のトライボロジー特性[13]を示す。超高真空中では二硫化モリブデンや銀などの固体潤滑剤が高い寿命を示すが，湿度のある大気中ではDLCが圧倒的な長寿命・信頼性を示している。DLCの固体潤滑性は，構造変化による摺動表面へのグラファイト層の形成によるものと考えられている。固体潤滑性は，雰囲気や温度などの摺動環境に大きく影響を受けるため，摺動環境に適した表面設計が必要になる。

3.3.4　化学的安定性（耐腐性）

表2に示したように摩耗メカニズムの一つに腐食摩耗がある。摺動面では，静的環境における耐腐性とは異なる挙動を示すことがある。摩擦表面では局所に大きな応力や高い温度などが生じることにより，トライボケミカル反応[14]と呼ばれる特異的な反応が促進されるためで，この反応は相手材料や雰囲気の影響も大きく受ける。DLCは化学的安定性が高い材料で，通常の金属などでは使えない腐食性環境下でも優れた性能を発揮する。その一方で，鉄との反応性が高いため，鉄系材料の切削工具としては適用が難しいなどの問題も起こる。

第1章　DLCの基礎

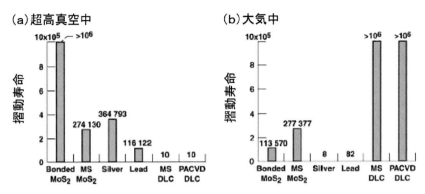

図5　ステンレス鋼（440C）に対する各種固体潤滑剤の寿命特性[13]

3.4　おわりに

　地球環境問題や市場のグローバル化による国際競争力強化を背景に，薄膜コーティングによる表面改質技術に対する要求と期待は益々高まっている。DLCの急速な市場展開に見られるように，耐摩耗性向上に対するニーズは潜在的に高くその用途も広範に渡るため，新技術の展開は新たな製品群，そしてさらなるニーズおよびシーズを生み出す可能性がある。すでに様々なタイプのDLCが実用化されているが，必要とされる表面特性は摺動環境によって異なるため，対象とする摺動条件とその場における摩擦・摩耗メカニズムを正しく把握することにより，最適なDLCを選択することが重要になる。なお，各種DLCの基本的な摩擦・摩耗特性を把握する上では，相手材料や潤滑油との組み合わせについても十分に考慮しなければならない。

文　　　献

1) 「はじめてのトライボロジー」，講談社（2013）
2) トライボロジーハンドブック，日本トライボロジー学会編集，養賢堂（2001）
3) "Electric contacts 4th Edition", Ragnar Holm, Springer（1967）
4) J. T. Burwell, "Survey of Possible Wear Mechanisms", *Wear*, **1**, 119（1957）
5) 尾池守，笹田直，野呂瀬進，"アブレシブ摩耗における切削性と凝着性"，潤滑，**25**(10), 691（1980）
6) Y. Tokuta, M. Kawaguchi, A. Shimizu, S. Sasaki, "Effects of Pre-heat treatment on Tribological Properties of DLC Film", *Tribology Letters*, **49**(2), 341-349（2013）
7) R. Stribeck, Z. des VDI, **46**(36), 1241（1902）
8) 沼田俊充　佐々木信也　森誠，"チタン添加DLC上における潤滑油添加剤の反応メカニズムの解析"，日本機械学会論文集　C編，**71**(703), 1097（2005）

9) N. Savvides and T. J. Bell, "Hardness and elastic modulus of diamond and diamond-like carbon films", *Thin Solid Films*, **228**, 289 (1993)
10) S. J. Bull, "Tribology of carbon coatings: DLC, diamond and beyond", *Diamond and Related Materials*, **4**, 827-836 (1995)
11) Z. Sun, C. H. Lin, Y. L. Lee, J. R. Shi, B. K. Tay and X. Shi, "Effects on the deposition and mechanical properties of diamond-like carbon film using different inert gases in methane plasma", *Thin Solid Films*, **377-378**(1), 198 (2000)
12) 中東孝浩, "DLCコーティングと工具への適用", 機械と工具, **3**, 14 (2004)
13) K. Miyoshi, "Durability evaluation of selected solid lubricating films", *Wear* **251**, 1061-1067 (2001)
14) 管野善則, "固体表面のトライボケミストリー", トライボロジスト, **46**(5), 380 (2001)

4 DLCのトライボロジー応用における留意点

加納　眞*

4.1 はじめに

　近年，DLC（Diamond-like carbon）コーティングは，腕時計，シェーバーの刃，ハードディスクや自動車の種々の摺動部品への応用が急激に増加している。これらの中でトライボロジー応用では，自動車用摺動部品への適用が著しく進んでおり，特に日本においては小型量販車にもそれらの部品が搭載され始めている。

　しかしながら，工業適用が急拡大している一方で，DLCが炭素を主体とするアモルファス構造の１ミクロン前後の薄いコーティング膜であるために，学究的には膜本質の構造解明や表面状況の分析が困難を極め，非常に多くの技術上もしくは研究上の課題が残されている。この非常に繊細かつ未解明な材料や製造プロセスを，日本が得意とする現場の工夫，経験に基づく改善や優れた技術センスを活かした使いこなしにより，世界に先行して上記の実用化につなげているのが現状である。そこで，ここでは今後DLC膜のトライボロジー応用に取り組むにあたっての留意点を，できる限り実際の自動車用ガソリンエンジン摺動部品への適用事例を基にまとめてみることとする。

4.2 応用における留意点

　トライボロジー応用においては，摩擦する１対の部品から構成されることや，すべりもしくはころがり接触部に潤滑剤が多くの場合に供給されているため，以下の留意すべき技術課題が挙げられる。

1. 摺動部材のどちら側にDLCをコーティングするべきか。
2. コーティングする部品の基材および相手材の材質および表面の仕上げはどうすべきか。
3. 種々のDLC膜の中でどの膜種を選ぶべきか。
4. DLC膜の特徴を活かす潤滑剤をどのように開発もしくは選定すべきか。
5. DLC膜の厚さはどのくらいが適切か。
6. DLC膜のトライボ特性評価法はどうすれば良いのか。
7. DLC膜の摩耗に対する寿命推定はどのようにするのか。
8. 摩擦特性の性能向上に対するコスト上昇は見合うのか。
9. 環境改善への貢献は出来るのか。
10. 生産DLC膜の品質管理方法はどのようにするのか。
11. DLC膜の工業適用の将来進展性と課題は。

---

*　Makoto Kano　KANO Consulting Office

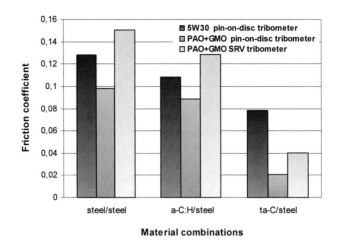

図1 潤滑下のピンディスク摩擦試験でのta-Cの低摩擦特性

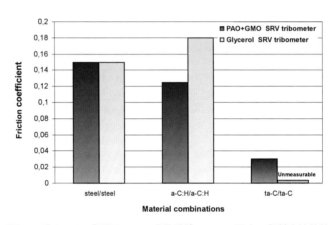

図2 グリセリン潤滑下のSRV摩擦試験でのta-C同士の超低摩擦特性

上記の項目について,事例を交えながら解説してゆくこととする。

図1に,鉄鋼材同士,鉄鋼材のピンとa-C:Hおよびta-Cの2種類のDLCをコーティングした鉄鋼基材製のディスクを用いて,ガソリンエンジン油5W-30と合成油PAO(Poly-alpha olefin)にエステルGMO(Glycerol mono-oleate)を1wt%添加した混合油の潤滑下で,ピンオンディスクの一方向すべり試験と往復摺動のSRV試験で摩擦特性を評価した結果を示す[1]。この図から,いずれの試験方法においても,摩擦係数は鋼同士,a-C:Hディスク,ta-Cディスクの順番に低下していることが分かる。また,潤滑油の違いでは,いずれのディスク材においても,エンジン油よりも混合油の方が低い摩擦係数を示し,特にta-Cではその低減効果が顕著であることが分かる。

図2に,鋼同士,a-C:H同士,ta-C同士を,上記PAOにGMOを添加した混合油および同程度の分子量を有するアルコールのグリセリンで潤滑した環境下で,SRV往復摺動試験にて摩擦特性を

第1章　DLCの基礎

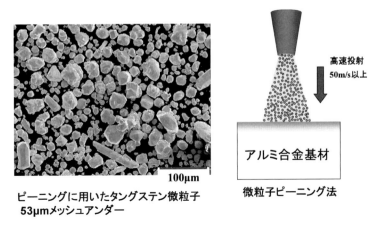

図3　アルミニウム基材改質法

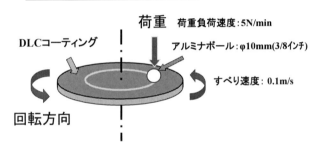

図4　連続荷重増加すべり試験による密着・耐摩耗性評価法

評価した結果を示す[2]。この図から，混合油のa-C:H同士の摩擦係数は0.125程度で先の鋼ピンとa-C:Hディスクの組み合わせの摩擦係数0.13に比べ若干低い値を示すのに対して，ta-C同士では鋼ピンとの組み合わせの摩擦係数0.04に対して0.03と明確に低下していることが分かる。さらには，グリセリン潤滑下では，ta-C同士の組み合わせだけが顕著な摩擦低減効果が得られ，SRV摩擦試験の測定限界を超え0.01以下の超潤滑特性を示す結果となった。

　図1と図2の結果は，上記留意点1，3，4の摩擦特性に与える影響が著しく大きいことを示している。したがって，これらを上手く見極め，最適な組み合わせを見出すことにより，摩擦低減効果を最大限引き出すことが重要となる。

　次に，自動車エンジン用アルミニウム合金製ピストンスカートへのDLCコーティング技術として開発された，微粒子ピーニング法を用いた表面改質技術の事例を紹介する[3]。図3に示すように，DLCの主要元素である炭素と結合しやすいタングステン微粒子をアルミニウム基材にピーニングすることにより，表層にタグステン微粒子が分散した10ミクロン程度の硬化層が形成され

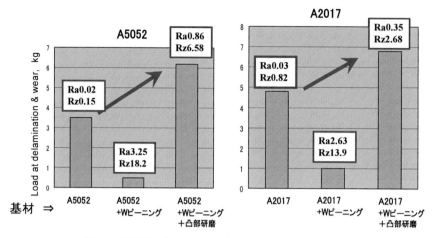

図5 表面仕上げによるDLC膜の密着・耐摩耗性の違い

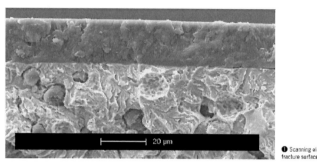

図6 ピストンリング用の厚膜ta-Cコーティング事例

る。しかしながら，ピーニング処理により表面粗さは著しく大きくなるために，そのまま水素含有DLC（a-C:H）をコーティングしても皮膜の高い密着・耐摩耗性は得られない。表面仕上げの違いによるDLC膜の密着・耐摩耗性の違いをボールオンディスク摩擦摩耗試験（図4）で評価した結果を図5に示す。ピーニング処理後に凸部を研磨した後，DLCをコーティングすると，表面改質無しの平滑面に形成したDLC膜よりも，明らかに密着・耐摩耗性が改善される。このように上記課題2の基材表面仕上げは，DLC膜の密着・耐摩耗性の優劣を左右するだけではなく，摩擦係数にも大きな影響を与えるため，実用上しっかりと取り組むことが重要となる。また，DLCをコーティングした部品と摺動する相手材の表面仕上げについても，大きな表面粗さ凸部や潤滑油保持を目的として形成したテクスチャーの凹部エッジやバリとの接触での過大面圧下で生じるスクラッチによりDLC膜を剥離させる場合があるので，適切な表面仕上げを行う必要がある。

課題5のDLC膜の厚さについては，適用する摺動部品に要求される許容摩耗量や摺動条件の

第1章　DLCの基礎

2009年10月18日鈴鹿サーキット　4h耐久レース　6位完走

図7　DLCコーティングアルミニウム合金製ピストン搭載バイク

過酷さにより必要な膜厚は異なるが，一般的には薄すぎると摩耗や下地の塑性変形に伴い座屈しやすくなり，逆に厚すぎると膜の内部応力で破壊しやすくなることや，ドロップレット混入に伴う表面粗さおよび膜質の悪化や成膜時間の長時間につながるといった問題を生じるため，適切な膜厚の選定が重要となる。

　図6に，自動車ガソリンエンジンピストンリング用に開発された膜厚10ミクロンを越える厚膜ta-Cの断面を示す[4]。後の自動車部品へのta-Cコーティングの適用に関する記載のところで詳細は譲ることとするが，ここではガソリンエンジン用ピストンリングへのDLC膜としてta-Cの適用が急激に進んでいることに注目したい。ピストンリングは，相手のシリンダボア摺動面と常時接触しており，DLC膜の摩擦摩耗条件が厳しく，特に合口部周辺のDLC膜の摩滅も想定される。しかしながら，摩擦面はDLCの特徴の一つである相手摺動面を平滑化させる傾向にあるため，激しいスカッフィング摩耗への移行は発生しにくいものと思われる。今後，多くのエンジンピストンリングへの適用開発が増加してゆくにつれ，DLC膜の適切な膜厚についても明確になってゆくものと思われる。

　課題6のトライボ評価法と課題7の摩耗寿命の推定は，DLC膜の摺動部品への量産適用が進んでいるにもかかわらず，各企業が適用部品に対応したオリジナルの評価条件，試験方法により実施されている状況であり，今後，技術の標準化や開示が望まれている。ここでは，図4に示したDLC膜の密着・耐摩耗性評価技術についての事例を説明する。従来から，ダイヤモンド圧子を用いたスクラッチ試験やロックウェル圧痕試験を用いた膜の損傷によるDLC膜の密着性評価が行われているものの，DLC膜が実用される摺動条件と大きく異なるため，実際の摺動条件下で発生する摩耗損傷における膜質違いによる優劣との相関性が低いことが課題となっている。上記2つの試験法では，DLCよりも硬いダイヤモンド圧子を用いて点接触で荷重を付加して，基材が塑性変形しDLC膜が座屈変形した時の破壊現象に対して，その負荷荷重の大小や損傷状況

の違いで相対評価する試験法となっている．しかしながら，多くの工業適用で使われている潤滑下の線接触の摺動条件では，基材が弾性変形する範囲内で潤滑下の低い摩擦係数にて繰り返し摺動する結果，DLC膜の表層からの摩耗や剥離を伴い損傷するため，上記試験法とは破壊モードが異なる．このことがDLC膜質の摺動条件下の摩擦，摩耗特性評価との相関性が低い要因と考えられる．

そこで，図5に示したDLC膜の密着・耐摩耗性では，図4に示すボールオンディスク試験での連続荷重増加すべり試験により，摩擦係数が急上昇する荷重を限界荷重として求めた値で評価されたものである．この評価試験法を用いて，前記のアルミニウム合金製ピストンスカート部への基材表面改質とDLCコーティングの諸条件を最適化した結果，図7に示すようにモータバイクの実レースへ適用され，優れた耐摩耗性を実現している．しかしながら，図4に示したトライボ試験方法はDLCコーティングアルミニウム合金ピストンの開発用に構築したオリジナル評価法であり，いまだに規格化されていない．また，DLC膜の摩耗寿命の推定にいたっては，鉄鋼材料などで生じる凝着摩耗，疲労摩耗，アブレシブ摩耗や腐食摩耗といった摩耗現象の分類すら明確になっていない状況であり，全く存在していないのが現状である．実際には，鉄鋼材料などで構成される現行部品の摩耗評価モードや摩耗試験を用いてDLCコーティング部品の摩耗レベルを測定し，現行材のレベルと相対的に比較評価することにより判断されている状況にある．したがって，これら2つの技術課題については今後も，産官学が一緒になって早期にメカニズムなどを究明して，評価法を構築する必要がある．

課題8のコストパーフォーマンス面では，すでにDLCコーティングが国内の量産小型車のガソリンエンジン用バルブリフタやピストンリングにも適用されていることや適用部品の拡大が続いていることから，膜形成コストの上昇はあるものの摩擦低減効果を考慮すれば，従来の摺動部に使われていたTiN，CrNなどのPVDコーティング膜，浸炭処理，窒化処理などの表面改質処理に匹敵もしくは勝っているものと判断される．したがって，上記の技術課題をしっかりと対処することにより課題8は解決できるものと思われる．

課題9の環境改善への貢献は，まさにDLC膜の特性を活かす最大のメリットであり，また大きなポテンシャルも有している．ほかの表面処理技術と異なり，適用部品の最終形状に直接コーティングでき，処理温度もおよそ200℃以下に抑えられるドライプロセスであるため，製造プロセス上においても省エネルギー，省資源，クリーン環境といった環境改善につながる．また，最も大きなポテンシャルの一つは図2に示した80℃グリセリン潤滑下のSRV摩擦試験で得られたta-Cコーティング同士の超低摩擦特性である．さらには，図8に示す室温オレイン酸潤滑下のフィルタードアーク法で成膜したta-C同士でも摩擦係数が0.01以下となる超低摩擦特性の発現が見出されている[5]．これらの超低摩擦特性は，自動車エンジン摺動部品で高い摩擦係数を生じる混合潤滑ないしは境界潤滑条件下で，簡単な材料組み合わせと摩擦条件下で発現しているだけではなく，定量的には，エンジン油潤滑下の鉄鋼材同士の摺動時に示す摩擦係数0.1に対して0.01を切る値を示していることから，今後さらなるエンジンの燃費改善が得られる可能性がある．さら

第1章　DLCの基礎

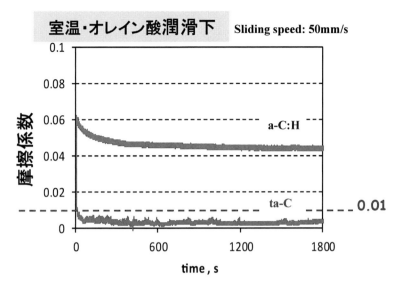

図8　室温，オレイン酸潤滑下ta-Cの超低摩擦特性

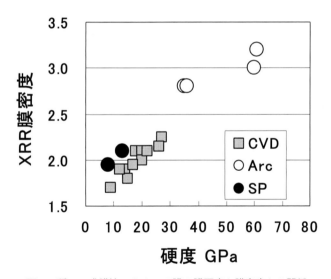

図9　種々の成膜法によるDLC膜の膜硬度と膜密度との関係

には，アルコール種のグリセリンも有機酸のオレイン酸も，自動車エンジンや駆動系の潤滑に用いられている種々の添加剤を含んだオイルに比べ，人や地球環境にやさしい材料である。これらの材料系をベースに工業適用に最適化した潤滑剤とDLCコーティングの材料組み合わせで，超低摩擦特性を発揮させた機械摺動部品がエンジンや駆動系に適用されれば，環境改善に大きく貢献できるものと思われる。

　課題10の生産DLC膜の品質管理については，現物の品質管理と成膜にかかわる工程管理の大

きく2つが重要となる。皮膜品質としては，皮膜の割れ，欠けやドロップレットなどの異物や膜の均一性の目視検査や膜の硬さ測定，抜き出しサンプルのカロテストなどによる膜厚測定，ラマン分光解析によるスペクトル波形計測や短時間の摩擦特性評価が考えられる。図9に，種々の成膜方法でSUJ2鋼平滑面に成膜した種々のDLC膜の，ナノインデンタで計測した膜硬度とX線回折による膜密度との関係を示す[6]。この図から，成膜したDLC膜の主要な膜特性である膜密度と膜硬度がほぼ直線的な相関性を示すことが分かる。したがって，DLCをコーティングする部品とともに，成膜ロットごとやチャンバーの種々の位置に平板サンプルを同時に組み込み，成膜後の平板サンプルの硬度測定を実施することにより膜品質の評価につなげられる。これらに加え，最終製品の要求特性や実際の部品の摩擦摩耗特性に相関するように独自のオリジナル評価技術を作り上げることが必要となる。このオリジナル技術創出は困難な場合もあると思われるが，構築できれば競合他社と差別化できる強い武器になるため非常に重要となる。

最後の課題11のDLC膜の工業適用の将来進展性としては，自動車エンジンバルブリフタ，ピストンリング摺動部品の量的拡大に加え，ピストンピン，ピストスカート，駆動系歯車などの他部品への拡大が見込まれる。また，今後，自動車摺動部品への量産適用技術を活かし，航空宇宙，産業機械，食料製造機器や医療機器といった他産業の摺動部品への適用が期待されることから，近い将来，表面処理における主要技術の一つになるものと思われる。

4.3 おわりに

自動車ガソリンエンジン摺動部品へのDLCコーティング適用技術を基に，トライボロジー応用における留意点をまとめてみた。地球規模の環境問題やエネルギー問題への改善の一方策としてのDLC工業適用は，種々の産業分野においてますます急速に拡大するものと思われる。こうした進化し続けるDLCの成膜技術や膜種および適用の拡大の状況の中で，産業界としての大きな課題の一つとして，工業規格の構築が挙げられる。今後，日本，ドイツを中心にDLCの規格標準化が進められ，実際の工業適用がより効率的に世界規模で取り組まれることが期待される。

文　献

1) M. Kano, "DLC Coating Technology Applied to Sliding Parts of Automotive Engines", New Diamond and Frontier Carbon Technology, **10**(4), 201 (2006)
2) M. Kano, Y. Yasuda, T. Sagawa, T. Ueno, J. Ye and J. M. Martin, "Superlubricity generated by material combination of ta-C/ta-C coating lubricating with glycerin", Asiatrib 2006, Kanazawa, Proceedings
3) 加納眞, "DLC特集　応用　自動車部品への展開－エンジン部品関係－", NEW DIAMOND,

第1章　DLCの基礎

26(1), 59（2010）

4) M. Kennedy, S. Hoppe and J. Esser, "Low Friction Losses with New Piston Ring Coating", MTZ worldwide, **75**(4), 24（2014）
5) 吉田健太郎, 加納眞, 益子正文, 川口雅弘, J. M. マルタン, "オレイン酸潤滑下すべり摩擦におけるDLC膜の摩擦低減特性とトライボ化学反応の関係", トライボロジスト, **58**(10), 773（2013）
6) 熊谷正夫, "DLCの構造解析の課題", JSPS日本学術振興会プラズマ材料科学第153委員会代83回研究会, 2007年11月19日　講演予稿集

5 DLC膜の密着力とその評価

大花継頼*

5.1 はじめに

　DLC膜はさまざまな優れた特性を持ち，多くの分野での適応が広がっている。優れた特徴の中でも，低摩擦・耐摩耗特性に優れているので，多くのしゅう動部への適応が盛んである。2015年の矢野経済研究所の調査[1]によれば，2013年度の需要分野別で自動車部品が53.8％，機械部品が16.7％とおよそ70％を占めている。さらに，金型や切削工具への適応を含めると90％を超えており，現在のところ，優れた摩擦摩耗特性を生かした分野での適応が進んでいる。このように優れた摩擦摩耗特性が注目されているが，具体的に実機へ適応した場合の問題点を考えてみたい。どのような環境（ドライ，水，オイルなど）でしゅう動させるのか，どの程度の荷重と速度がかかるのか，相手材はなにかなど，トライボロジー的な観点から検討すべき点は多いが，摩擦特性や比摩耗量などは，模擬試験でもある程度予測することが可能である。ところが，実機へと展開したときの問題はDLC膜の密着性となることが多い。摩擦摩耗試験で優れた特性を示す膜でも，実機に適応したときに，はく離が生じることで，適応ができない事例も多いと聞く。さらに，DLC膜はその成膜法によって構造も異なり，中間層や異元素の添加などによって，その種類は無限大といってもよく，どのようなDLC膜が適応可能かを見極めることは難しい。摩擦摩耗試験である程度の密着性を評価することは可能であるが，通常，摩擦摩耗試験で行うような，一定荷重の試験でははく離を生じるまで長時間の試験を行うか，あるいは，荷重を変化させて一定時間での試験を繰り返し，耐荷重を見積もる必要があり，簡便には密着性を評価することは難しい。一方，簡便に密着性を評価する方法として，さまざまな評価方法が存在するが，実機でのはく離の傾向とは合わないことも多く，残念ながら定量的な評価方法というものが確立されていないことに注意する必要がある。ここでは，簡便な方法としてよく用いられているスクラッチ試験とロックウェル試験を紹介し，DLC膜へ適応したときの評価とその問題点をまず述べ，さらに，摩擦摩耗試験を用いてステップ的な荷重を印加させることでDLC膜の密着性を評価した試みについて述べる。

5.2 一般的な評価方法

　スクラッチ試験およびロックウェル試験は比較的簡便に行うことができるので，DLC膜の密着性評価としてよく用いられている手法である。薄膜の密着性評価法として，ISO20502[2]，およびISO26443[3]で規定されている。DLC膜をスクラッチ試験で評価する場合，ダイヤモンドの圧子を膜に押し付け，徐々に荷重を増加させながら同時に一定の速度で膜もしくは圧子を移動させることで膜の引っかきに対する耐性を見ることになる。ISO20502にもAnnex BにはDLC膜のス

＊　Tsuguyori Ohana　（国研）産業技術総合研究所　製造技術研究部門　トライボロジー研究グループ　グループ長

第1章　DLCの基礎

クラッチ痕の顕微鏡写真が掲載されているので，参考になるであろう。スクラッチによる膜の破壊は，膜の塑性変形および破壊と界面からの破壊，および，基材の変形を伴って発生するため，その損傷メカニズムは複雑であり，定量的な評価が難しく，はく離痕の形状もさまざまである。DLC膜の場合，膜の硬さ，厚さ，内部応力などによってもその破壊過程が異なる。しゅう動部に適応される場合を想定して密着性を評価する場合，スクラッチ試験の密着性とは異なる傾向がみられる場合がある。スクラッチ試験の場合，極めて大きな応力がDLC膜にかかるため，基材の変形も大きく，実機でのしゅう動条件とは異なることが大きな要因だと考えられる。例えば，a-C:H膜を用いて行ったスクラッチ試験と一定荷重での相手材としてステンレスボールを用いたボールオンディスク法で評価したはく離荷重に相関がみられないことを確認している[4]。すなわち，摩擦摩耗試験では，せん断力が界面に繰り返し何度もかかり，DLC膜と基材の界面からの破壊が生じるのに対し，スクラッチ試験では押し込みながら進行方向にせん断力がかかることで，基材とDLC膜の硬さの違いが大きいほど破壊が進行しやすい傾向がある。さらに，摩擦摩耗試験では摩耗も伴うことも大きな違いであろう。界面あるいは表面からのクラックの発生と進展が摩耗による膜厚の変化とともに進行し，ある点で破壊が生じると考えられる。一方，スクラッチ試験は摩耗の影響はほとんどなく，硬い異物がしゅう動部にかみこんだ時のように，極めて微小な領域に大きな負荷がかかった時の状況を模擬しているものと考えることができる。なお，摩擦摩耗試験でも，高荷重の場合，基板の変形も観察されることから[4]，はく離荷重は基板の硬さの影響を受けることを注意する必要がある。また，摩擦試験法を取り入れて圧子を被膜に平行に振動させながら，荷重を増加させてスクラッチを行う振動式マイクロスクラッチ試験も提案されている[5,6]。ロックウェル試験についても，基板の大きな変形を伴うので，スクラッチ試験と同様なことがいえる。スクラッチ試験と比較してもさらに簡便であるため，日常の品質管理に広く用いられているようである。ISO26443では，54HRCより硬い基材にはロックウェルCスケールの圧子を150kgfで膜に押し付けて，その圧痕のはく離具合からその密着性を判断する。クラックやはく離が見えない場合をクラス0，クラックが見られるもののはく離は観測されない場合をクラス1，一部はく離がみられる場合をクラス2，そして，はく離したものをクラス3としている。しかしながら，はく離の判断は観察者が行うため，その判断は観察者によって異なることがあることに注意する必要がある。なお，実際にはく離の評価として用いる場合には，クラスをHF1〜HF6に分類することもよく行われている[7]。DLC膜のロックウェル試験をした圧痕の例の写真を図1に示した[8]。膜の種類によってはく離の形態の違いがみられる。上記，スクラッチ試験およびロックウェル試験ともに，基材の大きな変形を伴う試験であり，膜の基材への追従性を見ている試験といってよい。したがって，比較的柔らかい膜ほど，密着性がよい傾向がみられる。白木らは，スクラッチ試験とロックウェル試験を比較し，お互いに相関がみられることを報告している[9]。いずれの試験も膜にとって大変シビアな条件であるといえよう。そのほか，曲げ試験[10]，ビッカース試験[11]，スタッドピン垂直引っ張り試験[12]などが報告されているが，いずれも，しゅう動部での膜の密着性を評価しているとはいいがたい。

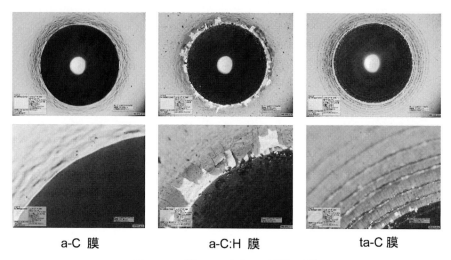

a-C 膜　　　　　　　　a-C:H 膜　　　　　　　　ta-C 膜

図1　DLC膜のロックウェル試験の例[8]

5.3　摩擦摩耗試験とはく離

　DLC膜を実機で用いた場合のはく離の評価は実機で評価すべきであろうということは，いうまでもない。しかしながら，上述のようにDLC膜はアモルファスであるが所以にさまざまな構造を持ち，また，異元素の添加や，中間層などの違いや，同じ組成を持つ膜でも成膜法が違うと膜の特性も変化することを考えるとそのバリエーションは天文学的ともいえる。適応しようとするDLC膜をすべて実機での試験を行うことは現実的ではない。そのため，スクラッチ試験やロックウェル試験などが用いられてきたのであろうが，先に述べたように，繰り返しせん断応力のかかる場でのはく離特性を評価しているとはいいがたい。そこで，しゅう動部でのはく離特性を評価するには，摩擦摩耗試験を適応するのがより実機に近い評価が可能と考えられる。なお，摩擦摩耗試験を用いても，加速試験であることには変わらないので，実機での評価とは厳密に同じではないことに留意する必要があるが，できるだけ実機に近い環境ではく離特性を評価することができるので，DLC膜のスクリーニングなどにおいては十分意義があると考えられる。そこで，我々は高い面圧で試験可能な往復動のボールオンディスク法をもちいて，ステップ的に荷重を増加させることで，一定荷重での試験と比較してより簡便にはく離を評価する方法を試みている。図2に試験の概要を示す。本試験に用いたSRV試験機にはステップ荷重による硬質薄膜の試験規格[13]が存在するが，その内容は極圧条件下の耐焼き付き性に相当する特性に着目したものであり，必ずしも密着性の評価を主眼としたものではない。SUS440Cボールを相手材とし，ドライ環境下において1min間隔で10Nずつステップ的に荷重を増加させた時のa-C:H膜の摩擦挙動を図3に示した。荷重の増加ともに，摩擦係数が減少し，ある荷重で急激な増加が観測されることから，膜になんらかの損傷が生じたと判断される。この時の摩耗痕から，膜の大きな損傷が基板との界面から生じていることが確認され，はく離が起こったことが確認されるので，この荷重を

第1章 DLCの基礎

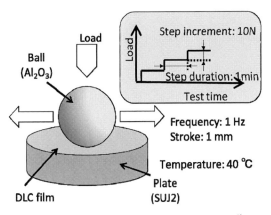

図2 ステップ荷重増加摩擦摩耗試験の概要[8]

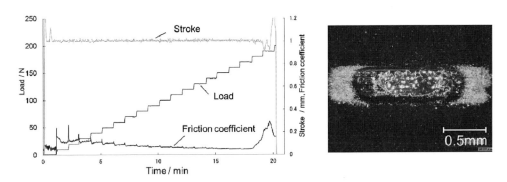

図3 ステップ荷重増加摩擦摩耗試験によるDLC膜の摩擦挙動と摩耗痕の例[8]

はく離荷重と考えることができる。しかしながら，同じ膜で繰り返し実験を行ったところ，はく離荷重についてもそのばらつきは大きく，一定の値を示すわけではないことが分かった。さらに，摩擦挙動についても，いつも同じ挙動を示すわけではなく，ある荷重で摩擦係数の増加および変動がみられることがある。摩擦係数の増加後，さらにしゅう動を続けると，摩擦係数の減少とともに安定することが多い。このような摩擦係数の変動時に試験を停止し，摩耗痕を観察してもはく離は生じていないことから，膜の損傷による摩擦係数の変動ではないことが確認された。また，摩擦係数の変動は一定の荷重で起こるわけではなく，偶発的に起きることから，しゅう動面になんらかの変化があったと考えるのが妥当であろう。変動がおきたときのしゅう動面を観察したところ，5 μm程度の突起状の異物が観察される（図4）[14]，変動の少ないものほど，突起物が少ないことを考慮すると，摩耗により発生した摩耗粉をかみこんだものと推測される。すなわち，変動がある場合，摩耗粉のかみこみによって，摩擦係数が増加し，さらにしゅう動を続けることで，何らかのトライボフィルムが形成され，摩擦係数に変化が生じたものと推測される。摩耗粉のかみこみがない場合，安定して低い摩擦係数が得られるとこを考慮すると，大きく分け

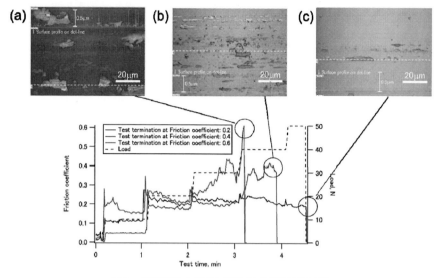

図4　摩擦係数の変動と摩耗痕の顕微鏡写真[14]

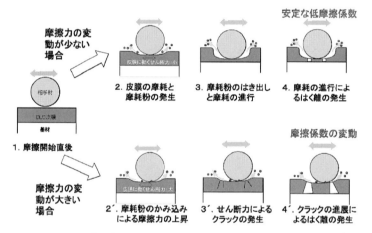

図5　ステップ荷重増加摩擦摩耗試験におけるDLC膜のはく離機構[14]

て，はく離機構として二つあることが推測される。その推測されたメカニズムを図5に示す。安定した摩擦挙動を示す場合をマイルド過程，変動がある場合をシビア過程と定義すると，マイルドとシビアではその摩耗痕（はく離痕）も異なり，マイルドの場合，摩耗痕の中心付近からのはく離が，シビアな場合，しゅう動面の全面でのはく離がみられる（図6）。

摩耗粉のかみこみとしゅう動面でのクラックの発生は，アコースティック・エミッション（AE）法によっても確認することができる。摩擦摩耗試験と同時にAE信号の測定を行うと，摩擦係数の変動が観測されない場合には，極初期のなじみ過程で観測される信号を除き，はく離直前まで，AE信号は観測されない（図7）。一方，摩擦係数の変動がある場合，変動が起きる直前

第1章　DLCの基礎

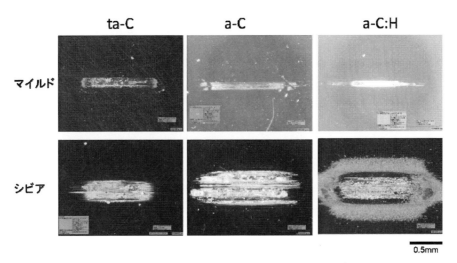

図6　マイルドとシビアな過程での摩耗痕の違い[14]

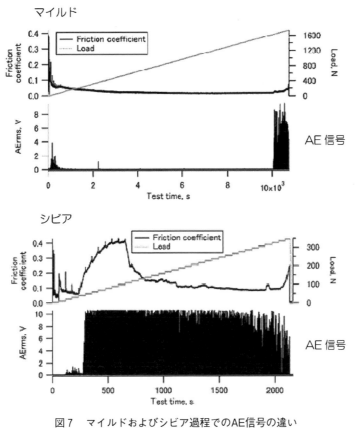

図7　マイルドおよびシビア過程でのAE信号の違い

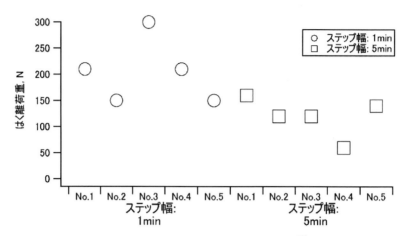

図8　ステップ幅間隔とはく離荷重の関係[14]

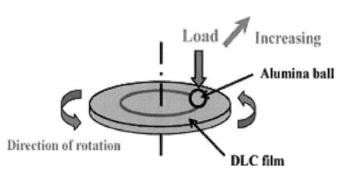

図9　連続荷重増加式摩擦摩耗試験[16]

よりAE信号の発生が認められる。AE信号は，固体が変形あるいは破壊する際に，発生すると考えられるので，おそらく，摩耗粉のかみこみによって被膜により大きなせん断力が印加され，摩擦力が変化するとともに，被膜にもクラックなどの発生が起きるのであろう。AEの発生位置を標定することで，かみこみ位置を推測することも可能である。

　ステップ的に荷重を増加させる場合，そのステップ間隔によってもはく離荷重は異なる。同じ10Nで増加させても，1minおよび5min間隔では，1min間隔で増加させたほうが比較的低い荷重ではく離がみられる傾向にある（図8）[14]。ステップ間隔を長くした場合，同じ荷重では，よりしゅう動距離が長くなるため，摩耗が進行することになる。すなわち，はく離には残膜厚の影響を受けることが示唆される結果といえよう。

　ステップ的ではなく，連続的に荷重を増加させた場合はどのような挙動を取るのであろうか。神奈川県産業技術センターらのグループは，図9に示したような装置を用い，連続的に荷重を増加させ，はく離に至る現象の検討を行っている[15, 16]。まさにスクラッチ試験と摩擦摩耗試験との中間的な評価といってよいだろう。往復動と回転の大きな違いはあるものの，同様に摩耗粉など

第1章　DLCの基礎

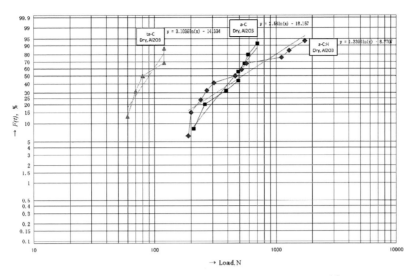

図10　ワイブルプロットによるはく離荷重の解析結果[14]

のかみこみによると考えらえる摩擦係数の変動も観察されるようである．膜の構造の違いによって摩耗の形態も異なり，またはく離の形態も異なることが示唆され，はく離の評価には表面の観察や断面の観察もまた重要であることを指摘している．

5.4　統計的なはく離荷重

　ステップ的に荷重を増加させることで，被膜にはく離を生じさせ，はく離荷重を求めることができることは明らかとなったが，メカニズムで述べたように摩耗粉の偶発的なかみこみなどによって，はく離に至る過程が異なる場合がありうるので，はく離荷重のばらつきは本質的なものであり，定量的にはく離荷重を求めることは難しい．そこで，定性的にはく離を評価するために，統計的な手法として，ワイブルプロット[17]による解析を試みた．図10に解析した例を示す[14]．被膜としてta-C，a-C，およびa-C:H膜を用い，ドライ環境下で，アルミナボールを用いて摺動させたものである．傾きははく離荷重のばらつきを表しているので，a-C:H膜は比較的ばらつきが大きい膜といえる．累積破損確率10%のはく離荷重で整理すると，ta-C膜がよりはく離しやすく，次にa-C:H膜，そしてa-C膜がはく離しにくいという結果となっている．はく離のしやすさの傾向は一定荷重での摩擦摩耗試験においても，同様の傾向となることから，しゅう動部でのはく離特性評価としては妥当なものと考えられる．また，同じ膜質において，厚さの違う試料をもちいて，同様に統計的な処理をした場合，厚膜のほうがより高いはく離荷重であり，薄い膜が低いはく離荷重を示し，同様に，一定荷重での試験結果と同じ傾向であったことからも，妥当性が確認される．

5.5 はく離評価における課題

　はく離荷重の標準的な評価方法はいまだ確立していないため，スクラッチ試験やロックウェル試験，そして摩擦摩耗試験などをもちいて試行錯誤的に行っているのが現状である。それぞれの評価方法にメリットとデメリットがあり，相補的な評価といっていいのであろう。片あたりなど，基材の変形を伴うような大きなせん断力がかかるような場合では，スクラッチ試験やロックウェル試験での結果がより実情に合った密着強度を評価できると考えられるが，通常のしゅう動部での適応など，もうすこしマイルドな条件では摩擦摩耗試験を用いた評価が適当であると考えている。しかしながら，はく離に至る原因はさまざまであり，偶発的な事象ではく離に至る場合もあるので，定量的な評価は難しい。ここで紹介したステップ的な荷重の増加による摩擦摩耗試験での評価も，はく離荷重にばらつきがみられ，統計的に処理することで，相対的な比較が可能となっている。相対的な密着性の強度は，同じ条件での試験をおこなった場合のみ，いえることであり，しゅう動条件が異なれば，評価結果も異なることに注意する必要がある。たとえば，オイル潤滑や水潤滑では比較的摩耗粉のかみこみは少ない。また，相手材を変更すると，しゅう動面でのトライボフィルムの形成が異なり，摩擦挙動も異なるので，同じ条件で試験することが重要なポイントとなることに留意する必要がある。

5.6 おわりに

　DLC膜を実機のしゅう動部へ適応しようとしたとき，摩擦摩耗特性は十分なのだが，はがれてしまうため，適応を見送らざるを得なかったという例をよく聞く。本稿では，はく離の評価方法について，スクラッチ試験やロックウェル試験のほか，我々が行っている摩擦試験機を利用した試験法について述べた。はく離に至る原因はさまざまであるので，適応する環境に合わせた評価方法を用いることが重要となる。紹介したステップ的に荷重を増加させる方法は，繰り返しの応力がかかり，摩耗を伴うような場合において，比較的容易に被膜のはく離特性の傾向を知ることができると考えらえるが，まだ規格として確立した方法ではない。さらに多くの実例を積み重ねることが必要であり，現在，さまざまな膜を本手法で評価するとともに，しゅう動の条件を変化させ，より信頼性の高い方法を検討中である。

文　　　献

1) 2015年版　ドライコーティング市場の全貌と将来展望，矢野経済研究所（2015）
2) ISO 20502: Fine ceramics (advanced ceramics, advanced technical ceramics) -Determination of adhesion of ceramic coatings by scratch testing (2005)
3) ISO 26443: Fine ceramics (advanced ceramics, advanced technical ceramics)-Rockwell

indentation test for evaluation of adhesion of ceramic coating (2008)
4) 大花継頼, *MECANICAL SURFACE TECH*, **9**, 26 (2012)
5) S. Baba, *et. al., J. Vac. Sci. Technol.*, **A4**, 3015 (1986)
6) 新井大輔, *MECHANICL SURFACE TECH*, **27**, 26 (2015)
7) E. Broitman and L. Hultman, *J. Phys., Conference Series*, **370**, 01200 (2012)
8) 大花継頼, *MECANICAL SURFACE TECH*, **29**, 24 (2015)
9) 白木尚人ほか, 材料試験技術, **54**(2), 20 (2009)
10) 中村守正ほか, *J. Soc. Mater. Sci, Jpn.*, **56**(7), 667 (2007)
11) 白木尚人ほか, 材料試験技術, **55**(2), 20 (2010)
12) 白木尚人ほか, 材料試験技術, **58**(4), 16 (2013)
13) ASTM D7217-11: Standard Test Method for Determining Extreme Pressure Properties of Solid Bonded Films Using a High-Frequency, Linear-Oscillation (SRV) Test Machine
14) 大花継頼, 金属, **86**(5), 377 (2016)
15) 熊谷正夫, *MECANICAL SURFACE TECH* **12**, 22 (2013)
16) T. Horiuchi, *et. al., Plasma Processes Polym.*, **6**, 410 (2009)
17) 岡本純三, ボールベアリング設計計算入門, 日刊工業新聞社 (2011)

6 DLCの生体親和性

平栗健二[*]

6.1 はじめに

　急速な高齢化を背景に国内の医療機器の需要は著しい拡大をしており，平成26年度では，処置用機器，生体機能補助・代行機器，医用検体検査機器，歯科材料，家庭用医療機器，眼科用材料の国内医療用材料の分野だけでも，約2兆円の規模である[1]。特に，処置用機器，医用検体検査機器，生体機能補助・代行機能や治療用又は手術用機器では著しい金額の伸びとなっている。医療用材料は，医療機器を支える基幹要素であり，医療分野の新素材開発は，医療機器の性能や価格を根本的に改善する潜在能力を持っている。

　一般に炭素系材料は生体に対して安定性が高いため，バイオデバイスとしての活用が進んでいる。人工弁に利用されているパイロラティックカーボンやコンタクトレンズに応用されている炭素系高分子材料は，その代表例である[2]。このような環境のなか，アモルファス構造を有する炭素系薄膜の産業界への応用が急速に拡大している。なかでも，近年注目を集めているのがバイオマテリアルとしての医用生体分野への展開である。具体的な例としては，血管拡張用ステントへの応用が既に実現しており，そのほかの医療デバイスへの適用に向けても研究が進められている[3]。

　一方，アモルファス構造を持つ炭素系薄膜は，その構造や内包する水素量によって特性が大きく異なることが知られている。これまでに，ダイヤモンド構造（sp^3結合）とグラファイト構造（sp^2結合）の割合，水素含有量の3元系によって大別できると報告されている[4]。さらに，特性との詳細な関係に由来した分類として，ダイヤモンド状炭素（DLC：Diamond-like carbon）を中心にした6つの型（Amorphous Carbon（a-C），Hydrogenated amorphous Carbon（a-C:H），tetrahedral amorphous Carbon（ta-C），hydrogenated tetrahedral amorphous Carbon（ta-C:H），Polymer-like Carbon（PLC），Graphite-like Carbon（GLC））が提案されている[5]。

　このようにアモルファス系炭素膜の分類と応用研究の発展とともに抗血栓性や細胞親和性，抗菌性などの特性を持つDLC膜が提案され，産業界からはバイオマテリアルとしての特性と物性の相関性に注目が集まっている[6]。したがって，アモルファス炭素系薄膜を医療応用として使うためには，使用する成膜装置や作製条件によって，医療デバイスに適合する膜を選択する必要がある。しかし，そのための成膜条件を選定するためには，個々の試料の細胞親和性を評価する必要があり，コストや評価時間などの問題が生じる。このため，DLCを提供する側では細胞親和性を評価し，目的の膜を生産する作業が煩雑となっている。本節では，DLCを含むアモルファス炭素系薄膜についてバイオマテリアル応用へ向けた生体親和性の研究開発の状況について解説する。

---

[*] Kenji Hirakuri　東京電機大学　工学部　電気電子工学科　教授

第1章　DLCの基礎

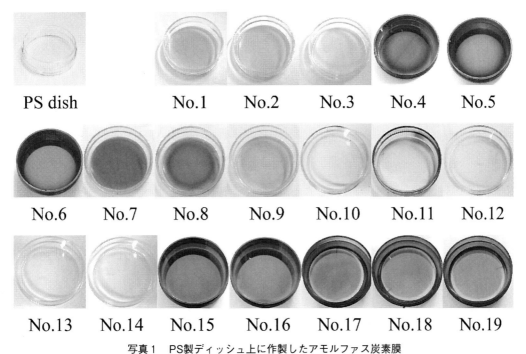

写真1　PS製ディッシュ上に作製したアモルファス炭素膜

6.2　アモルファス炭素系薄膜（含むDLC膜）と膜特性
6.2.1　アモルファス炭素系薄膜（含むDLC膜）の作製

　アモルファス炭素系薄膜は，気体状ガス原料，固体状グラファイト原料を基に主に真空内で作製される。作製装置も多岐にわたり，化学的気相成長法（CVD：Chemical Vapor Deposition法），物理的気相成長法（PVD：Physical Vapor Deposition法）およびCVDとPVDを融合させた手法が一般的に利用されている。ここでは，各種アモルファス炭素系薄膜の生体特性を評価するために，異なる製造装置や作製条件で試料を作製した。試料の基材にはバイオ評価用ポリスチレン（以下PS）製ディッシュを用いた（試料番号No.1～No.19：写真1）。写真1の結果から，光学的透過率の高い膜や茶褐色に着色された膜が成長している。試料の観察結果から，作製方法や作製条件により異なるアモルファス炭素系薄膜がPSディッシュ上にコーティングされていることが確認できる。一部の作製装置では基材の温度上昇のために，PSの熱変成が発生しアモルファス炭素系薄膜の形成が不可能である。そこで，バイオマテリアルとして広く利用されているステンレス（SUS316L）製ディッシュも利用した（試料番号No.20～No.32：写真2）。SUS316Lディッシュ上のアモルファス炭素系薄膜は，さらに金属光沢を示す試料が多いことがわかる。これは，作製時の温度上昇が可能になったことで，機械的特性（高度，摺動性，摩耗性）に優れた試料が得られたことによる。PS製およびSUS316L製ディッシュへの試料作製に関しては，多様なアモルファス炭素系薄膜を評価するために複数の国内DLCコーティングメーカー，研究・教育機関

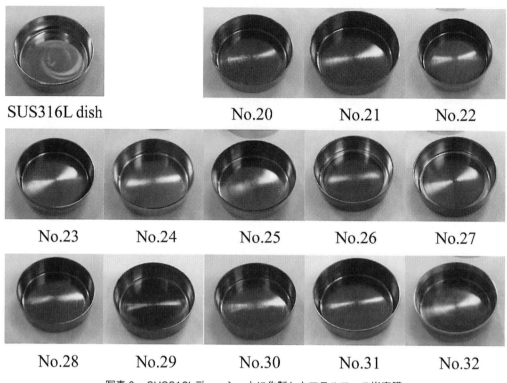

写真2　SUS316Lディッシュ上に作製したアモルファス炭素膜

から提供を受けた。

6.2.2　アモルファス炭素系薄膜（含むDLC膜）の細胞親和性

作製した試料の細胞親和性を評価するために，表1の条件にて生体外（in-$vitro$）細胞試験を行った。この試験では，マウス由来の線維芽細胞（NIH-3T3）を用いて，一定期間経過後の細胞増殖性により判断した。具体的な細胞培養条件は，以下のとおりである。アモルファス系炭素薄膜コーティングした試料に一定量のNIH-3T3を播種し，温度：37℃，湿度：100％の一定環境

表1　細胞培養評価試験条件

細胞	マウス由来の線維芽細胞 （NIH-3T3）
細胞密度 [cell/cm^2]	0.5×10^4
培地	D-MEM/F-12
CO_2濃度 [％]	5.0
温度 [℃]	37.0
培養時間 [h]	72

第1章　DLCの基礎

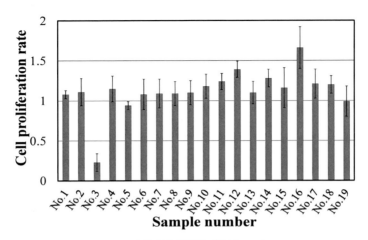

図1　細胞親和性評価（母材：PS）

下で保持した。細胞親和性に関する分散データの信頼性を高めるため，培養における各試料はn＝3で実施した。72時間経過時の培養細胞数は，培養後のディッシュにCellTiter-Blue™を添加し，分光光度計（測定波長：570nm）を用いて吸光度測定により算出した。測定結果は，アモルファス炭素系薄膜が成膜されていない標準ディッシュで培養された結果（基準：Control）を1として正規化した。

6.2.3　アモルファス炭素系薄膜（含むDLC膜）の物性評価

アモルファス炭素系薄膜のバイオマテリアルとしての特性は，試料の化学的組成，表面親水性，表面形態，バルク物理的特性が相互に影響する。細胞親和性について考えると，膜表面と細胞との相互作用が多大な影響を与えることから，表面の状態を把握することが重要である。そこで，表面状態を把握するためにX線光電子分光法（XPS：X-ray photoelectron spectroscopy）を用いた。特に，アモルファス炭素系薄膜表面のC＝O量と細胞親和性の相関性が報告されている[7,8]。しかし，XPSは装置が大型で高価であり，測定には長時間を要する。さらに，詳細な解析には専門性が求められることから，実用的な方法であるとはいいがたい。そのため，より簡易に非破壊で細胞親和性を推定する方法が求められている。比較的簡易な測定が可能である光学特性に対し，細胞親和性評価との関係について検証した。簡易計測が可能な光学的特性として分光エリプソメータによる屈折率および消衰係数を計測した。

6.3　評価結果

6.3.1　細胞親和性評価

図1，図2にPSとSUS316Lディッシュにおける細胞親和性の評価結果を示す。結果は，Controlにおける細胞増殖率を基準として，それ以上であれば良好な細胞親和性と判断した。母材がPS（図1）の場合，No.3の試料を除き全てControlに匹敵する数値，またはそれ以上の細

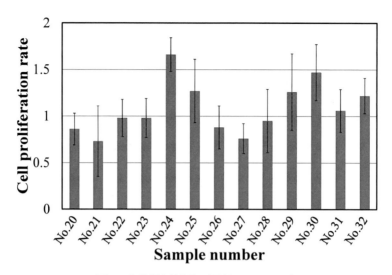

図2　細胞親和性評価（母材：SUS316L）

増殖率を示した。一方，母材がSUS316L（図2）の場合，細胞増殖率が0.7〜1.7とバラつきが多く，一概にアモルファス炭素系薄膜コーティングが細胞親和性の向上に効果的であると判断できない。つまり，図2の結果からは，細胞親和性に優れた試料と細胞の活性を阻害する試料が存在すると考えられる。金属材料へのアモルファス炭素系薄膜の作製は，これまで数多く開発されてきたが工業応用が主体であった。このため，良好なバイオマテリアルとしての特性を有する試料に関する評価手法の開発が求められる。

6.3.2　膜物性評価

XPSによる表面化学組成の測定後，各試料の化学的表面組成を評価するためにCarbon 1s（C_{1s}）スペクトルを中心に波形分離を行った。そして，アモルファス炭素系薄膜の表面状態（C-C，C-O，C=O）の中でも細胞親和性と関係の強いことが報告されているC=O結合の割合を抽出した（図3，図4）。図1と図3を比較すると，C=O結合割合が10〜20［％］の範囲にある試料はNo.3を除き，Controlと同等の細胞増殖性であることが確認できる。そして，細胞増殖が良好なNo.16については，C=O結合割合が高い。また，図2と図4を比較すると，細胞増殖率の低いNo.21についてはC=O結合の割合が低い。細胞増殖率の高いNo.24ではC=O結合比率が高くなっている。細胞が良好な増殖性を示す材料表面の接触角は約60〜90［deg］といわれている[7]。今回の試料の接触角は，概ね80［deg］であったため，細胞増殖性に大きな差が出現しなかったと考えられる。

分光エリプソメトリメータにより光学定数（屈折率nおよび消衰係数k）を測定した。現在，光学的特性の観点から6つのタイプに分類する提案がなされている[5]。したがって，各試料の測定結果をこの提案法を用いて分類した（図5）。

本実験で作製したアモルファス炭素系薄膜は6つのタイプのうち，4つのタイプの試料として

第1章　DLCの基礎

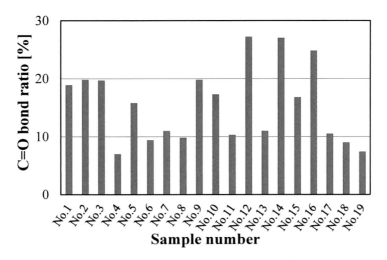

図3　各試料のC＝O結合割合（母材：PS）

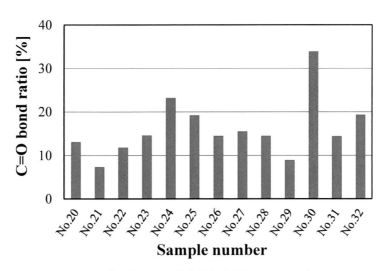

図4　各試料のC＝O結合割合（母材：SUS316L）

分類されることが確認できる。母材をPSディッシュとした場合においては，半数の試料がPLC部分に分類された。PLCは基板温度が低く，低イオンエネルギーの条件下で成膜される[8]。母材がPSであることにより，熱変成温度が約100℃程度と低いので，作製条件が低温度，低エネルギーに限定される。そのため，成膜条件に制限されたことから，多数の試料がPLCに分類される結果になったのではないかと考えられる。また，GLC付近にどのタイプにも属さない試料が確認できるが，この試料にはアモルファス炭素系薄膜に金属が含有されていることがXPSにより確認できた。金属ドーピングがあると消衰係数は高くなることがわかっている。したがって，上記の試料は金属のドーピングが要因として消衰係数が高くなり，GLC付近に分類された。

61

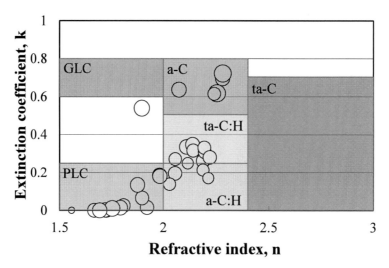

図5　光学特性に基づくDLCの分類と細胞増殖率

6.3.3　細胞親和性と光学特性

　光学特性と細胞親和性の結果を比較するために，図5上に図1（PS製ディッシュの結果）および図2（SUS316Lディッシュの結果）の値を用いて図示した。その際，円の大きさは細胞増殖性の数値に比例して表記してある。屈折率が$n \leq 2.0$に属する試料は，全てPLCに分類される。この領域では，消衰係数に関わらずほぼ同程度の細胞増殖性を持つことが確認できる。一方，屈折率が$2.0 \leq n < 2.4$に分類される試料は，a-C，ta-C:H，a-C:Hの3タイプに分類される。この領域に注目すると，a-Cに分類された試料は細胞増殖性が高い試料が多く，a-C:Hに分類される試料は細胞増殖性がやや低い傾向を持つ試料が多い。この傾向を明確化するために，細胞増殖性と消衰係数の関係性を図示し，相関係数rと有意差Pを用いて数値化した（図6）。相関係数が0.7以上であれば強い相関関係であり，そのときの有意差が0.05未満であれば，その相関性の結果は有意であると判断できる[9]。この関係性の評価では，$r = 0.72 > 0.7$，$P = 0.0007 < 0.05$であることから，強い相関性を有すると判断される。この結果より，屈折率が$2.0 \leq n < 2.4$の領域では消衰係数が高くなるにしたがって細胞増殖性も増加するといえる[10]。また，a-C膜が細胞増殖を促進する膜であると考えられる。消衰係数kについては，0.3未満の試料（PLC）では細胞増殖性に統計的な関係性は存在しない。これは，光学的透明性の高いアモルファス炭素系薄膜は，バルク特性と膜界面での特性に依存性が低いことや金属ドーピング試料の存在が推測される。

　以上の結果から，光学特性を測定することによって，光学定数である屈折率nと消衰係数kの位置から細胞増殖性を間接的に評価できると示唆される。具体的には，細胞増殖性に優れる試料の屈折率nと消衰係数kの条件は，以下に示すことが可能となる。

　　・屈折率n：$2.0 \leq n < 2.4$
　　・消衰係数k：$0.3 < k$

第1章　DLCの基礎

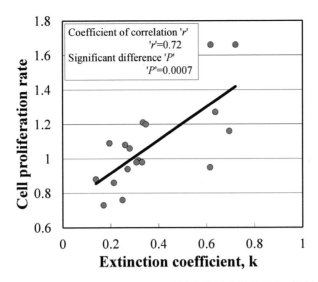

図6　屈折率2.0≦n＜2.4における消衰係数kと細胞増殖性の相関

　この範囲の光学定数を有するアモルファス炭素系薄膜は，良好な細胞増殖性を有すると判定される。つまり，非破壊試料を短時間で簡便に計測できる光学特性を求めることによって，アモルファス炭素系薄膜のバイオマテリアルとしての可能性が推定できる。

6.4　まとめ

　本研究では，複数の装置と作製条件（32種類）によってアモルファス炭素系薄膜試料を合成し，細胞増殖性ならびに膜物性の評価を行った。

　表面化学組成については，C＝O結合と細胞増殖の間に相関関係が確認できた。また，分光エリプソメトリメータにより測定された光学定数から各試料を分類した。これにより，屈折率2.0≦n＜2.4の領域においては消衰係数が0.3より高ければ細胞増殖をより促進する試料であることがわかった。つまり，a-Cの領域に分類できるアモルファス炭素系薄膜は最も細胞親和性に優れるといえる。

　試料表面の化学的組成と細胞増殖性には，密接な関連性が示唆され，これまでの研究報告を裏付ける内容となった。さらに，試料の光学係数を測定することによって初期段階での生体特性の推定が可能であることが示唆された。光学特性は細胞親和性評価の簡易的な指標として有効であると考えられる。これにより，バイオマテリアルとしてのポテンシャルを持つアモルファス炭素系薄膜を容易に抽出することができ，工業的な開発へ向けたコストや時間の短縮に資すると期待される。

文　　献

1) 厚生労働省　平成26年度薬事工業生産動態統計年報
2) 筏義人, 生体材料学, 産業図書（1994）
3) 中村挙子, 小松直樹, 平栗健二, 尾関和秀, 大越康晴, 長谷部光泉, 吉本幸洋, 永島壮, 上条亜紀, 堀田篤, 高橋孝喜, 鈴木哲也, 炭素系材料の将来予測：生体応用－2050年に向けて－, *NEW DIAMOND*, **27**, 6678（2011）
4) J. Robertson, *Materials Science and Engineering*, **R37**, 129-281（2002）
5) 大竹尚登ほか, DLC膜の分類と標準化, *NEW DIAMOND*, **106**, 12-18（2012）
6) 大越康晴, 平栗健二, 雫二公雄, 五十川敬, 福井康裕, 天然繊維素材表面へ成膜した抗菌性DLC, *NEW DIAMOND*, **96**, 45-49（2010）
7) Y. Ikada, *Biomarerials*, **15**(10)725-736（1994）
8) J. E. Bouree, *et al.*, *Journal of Non-Crystalline Solids*, **227-230**, 574-578（1998）
9) 岡太彬訓, データ分析のための統計入門, 共立出版（1995）
10) Y. Ohgoe, *et al.*, *Surface & Coatings Technology*, **207**, 350-354（2012）

7 固体NMRによる炭素膜の構造分析

三好理子[*1]，竹田正明[*2]

7.1 はじめに

　DLC膜の物性はその成膜条件に大きく依存する。このため，作製条件とDLC膜の物性値と内部構造を総合的に評価することは非常に興味深い。本稿では，DLCの定量的な評価方法として有用であるNMR分光法について説明をしたのち，成膜条件の異なるDLC膜の各種物性および内部構造を評価した事例について述べる。

7.2 固体高分解能NMR（核磁気共鳴）法によるsp^3炭素比率の評価[1)]

　NMRは，静磁場下で分裂する核スピンのエネルギー準位間の遷移を扱う分光法である。測定可能な核（^{13}C, ^{1}H, ^{29}Siなど）ごとに共鳴周波数が大きく異なるため，核種を限定した情報を得ることができる。実際には，原子核は電子雲に囲まれており，電子が静磁場に応答して局所磁場が生じる。局所磁場は，分子の電子状態を反映するため，局所磁場により生じる共鳴周波数の僅かなずれ（化学シフト）は，分子構造に関する情報を含んでいる。電子雲が濃いほど外部磁場の遮蔽の程度が大きく，核の感じる磁場は外部磁場よりも小さくなり，低周波数側（スペクトル右側）にピークが観測される。炭素材料については，NMR活性な^{13}C核（天然存在比1.1％）の測定により，sp^2炭素やsp^3炭素などの化学情報を得ることができる。

　NMRというと溶液NMRを連想する人が多い。溶液状態では，試料中の分子全体が等方的回転を行っているため，外部磁場に対する方向依存性や近傍に存在する原子核（プロトン）などによる核スピン間の磁気的相互作用が平均化されており，そのままで高分解能なスペクトルの取得が可能である。これに対して，固体状態の試料においては，分子全体の運動が抑えられているために，磁気的相互作用の異方性が残り，その影響によるブロードニングが起こる。このため，固体高分解能NMR（核磁気共鳴）法では，54.7度（マジック角）傾けて数kHz以上で高速回転を行うMAS（マジック角回転）法を適用することで化学シフトの磁場方向依存性（異方性）を取り除いている。さらに，有機材料の場合には，異種核スピン間の双極子相互作用を取り除くために，プロトンに強いラジオ波を照射するデカップリング法を適用している。これにより，構造情報が得られる高分解能のスペクトルを取得できる。

　DLCの固体^{13}C NMRスペクトルでは，sp^2炭素に由来するピークが120～140ppm領域を中心に，sp^3炭素に由来のピークが30～60ppm領域を中心に観測される。それぞれの面積比率から，$sp^3/(sp^2+sp^3)$などを算出することが可能である。また，グラファイト構造やダイヤモンド構造に関

[*1] Riko Miyoshi　㈱東レリサーチセンター　構造化学研究部　構造化学第2研究室
　　研究員

[*2] Masaaki Takeda　㈱東レリサーチセンター　材料物性研究部　材料物性第2研究室
　　室長

する構造情報も得られる。

　DLCの固体高分解能NMR測定を行うためには，DLCの粉末試料を試料管に充填する必要がある。DLCは，非常に硬い膜であるため，いかにサンプリングするかが問題になる。DLCの構造変化が起こらない条件やなるべく構造変化を抑えた条件でのサンプリング方法が工夫されている。

7.3　DLC膜の評価事例

　メタンを原料とする気相プラズマCVDにより基板上に作製されたDLC膜について種々分析を行った。

7.3.1　試料

　DLC試料は，プラズマ電力（300W，600W，900W）および基板温度（50℃，150℃）を変化させることにより，膜構造を変化させた。

　物性評価にはSi基板上に約500nm厚で成膜した試料を，構造評価（ラマン分光法および固体NMR）には，Si基板上に約10μm厚で成膜した試料を用いた。

7.3.2　DLC膜の各種物性評価

　表1に，2種類のプラズマ電力（300W，900W，基板温度50℃）にて製膜した薄膜試料の組成，密度，弾性率，およびラマン分光法によるGバンドに対するDバンド強度比（以下Dバンド強度比と記載）を測定した結果を示す。本試料は膜中の水素含有量に顕著な差は見られないが，プラズマ電力900Wの弾性率，および密度については，プラズマ電力300Wのそれらに比べて低い様子が見られた。ラマン分光法によるDバンド強度比の測定結果からプラズマ電力900Wは300Wよりsp^2性が高くなっており，この構造差が機械特性の差に関与していることが示唆された。

7.3.3　DLC膜の構造評価

　DLC膜の構造評価は，ラマンと固体NMRを用いて行った。

　ラマン分光法はダイヤモンドやグラファイトのような高結晶性のものからアモルファスカーボンのような非晶性のものまで，幅広い炭素構造に対する評価を同一条件下で行うことができる。約1μmの空間分解能による微小部の評価や非破壊での測定が可能であること，数nmの表面感度を有し，DLC膜を回収することなくそのままの状態でも評価可能であることから，DLC膜の構造評価に対して重要な役割を果たしている。DLCの構造の中でラマンスペクトルに観測され

表1　成膜時のプラズマ電力の異なるDLC膜の各種物性測定結果

	C量（at%）	H量（at%）	密度（g/cm^3）	弾性率（GPa）	Dバンド強度比
300W	65.0	34.4	1.83	139.5	0.43
900W	67.7	31.1	1.81	116.2	0.59

*C，H量：RBS/HFS法（ラザフォード後方散乱/水素前方散乱分析），密度：GIXR（X線反射率法），弾性率：ナノインデンテーション法，Dバンド強度比：ラマン分光法にて測定。

第1章 DLCの基礎

るのはグラファイトやポリエン構造などのsp^2構造に由来するものであり,スペクトル形状の変化からそれらの結晶性(結晶子サイズ)や均一性に関する情報が得られる。また一般的に,sp^2構造の結晶性とダイヤモンド(sp^3)構造の存在比との間には相関が認められ,また,sp^2構造の電子状態や振動状態はsp^3構造に影響を受けるために,ラマンスペクトルの変化から間接的にsp^2/sp^3組成比に関する情報も得られる[2,3)]。

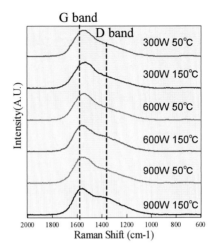

図1 成膜電力および基板温度の異なる条件で作製したDLC膜のラマンスペクトル

図1に各成膜条件により作製されたDLC膜のラマンスペクトル(励起波長:514.5nm)を示す。いずれも,1,550cm^{-1}付近にピークを有し,1,350cm^{-1}付近にショルダーを有するラマンバンドが得られている。1,550cm^{-1}付近および1,350cm^{-1}付近のラマンバンドはそれぞれGバンドおよびDバンドと呼ばれる炭素のsp^2骨格構造に由来するラマンバンドであり,結晶性を反映してスペクトル形状が変化する。図1のスペクトルではGバンドやDバンドのバンド幅がブロードになり,2つのラマンバンドの重なりが大きい。これらは,sp^2構造の結晶子サイズが極めて小さいことを反映しており,DLCに特有なラマンスペクトルである。

成膜条件に対するスペクトルの変化を明確にするために,2成分のガウス関数フィッティングによりスペクトル形状の変化を数値化した結果を図2に示す。成膜電力が300Wから600W,900Wと増大するに伴い,(a)Gバンドピーク波数の高波数側へのシフト,(b)Gバンド半値幅の先鋭化,(c)Gバンド強度に対するDバンド強度比の増大が認められ,これらはいずれもsp^2構造の結晶子サイズが大きくなっていることを示している。また,基板温度の違いによる膜構造の差異

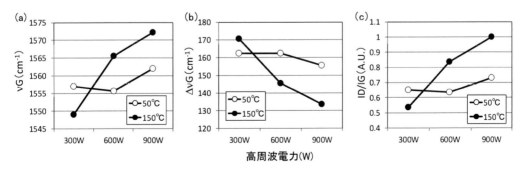

図2 ガウス関数フィッティングにより得られたラマンバンドパラメータ
(a)Gバンドピーク波数,(b)Gバンド半値幅,(c)Dバンド強度比

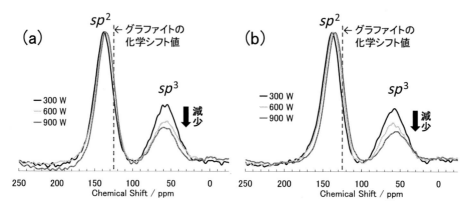

図3　DLCの固体^{13}C DD/MAS定量スペクトル
(a)基板温度50℃，(b)基板温度150℃

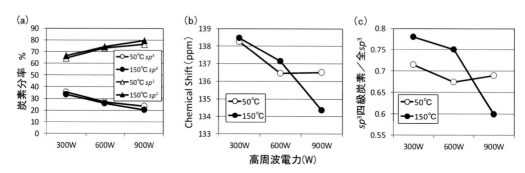

図4　NMRスペクトルから算出した　(a)sp^2およびsp^3の炭素分率，(b)sp^2化学シフト値，(c)sp^3四級炭素/全sp^3

も顕著に認められており，基板温度が高いほど成膜電力に対する結晶子サイズの変化が顕著に表れた．

　図3に各成膜条件により作製されたDLC膜の^{13}C DD/MAS NMRスペクトルを示す．sp^2炭素に由来するピークが135ppmに，sp^3炭素に由来するピークが55ppmに観測されている．成膜電力の増大に伴い，sp^2炭素に対するsp^3炭素のピーク強度比が低下している様子が認められた．各ピークの面積値より，sp^3炭素およびsp^2炭素の炭素分率を求めた結果を図4(a)に示す．図4(a)より，sp^3炭素比率（$sp^3/(sp^2+sp^3)$）は，基板温度150℃において，成膜電力300Wで34%，600Wで26%，900Wで20%となる．sp^3炭素比率の低下に伴い，sp^2炭素に由来するピークに高磁場（右側）シフトが認められた．sp^2ピークのピーク位置を図4(b)に示す．グラファイトの化学シフト値が125ppmであり，成膜電力の増加とともにピーク位置がグラファイトに近づいていることが分かる．ラマンにおいてもsp^2構造の結晶サイズの増大が示唆されており，この順でsp^2炭素がよりグラファイトに近い構造をとると考えられた．

　次に，主にsp^3炭素の化学情報を得るために，四級炭素（＝C＜，＞C＜）とメチル炭素（CH$_3$）

第1章　DLCの基礎

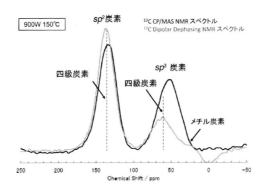

図5　DLC（成膜電力：900W，基板温度150℃）の^{13}C Dipolar Dephasing NMRスペクトル

を選択的に観測できる^{13}C Dipolar Dephasing NMR測定を行った。得られたスペクトルを図5に示す。sp^3の四級炭素が若干低磁場側の裾（59ppm）に，メチル炭素は高磁場側の裾（20ppm）にごく僅かに観測されていることが分かった。59ppmに観測されるsp^3四級炭素としては，化学シフト値から，sp^2炭素と4つの結合を持つsp^3炭素が考えられる。なお，sp^3炭素のみからなるダイヤモンド構造は，34ppm付近にピークを持つが，これらの構造はほぼ含まれないことが分かる。sp^3のピークトップが55ppmであることからsp^3炭素の主成分は，メチン（CH）やメチレン（CH$_2$）に由来すると考えられ，系中の水素は主にCsp^3-Hの状態で存在すると考えられた。また，sp^2の四級炭素が135ppmピークの3ppmほど低磁場側（138ppm）に確認されていることから，sp^2炭素中にも僅かにCHが存在することが分かった。

図3より，sp^3ピークについても成膜電力の増加に伴い僅かな高磁場シフトが認められた。全sp^3炭素に対する59ppm付近のsp^3四級炭素の比率を概算したものを図4(c)に示す。sp^2をつなぐsp^3四級炭素の量は，グラファイトライク構造の増大と密接に関連しており，成膜電力の増加に伴い僅かに減少している。成膜電力を上げることでグラファイトライク構造の増大がおこり，同時に，sp^2炭素をつなぐsp^3四級炭素が減少しているためと推測された。このsp^3炭素構造変化も，弾性率の低下に大いに関与していると考えられる。

7.4　まとめ

以上のように，固体NMRは，測定試料のサンプリングの点で課題を抱えているものの，sp^3炭素の詳細な構造情報が得られるほか，定量的な議論も可能であることから，DLCの分析には欠かせない非常に有用なツールである。

また，固体NMR法と各種物性分析を用いることで，成膜電力や基板温度に伴う物性と構造の関連についての情報が得られた。今回の系では，成膜電力の増大に伴うグラファイト構造の増大とsp^3炭素による架橋構造量の低下が弾性率低下に効果を及ぼしていると考えられた。

文　　献

1) Edwin D. Becker著，斉藤肇ほか訳，高分解能NMR，p47，東京化学同人（1983）
2) A. C. Ferrari and J. Robertson, *Phys. Rev. B*, **61**, 14095（2000）
3) M. Yoshikawa *et al.*, *Phys. Rev. B*, **46**, 7169（1992）

第2章　機械的応用展開

1　DLCの機械的応用の最前線

辻岡正憲[*]

1.1　はじめに

　DLC（ダイヤモンドライクカーボン）は，低摩擦，耐摩耗性，耐焼き付き性，耐食性，ガスバリア性，赤外透過性，生体適合性という様々な特徴を有しており，非常に注目を集めている表面処理技術である。特に最近では，低摩擦による省エネ化，部品の延命による省資源化，潤滑油レスや有害物質を排出しないことによる汚染防止など，地球環境対策の表面処理として注目されており，自動車や一般機械などの摺動部品への表面処理，工具や金型への表面処理としての適用が急速に広がりつつある[1~5]。またDLC自体も市場ニーズの多様化に伴い，様々なプロセス，構造のDLCが考案され，実用化されている。本稿では，DLCの機械的応用として，切削工具，金型，摺動部品，自動車部品に適したDLCの構造とその実用事例について解説するとともに，これらの用途に対する今後の課題と開発事例について紹介する。

1.2　DLCの種類と特徴

　世の中で製品化されているDLCは，組成，構造，プロセスも色々あり，機械部品に適用されているDLCも厳密に言えば様々である。そこで，まず，DLCを組成，構造とプロセスからの分類，整理について説明する。

　DLCは非晶質炭素膜であるが，その構造は微視的に見るとグラファイト化学結合（sp^2結合）とダイヤモンド化学結合（sp^3結合）の両方の骨格を持つ炭素原子が混載した非晶質構造であり，DLCはこのsp^3結合とsp^2結合の比率およびプロセスにより成膜過程で取り込まれる水素の含有量で，概ね膜の機械的特性，電気・光学的特性が決まることはよく知られている[6]。さらに最近ではそのsp^3比と水素量を細分化し，DLCをta-C，a-C，ta-C:H，a-C:Hの4タイプに分類・定義し，国際標準化しようとする活動がなされている[7]。表1に代表的なDLCの成膜プロセスとその構造，特性を示す。ta-Cおよびa-Cは主にスパッタ法，アーク式イオンプレーティング法，レーザー蒸着法で成膜される水素フリーのDLCである。一方，a-C:Hおよびta-C:HはプラズマCVD法を主体に成膜される水素含有DLCである。

　機械部品においても，コーティングの目的，用途に応じて，この4種類のDLCを使い分けることが重要であるが，現在機械用途において実用化されているDLCはta-C，a-C:Hの2種類およびそれらにTi，W，Cr，Siなどの第三元素をドープしたDLCが大半である。

---

[*]　Masanori Tsujioka　日本アイ・ティ・エフ㈱　常務取締役

表1 代表的なDLCのプロセスとその構造,特性

分類		水素含有DLC（a-C:H）				水素フリーDLC（a-C）	水素フリーDLC（ta-C）
方法		プラズマCVD, イオン化蒸着法			スパッタ法		アーク式イオンプレーティング法
構造	断面構造	a-C:H / Si,Crなど	a-C:H / a-C:H:Si	a-C:H / SiC / Ti,Cr,Wなど	WC/C / WC / Cr,Wなど	a-C	ta-C
	膜厚 [μm]	～1	(1)～3	～1	～3	～1	～1
構成元素		C, H	C, H, Si	C, H, (Si)	C, W, H	C	C
ヌープ硬度 (Hk)		低硬度 (1500)	低硬度 (1600)	中硬度 (2100)	低硬度 (1000)	中硬度 (2100)	高硬度 (6000～7000)
表面粗度 (Ra [μm])		○ (0.01)	○ (<0.01)	○ (<0.01)	△ (0.015)	○ (<0.01)	△ (0.015)
密着性		△	△	△	○	○	◎
摩擦係数		0.09	0.13	0.14	0.10	0.08	0.10
耐摩耗性		△	△	△	△	○	◎
相手攻撃性		○	○	○	○	○	○～△

1.3 工具・金型への応用

一般に工具・金型の表面処理被膜として重要な特性は，耐摩耗，長寿命に大きくかかわる膜硬度，加工時の耐熱性，膜剥がれなどの原因となる膜の密着性である。そういった意味で，鋼などの加工に用いられる工具・金型の表面処理には，TiN，TiAlNなどの硬質セラミック被膜が多く用いられている。一方，近年部品の軽量化やリサイクル性の点から，鋼材料に代わり，アルミ合金，マグネシウム合金が多くの機械部品で使用されるようになってきた。アルミ合金，マグネシウム合金をはじめとする軟質金属の加工においては，加工時の溶着の抑制，離形性，すべり性が求められる。DLCは，摩擦係数が小さくすべり性が良く，化学的に安定で溶着，凝着を起こしにくく，離形性に優れるため，軟質金属加工用の工具・金型においては，DLCコーティングが注目されている。DLCの中でも特にsp^3比率が高く，ダイヤモンドに近い硬度を持ち，成膜時のイオン化率が高く密着性に優れたアーク式イオンプレーティング法で作製した水素フリーDLC（ta-C）が最も適していると言え，現在，このDLCが工具・金型用に広く使用されている。非常に硬く耐摩耗性に優れているということは，言い換えれば，寿命を考えても膜厚を薄くすることができるということである。そのため，工具・金型として必要な刃先やエッジのシャープさを損なわないコーティングが可能であるというメリットもある。工具・金型に用いられる各種コーティングで比較すると，窒化膜では膜厚は3～4μm，ta-C以外のDLCでは1～3μmであるのに対し，ta-Cの場合は膜厚0.1～0.5μmで使用されており，実用上十分な性能を有している。さ

第2章　機械的応用展開

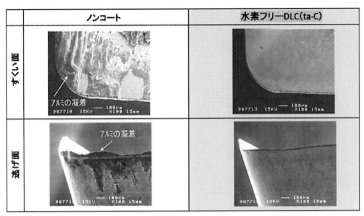

写真1　アルミ切削における工具への凝着状態

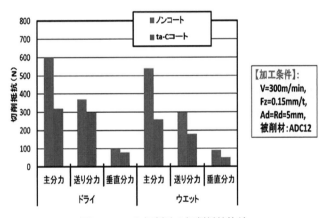

図1　アルミ切削時の切削抵抗比較

らに軟質金属の加工に重要な低摩擦係数，耐凝着性といった特性も他のDLCと同等以上のレベルを有しており，アルミ合金などの軟質金属の切削においては，摩擦抵抗が小さく切り屑の排出性に優れ，プレス，絞り，曲げなどの成型加工においては，凝着を起こしにくいため，ワークとの離形性に優れたものとなる。

1.3.1　軟質金属切削加工への適用

切削工具における水素フリーDLCの効果，性能と実用例を以下に示す。

写真1は，アルミ合金（ADC12）をノンコートの超硬合金工具とそれに水素フリーDLCをコーティングした工具で切削加工を行った後の工具へのアルミ合金の凝着状態を観察したものである。ノンコートではすくい面，逃げ面ともアルミが凝着しているのに対し，コーティング品ではアルミの凝着がほとんど見られなくなっているのが明らかである。DLCは摩擦抵抗が小さいた

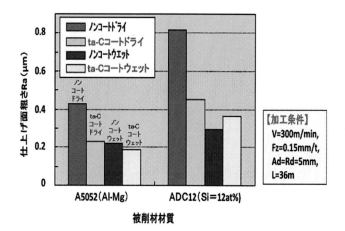

図2　アルミ切削における仕上げ面粗さ

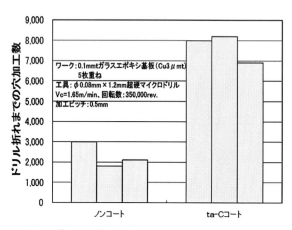

図3　プリント基板の穴あけ加工におけるドリル寿命

め，切り屑がスムースに排出される．それ故，切削抵抗が小さくなり，工具の欠損なども起こりにくい．図1はドライ加工とウェット加工における切削抵抗を示したものであるが，ドライ，ウェットとも各分力において，ノンコートに比べ切削抵抗が減少しているのわかる．このように凝着を起こしにくく，低い切削抵抗で切り屑をスムースに排出することから，毟れのような現象が生じず，結果として，ta-Cコートされた工具で加工されたワークは仕上げ面もノンコートに比べ良好となる．図2はA5052，ADC12の2種類のアルミ合金をノンコート超硬工具とta-Cコート工具でドライ，ウェットの2条件で切削した時の仕上げ面粗さを示す．潤滑状態の厳しいドライ切削において，顕著にta-Cコートの効果が見られている．

現在ta-Cをコーティングした切削工具はスローアウェイチップ，ドリル，エンドミルに実用化されており，ワークもアルミ合金以外に銅合金などその他軟質金属の加工にも適用され効果を得ている．また，切削工具以外にアルミ箔を切断する切断刃や丸鋸などにも実用化が進んでい

第2章　機械的応用展開

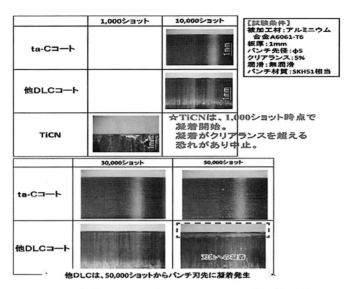

写真2　各種コーティングパンチによるアルミ打ち抜き結果

る。さらに，最近ではプリント基板の穴あけに用いられるマイクロドリルにも適用されている。図3は3μm厚の銅メッキを施した0.1mm厚のガラスエポキシ基板を5枚重ねでφ0.08mmのマイクロドリルで穴あけした時のドリル折損までの穴加工数を示したものである。マイクロドリルにおいても，ta-Cは樹脂および銅の切り屑の排出性が良いため，ドリルの折損防止に効果を発揮している。

1.3.2　軟質金属成形用金型への適用

金型においても，水素フリーDLCの耐焼き付き性，高硬度という特徴から，離形性の改善（作業効率向上，金型のメンテナンスの容易さ），仕上げ精度の向上，金型の長寿命化の目的で，アルミ合金をはじめとする軟質金属の成型金型の表面処理として広く用いられている。

写真2はその効果の一例であるが，アルミ合金の打ち抜きプレスにおいて，TiCNコート，ta-Cコート，他のDLCコートの3種類の表面処理を施したパンチで打ち抜いた際のパンチ表面のアルミの凝着状態を示したものである。TiCNコートにおいては，1,000ショットでパンチ表面に凝着が見られ，それにより抜き精度が公差を超える可能性があり実験を中止した。DLCにおいては，ta-C，その他DLCともテストを継続したが，50,000ショットまで継続したところ，ta-Cは全く変化がないのに対し，他のDLCにはパンチ先端のエッジ部に凝着が見られた。この差は，ta-Cは高硬度で薄膜かつ高密着であるのに対して，他のDLCは硬度，密着力ともta-Cに劣りかつ膜厚も厚くエッジのシャープさに劣ることから，ショット数の増大に伴いエッジの摩耗，膜の損傷が進み，結果として基材が露出し，凝着に至ったものと推測される。図4に打ち抜き後のワークの穴径の変化を示す。パンチ先端径はφ5mmであり，ta-Cコートパンチは100,000ショットまでワークの抜き穴の径がほぼ変わらず，高精度な打ち抜きを維持しているのに対し，他の

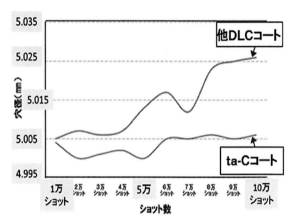

図4　ショット数によるアルミ抜き穴径の変化

DLCコートパンチでは40,000ショットを超えるあたりから徐々に抜き穴の径が大きくなっている。これは凝着が始まり，それにつれてパンチの見かけ上の径が大きくなったことを意味している。

　以上，ta-Cコートされた金型は，アルミ合金の穴あけや曲げ，絞りなど様々な成形加工に利用されている。さらにアルミ合金以外でも，パソコンやコンパクトカメラに使われるマグネシウム合金筐体の絞り加工，銅合金に半田やスズ，亜鉛メッキが施されたリードフレームなどの打ち抜き，曲げ加工にも適用されている。最近では携帯電話などに用いられるカメラレンズの成形にも利用が始まっている。

1.3.3　超平滑DLCとその新展開

　以上述べたように水素フリーDLC（ta-C）は，工具や金型の表面処理として軟質金属加工用に広く実用されている。しかしながら，水素フリーDLCの成膜プロセスとして主として用いられるアーク式イオンプレーティング法は，原料イオン以外にドロップレットと呼ばれる粗大溶融粒子が蒸発源より発生し，それが膜中や膜表面に取り込まれるという問題も有している。表面に取り込まれると膜の表面粗さが悪くなり，ドロップレットによりワークを損傷，摩耗させることになる。また膜表面，膜中のドロップレットは摺動中に脱落し，研磨材として作用し摩耗を促進したり，ドロップレットの脱落痕が起点となり，膜のクラックや剥離を助長させる危険性がある。そのため，それらの問題が懸念される製品では，コーティング後研磨し，ドロップレットを予め除去し膜表面粗さを一定以下にしておくのが常であるが，研磨することによる処理費用のアップ，安定な表面粗さを工業的に得る研磨手法の選定などの問題があった。このドロップレットの問題を解決するために，最近では蒸発源から発生したドロップレットを物理的に捕獲し，イオン種のみを偏向磁場を用いて被コート領域に輸送させるフィルタードアーク式イオンプレーティング法が実用化されている。この方法で膜中のドロップレット密度はかなり低くなってはいるもののゼロではなく，また，偏向磁場を用いるため，コーティング領域が制限され，成膜レートも低くなり，生産性が著しく低下するという問題がある。

第2章　機械的応用展開

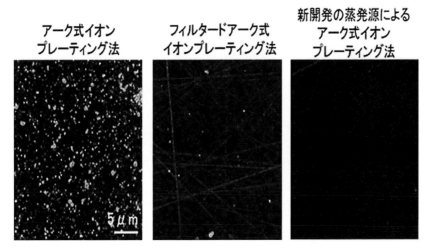

写真3　プロセスの違いによるDLC表面状態の差

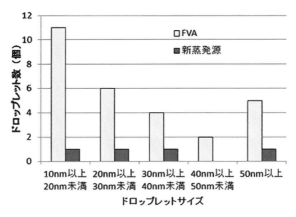

図5　ドロップレットの粒度分布比較

　これらの問題を解決し，超平滑なDLCを成膜するためには，ドロップレットそのものを発生しない新たなアーク蒸発源が必要である。我々のグループも現在，その開発に取り組んでおり，詳細な説明は省略するが，蒸発源の材質，形状などを工夫することにより，ドロップレットを全く発生しない蒸発機構の開発に成功した[8]。写真3に各種プロセスによるDLC膜の表面写真を，図5に本開発プロセスとフィルタードアーク法とのドロップレットの粒度分布比較を示す。従来の水素フリーDLCと同等の硬度とsp^3結合性を有し，フィルタードアーク式に比べても極めて平滑性の高いDLCが成膜できているのがわかる。また，成膜速度，成膜領域もアーク式と同等で，フィルタードアーク式に比べて極めて生産性の高いプロセスである。
　特に超平滑なDLCが必要な代表的用途は，デジタルカメラなどに使われる非球面レンズ成型用金型のような超精密金型である。このレンズの成形は，硝材を500～700℃の高温下でモールド

表2 日本アイ・ティ・エフ㈱における機械部品への適用例

DLCの特性	代表的な適用例		効果
	分野	具体的部品	
耐摩耗低摩擦	電気・電子	VTRテープ走行部品	耐摩耗による送り精度向上 摩耗粉減少による画像乱れ防止
	半導体製造	ウェハーチャック搬送部品	摩耗粉現象による発塵防止 デバイス製造歩留向上
	産業機械	工業用ミシン部品	潤滑油減少
		半導体実装ロボット部品	部品の長寿命化による稼働率向上
	キッチン、洗面	湯水混合バルブ	グリースレス化 ハンドル性向上
	カメラ	ズームレンズOリング	低摩擦による電池の長寿命化
化学的安定	医療	医療機器部品	耐薬品性向上による滅菌、殺菌洗浄回数向上
赤外透過性	光学	赤外透過窓、レンズ	赤外透過率向上 レンズ、窓材の傷付き防止
高弾性率	音響	スピーカ振動板	伝搬速度アップによる高音再現性向上
	スポーツ	テニスラケット	ラケットの剛性向上、高反発

成形する。硝材と金型の離形性と耐摩耗性，耐熱性を付与するために水素フリーDLCが期待されているが，膜表面にドロップレットやピンホールがあると，それがレンズに転写される。それを防止するために，超平滑な水素フリーDLC成膜技術が熱望されている。現在，ドロップレットの発生しない新蒸発源を用いたDLCでの実製品評価を継続中であり，近々に実用化できる予定である。

1.4 DLCの機械部品（摺動部品）への応用

DLCが摺動を伴う機械部品の表面処理として実用されたのは，1990年代初頭であり，摺動時の摩耗抑制，摩擦抵抗低減を目的に適用されたのが最初であり，近年の省エネ，省資源化のニーズ，地球環境面からの有害物質削減（三価クロムの有害性からCrメッキの代替，オイルレス，グリースレスの指向）のニーズの高まりにより，その適用範囲は着実に拡大している。

1.4.1 代表的な機械部品への適用事例と最近の取組

機械部品の摺動部へのDLCコーティングにおいては，対象部品・形状が様々であり，表面粗さも工具や金型ほど良くないため，比較的形状依存性が少なく，基材粗さにも鈍感で，厚膜処理が可能なプラズマCVDによるDLC（a-C:H）が主に用いられており，現在もその傾向は変わらない。表2に日本ITFにおけるプラズマCVDによる機械部品への実用例を示す。高硬度，低摩擦という特徴をメインとした用途が多く，部品の長寿命化，潤滑油・グリースの減少，作業性・歩留向上などに効果を上げている。また，これらの特徴に加え，赤外透過性や耐薬品性，高弾性率という特徴にも着目し，赤外センサー・カメラの保護膜，内視鏡などの医療部品，テニスラケット

第 2 章　機械的応用展開

のリム部などにも採用されている[9]。これら機械部品は負荷は高くないが，無潤滑もしくは厳しい潤滑状態で使用される部品が多く，硬度よりもドライでの低摩擦性，低相手攻撃性が優先される。また，機械部品ではないがDLCの生体適合性に注目して，血管内の血栓手術後の再狭窄防止としてのステントへの研究開発が各国で進められており，近い将来実用化するものと思われる。

　しかしながら，DLCの摺動部品への適用に対する要求特性は益々高くなっており，とりわけ高負荷下での膜の密着性，信頼性確保が重要な課題であり，各社様々な工夫を行い，密着力向上，信頼性向上に取り組んでいる。DLCは基材との馴染み性が悪く，また基材を構成する物質と化学結合を起こしにくいため，基材上に直接DLCを施し密着性を上げるのは非常に困難である。対策として，基材とDLCとの界面に接着層を挿入する手法が一般的である。接着層としては，基材と化学的に結合しやすく，DLCの主成分である炭素とも反応しやすい物質が望ましく，Si，Cr，Ti，Wなどの金属が一般的に使われている。こうすることにより基材と接着層界面，接着層とDLC界面で接着層の金属が原子レベルで拡散，結合し，密着性を向上させている。接着層を形成する手法は，DLC成膜炉に接着層形成のための蒸発源やスパッタ源を取り付け，ボンバード処理後に真空蒸着法やスパッタ法で形成するのが一般的である。現在，プラズマCVD法によるDLCの大半が何らかの形でこの接着層を取り入れている。

　密着性向上には基材と膜の接触面積を大きくすることも有効な手段である。接触面積を大きくする手法としては，基材表面に微小な凹凸を形成する方法が考えられる。このミクロな凹凸の形成手法としては，成膜炉内でエッチングにより形成する方法と，成膜前に機械的に形成する方法がある。前者は炉内でのボンバード処理をより積極的にし，基材表面をエッチングし凹凸を形成する。後者は微小な硬質粒子を基材に投射し微小な凹凸を形成するとともに表面を硬化する手法であり，ショットピーニング，WPC処理などがある。両手法とも膜との接触面積を増やすとともに，微小な凹凸に膜が入り込み，機械的にかみ合うこと（アンカー効果）により密着力が向上する。特に後者はギアなどの複雑形状部品の信頼性を上げる前処理として特に有効で，最近注目されている技術の一つである。

　中間層挿入や基材表面のテクスチャリングで基材/DLC界面の密着力を向上させても，実部品においては瞬間的に膜が破壊したり，長期の信頼性試験で膜が損傷したりする場合が少なからず起こる。瞬間的に部品に大きな外力がかかったり，繰り返し外力がかかったりしたとき，基材は変形するが，これに対してDLCが自身の変形能の限界を超えたり，疲労を起こした場合，膜にクラックが生じ，それを起点に剥離→剥離片による摩耗を生じるためである。この対策には基材を硬化させ基材の変形を抑制するという手法が一般的であり，浸炭，窒化などの表面硬化技術が汎用的に用いられている。一方，DLCの側からは，近年様々な成膜装置や成膜プロセスが開発，実用化されたことにより，プロセス条件や組成を制御することが可能になり，膜の硬度，ヤング率，内部応力を任意に変化させる技術が進展した。この技術を用い膜の破壊などが生じず，かつDLC本来の低摩擦，耐摩耗の性質を損なわない信頼性が高くかつ性能の良いDLC構造が提案，

表3　DLCの密着性，信頼性向上対策の代表例

目的	手法	代表例	期待効果
界面密着力向上	接着層の挿入	Si，Cr，W，Tiなど金属層の蒸着，スパッタ	界面での拡散，化学結合促進
		WC，TiCなどの硬質炭化物層のスパッタ	界面での拡散，化学結合促進＋基材表面硬化
	基材表面のテキスチャリング（基材表面微小凹凸化）	イオンエッチング	界面でのアンカー効果
		ショットピーニング，WPC処理	界面でのアンカー効果＋基材表面硬化
DLC物性制御による信頼性向上	DLC組成の傾斜/多層化	プラズマCVDによるsp^3/sp^2制御	外力に対するDLC耐性向上
	メタルドープDLC	プラズマCVD＋スパッタ複合処理	

実用化されている。

　DLCは，ダイヤモンド結合（sp^3），グラファイト結合（sp^2）および水素が混在した構造になっており，それぞれの組成比を変えることにより硬度，ヤング率などが変化する。すなわち，sp^3比を上げると高硬度，高ヤング率になり，sp^2比を上げると低硬度，低ヤング率となる。また，水素比を上げるとポリマーライクとなり，低硬度で靭性に富む膜となる。さらに成膜中の炭素イオンのエネルギーやイオンと中性ラジカルの比率を変えることにより，内部応力を制御することも可能である。また，DLCにタングステンやクロムなどの金属をドープすることにより，膜のヤング率や内部応力を制御することも盛んに行われている。これら膜の物性制御技術を用い，成膜過程でDLCの物性を変化させることにより実用的な膜としての信頼性を大幅に向上させることができる。すなわち，基材界面近傍は基材のヤング率に近いDLCにし，そこから段階的，傾斜的にヤング率と膜硬度を上げていくことで，基材の変形にも耐える信頼性の高い膜構造が可能になる。また，内部応力を抑えたDLCで厚膜化することにより，外力に対して自己破壊の起こしにくいDLCが実現できる。DLCの密着性，信頼性向上の代表的対策法を表3にまとめて示す。実製品においては，これらの手法を単独で実施していることは稀であり，いくつかの手法を複合して用い，実使用，実環境に耐え得る製品に仕上げているのが実状である[10]。

1.4.2　高分子部品への適用[11]

　従来DLCが適用された部品は，基材が金属，セラミックスなどの比較的高硬度を有する基材に限られていた。一方，樹脂，ゴムなどの高分子材料よりなる摺動部品の場合は，オイルやグリースの塗布，PTFEの焼付塗装などで低摩擦を確保していた。しかしながら，オイル，グリースの場合は，油切れによる再注入の手間の問題や環境，人体への影響の問題があり，また，PTFE焼付塗布の場合はPTFEの耐摩耗性や塗布精度の問題があった。このような背景の中で開発されたのが高分子基板上へのフレキシブルDLCであり，これによりオイルレス，グリースレスで樹脂，ゴムなどの摺動部品の摩擦，摩耗を大幅に改善することができた。

第2章 機械的応用展開

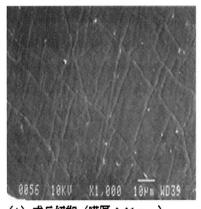 

(A) 成長初期（膜厚0.01μm）　　(B) 成膜後（膜厚1.0μm）

写真4　フレキシブルDLCの表面SEM写真

　高分子基材にDLCを成膜するための課題は，①成膜温度の減少，②DLC膜自体の変形追従性，伸縮性の付与である。一般的にDLCの成膜においては，被コート物の温度が200℃近傍になるため，高分子材料へのコーティングには適さない。高分子へのDLC処理においては，プラズマCVD法を用いるが，そこで，プラズマを断続的に切る変調高周波プラズマ法を採用することにより，低温で安定な成膜が得られた。現在，この手法で60〜80℃の処理温度で高分子基材に成膜している。

　DLCはビッカース硬度1,000以上の非常に硬く脆い材料である。一方，高分子材料は軟らかくて変形しやすく，また伸縮性に富む材料である。従って，高分子上に通常のDLCをコーティングしたのでは，高分子の変形，伸縮に膜が耐えきれず自己破壊してしまう。この不具合を解消するために，膜の構造としては，被コート表面に対して連続的に成長するのではなく，断続的に成長する構造を採用している。写真4にフレキシブルDLCの表面SEM写真を示す。(A)の成長初期段階の表面を見ると明らかなように，膜は連続的でなく，マイクロクラックが入っており，数10μm単位のタイルを敷き詰めたような構造になっているのがわかる。DLC自体に変形追随性や伸縮性を持たせるのではなく，このマイクロクラックで高分子の変形，伸縮を吸収させることにより，柔軟性を持たせ，高分子部品へのコーティングとしての信頼性を高めている。

　図6に各種ゴム材料にフレキシブルDLCをコーティングしたときの摩擦係数を示す。ノンコートではゴム材質により摩擦係数は大きく変化するが，コーティング後はゴム材質に大きく依存することなく，ほぼ一定になる。摩擦係数としてはPTFEとほぼ同等の低い値である。回転・往復運動を伴うOリングやパッキンでは摩擦抵抗を低減するために潤滑油やグリースが使用されているが，フレキシブルDLCをコーティングすれば，それらが不要になり作業効率面，環境面でも効果が期待できる。その代表例が，カメラのズームレンズ鏡枠部に使われているOリングへのコーティングである。カメラのズーム機構は2〜3段のズーム鏡枠がモータ駆動によりスライド

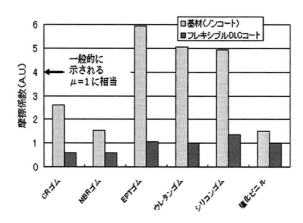

図6　各種ゴム材料へのフレキシブルDLCコート後の摩擦係数

する構造になっているが，遮光性，防水性を維持するためにOリングが組み込まれている。しかしその摩擦抵抗のため電池の寿命が短くなるという問題があり，以前はOリングにPTFEを塗布していたものの，生産性，歩留が悪かった。これをフレキシブルDLCに替えることにより，コート厚みをPTFEより薄く出来，生産性，歩留も向上することができた。一方，シール材としてのゴムは，使用される環境（熱，油など）により変質し，ひどい場合は相手材に固着することが多々ある。DLCは化学的に安定であり，フレキシブルDLCもその特性を維持しているため，固着防止用途としても実用化が進んでいる。自動車内部などの特殊環境で使われる弁では固着により開閉がスムーズに行われないと重大事故に発展する危険性があり，その防止のためにフレキシブルDLCが効果を発揮している。同様に固着防止や汚染防止が必要な半導体製造工程などでの吸着パッドなどへの適用も進められている。

1.4.3　新たな機械部品適用への取組

　DLCは種々の優れた特性を有するが，基本的に気相合成法で直進性の強いイオンによる成膜であるため，パイプの内面や非常に複雑な形状の部品に均質なコーティングを行うことは困難であった。一方，DLCの用途が拡大され，様々な部品への適用が期待される中で，軸受けなどに代表される中空円筒形状や複雑形状の凹部などにも均一・高品質なDLCをコーティングしたいというニーズが高まりつつある。これらの期待に応えるべく，最近パイプ内面などのつき回り性に優れた新しいプラズマCVDプロセスが開発されている。日本アイ・ティ・エフで開発した手法[12]について以下に解説する。

　穴内面や凹み部分に被膜を形成するため，ボンバード（物理的クリーニング）から中間層，DLC処理まで一貫してガスを用いたプラズマCVD法を用いた。ただし通常のCVDプロセスは安定化のため0.1～10Pa程度のガス圧力範囲で処理を行うのが一般的だが，この圧力範囲ではシース厚みが数10mm以上となるため，数10mm以下の穴では穴の外でしか高密度プラズマが生成されず，穴の内部にイオンが十分侵入しないため，結果として低硬度，低密着となり，穴内部に進

第2章　機械的応用展開

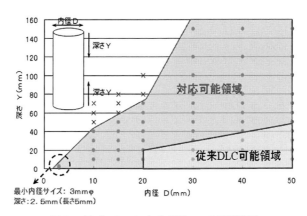

図7　新プロセスによる内面コート可能範囲

むほど急激に膜厚が低下してしまう。開発したプロセスは穴内部でホロー放電を生成させ，ガス圧力を数10Pa以上に保つことにより，穴内部に均一な高密度プラズマを発生，維持させることが特徴である。図7に本プロセスでの成膜可能な形状範囲を示す。両端が開口したパイプ形状であれば，図の2倍までの長さのパイプの内面処理が可能である。本プロセスを用いることにより，従来のDLC膜では適用困難であった次のような様々な部品に活用し，長寿命化や性能向上に貢献できると考えている。

①軸受けやシリンダー形状物などへの内面コート，ギアなどの複雑形状物への均一コートによる耐摩耗性向上，摺動性向上
②金型では，ダイ凹部へのコーティングによる長寿命化，焼き付き防止
③液体，ガスが流れるパイプ形状部品内面の耐食性向上，金属イオン溶出防止

1.5　DLCの自動車部品への応用

　DLC処理を用いた自動車部品は，1990年代後半よりガソリンエンジンの燃料噴射ポンプやディーゼルエンジンのコモンレールのプランジャーを皮切りに適用が進められている。2000年代に入り，低燃費化が自動車メーカーの大きな開発課題となり，各社がDLCの低摩擦特性に注目し，エンジン部品などにDLCを用いることで摩擦抵抗を低減し，燃費性能を上げる試みが盛んになされた。2004年には，動弁系部品（バルブリフター）に初めてDLCが採用され，従来ノンコート品に比べて，摩擦抵抗を25％低減し，燃費で3～4％の改善を実現した。現在では，動弁系以外にピストンリング，ピストンピンなどのエンジン周辺部品への適用も始まっており，燃費改善だけでなく，小型化，ダウンサイジング化にも貢献している。

　自動車部品に用いられるDLCはプラズマCVDによるa-C:HとアークPVDによる水素フリーta-Cに大きく分けられる。主にエンジンオイルで潤滑されない部品にはa-C:Hを，エンジンオイル潤滑下で用いられるバルブリフター，ピストンリングなどの部品にはta-Cが最適であり，広

表4 エンジン部品におけるDLC化の動向（除くバルブリフター）

	技術動向	DLC化の目的	実現可能なDLC膜種 ta-C	a-C	ta-C:H	a-C:H
ピストンリング	・小型化，ターボ化による負荷大	耐摩耗性 耐焼き付き	○	○	○	●
	・ノッキング対策に伴うシリンダーライナー材質変更	低相手攻撃性		○	○	○
	・燃料油の低粘度化に伴う境界潤滑下での低摩擦	低摩擦	●	○		
ピストンピン	・小型化，ターボ化による負荷大	耐摩耗性	○	○		●
	・軽量化に伴う摺動相手の材質変更	低相手攻撃性		○	○	○
ロッカーアーム	・小型化，ターボ化による負荷大	耐摩耗性，耐スカッフィング	○	○	○	○

●一部実用中
○検討，開発中

表5 自動車部品におけるDLCの代表的採用事例（エンジン部品以外）

適用部品	DLCタイプ	狙い
SUV車用 ディファレンシャルギア	a-C:H (with W)	耐ピッチング摩耗抑制
4WDトルク制御 カップリングクラッチ	a-C:H (with Si)	μ-Vの安定性向上 摩耗特性向上
ディーゼル車用 燃料噴射プランジャー	a-C:H	ディーゼル燃料下でのスカッフィング摩耗抑制
HV車用 ウォータポンプ部品	a-C:H (with Si)	低摩擦，シャフトの摩耗抑制
SUV車用 駆動系シャフト	a-C:H	シャフトの摩耗，焼き付き防止 振動，ビビリ防止
SUV車用 クラッチ部品	a-C:H	ジョイント部の摩耗防止
二輪用 燃料ポンプ	a-C:H	バイオエタノール燃料下での摩耗抑制

く用いられるようになってきた。これは，水素フリーのta-Cがエンジンオイルなどの潤滑油下でより摩擦係数が下がり[13]，かつ，エンジンオイル中の添加剤による悪影響がないためである。

これら自動車部品への適用については，本章他節に詳細な解説があるため，ここでは代表的な実用事例のみ表4，表5に示す[14]。

また，最近では，高硬度による部品信頼性向上，低摩擦による燃費改善以外に，DLCの微細

第 2 章　機械的応用展開

な構造を制御したり，ダイヤモンド結合（sp^3）とグラファイト結合（sp^3）の比率を制御することによって，オイル，グリースなどの潤滑剤との濡れ性をコントロールしたり，トルクをコントロールすることも可能になりつつあり，クラッチ部品，ステアリング部品，駆動系ギアなどの新たな用途への展開も期待されている[15]。

1.6　まとめ

以上述べたようにDLCはすでに様々な産業分野で利用され，その効果を発揮しており，エコロジー対応の表面処理としての地位を築きつつある。今後，ますます厳しくなることが予想される地球環境対策や高齢化社会という我々が直面する課題の解決策として，その適用範囲は確実に広がっていくと予想される。しかしながら，非晶質膜であるが故，摩擦・摩耗のメカニズムや構造の解明などまだまだ未解明な点も多く，今後の研究課題である。また用途展開においても，産業界の期待に応えるため，目的に応じた最適な膜組成，構造，プロセスなどの総合的な膜設計・評価技術をさらに進化させるとともに，一層の低コスト・量産プロセスを開発していくことが，DLCにたずさわる我々の使命だと考えている。

文　　献

1) 桑山健太，トライボロジスト，**42**(6)，436（1997）
2) 白倉昌，表面技術，**52**(12)，57（2001）
3) 井浦重美ほか，機械設計，**48**(8)，46（2004）
4) 加納眞，トライボロジスト，**52**(3)，186（2007）
5) 加納眞，表面技術，**58**(10)，578（2007）
6) C. Ferrari and J. Robertson, "Interpretation of Raman spectra of disordered and amorphous carbon", *PHYSICAL REVIEW* B. **61**(20), 14095（2000）
7) *New Diamond*, **106**, 12（2012）
8) 高橋正人ほか，日新電機技報，**61**(1)，41（2016）
9) 辻岡正憲，工業材料，**60**(9)，42（2012）
10) 辻岡正憲，潤滑経済，**574**，22（2013）
11) 辻岡正憲，潤滑経済，**525**，32（2009）
12) 三宅浩二ほか，日新電機技報，**55**(2)，32（2010）
13) 馬渕豊ほか，自動車技術，**62**(4)，44（2008）
14) 辻岡正憲，月刊トライボロジー，**30**(341)，16（2016）
15) 辻岡正憲ほか，自動車技術，**69**(11)，50（2015）

2　分析の視点からの機械的応用と特徴

平塚傑工*

2.1　はじめに

　DLC膜の特性は，成膜方法や原料，成膜条件により違いがある。現在は，炭化水素系ガスを原料とするプラズマCVD法とイオン化蒸着法，固体カーボンターゲットを用いるスパッタリング法とアーク法・フィルタードアーク法が広く用いられている。各種成膜方法によって作製されたDLCは，構造や水素含有量に違いがある。さらに水素以外の他元素の含有によって機械的・電気的・光学的特性は大きく変化することが知られている[1]。DLC膜は，応用用途の目的に合わせ様々な機能が付与され利用されているが，その薄膜の信頼性の確保や機能性を評価する技術は重要である。

　機械的応用を分析の視点から考えた場合にDLC膜の結合状態・水素含有量・他元素含有量があり，それらと硬さ・撥水性・導電性・耐熱性等の機能性の対比が重要となる。

　DLC膜の構造を評価する方法として，ラマン分光法（Raman Spectroscopy）や電子エネルギー損失分光法（Electron Energy Loss Spectroscopy：EELS），吸収端近傍X線吸収微細構造（Near Edge X-ray Absorption Fine Structure：NEXAFS），核磁気共鳴法（Nuclear Magnetic Resonance：NMR）等があり，それらの測定結果からsp^2とsp^3の比率を推定することが従来行われてきた。水素含有量測定はラザフォード後方散乱分-弾性反跳検出分析（Rutherford Back Scattering-Elastic Recoil Detection Analysis：RBS-ERDA）等がある。ドーピング量の測定は，二次イオン質量分析法（Secondary Ion Mass Spectrometry：SIMS）やオージェ電子分光法（Auger Electron Spectroscopy：AES），X線光電子分光分析法（X-ray Photoelectron Spectroscopy：XPS）等が用いられている。これらの方法は，研究開発段階では非常に有用であるが，工業的にはより簡易的で安価な手法として光学特性評価が検討されており[2]，今後有効な評価方法となる可能性がある。

　本稿では，構造との関連性の視点から光学的評価方法の一つである分光エリプソメトリー法を用いて，屈折率と硬さの間にある相関関係を検討し，光学定数と機械的分野での用途との対比を行った結果を示す。また，他元素含有量の制御から新たに機能性が付与されたDLC膜の事例に関して記載する。

2.2　光学的評価による構造と硬さの関係

　様々な種類のDLC膜の光学定数と硬さを比較し，DLCの構造が屈折率及び消衰係数にどのように影響を与えるか検討した。様々な種類のDLC膜は一般社団法人ニューダイヤモンドフォーラム（JNDF）から提供された。各種成膜方法により，全てSi基板上に成膜された。成膜方法はイオン化蒸着法（IE），スパッタ法（SP），大電力パルススパッタ（HiPIMS），アーク法（ARC），

---

*　Masanori Hiratsuka　ナノテック㈱　研究開発セクター　取締役

第2章 機械的応用展開

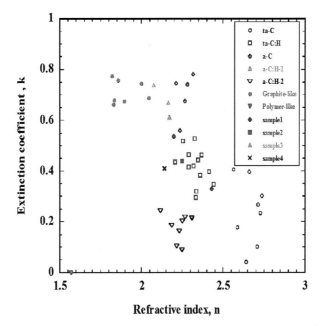

図1 波長550nmにおける各種DLC膜の屈折率と消衰係数の関係[4]

プラズマCVD法(PCVD)である。これらのDLC膜サンプルについて,インデンテーション法を用いての硬さ試験を実施し,分光エリプソメーターを用いて屈折率と消衰係数を解析した。

光学定数は波長レンジ450〜950nm,入射角度70°の条件下で測定した。測定で得られたデータはDLC膜の光学モデルを使って解析された。

Si基板上に成膜されたDLC膜の硬さはナノインデンテーション法によって評価した。この手法では,材料に圧子を押し込み,その時の押し込み深さから圧痕の投影面積(A_p)を求める。求められたA_pと最大押し込み荷重(F_{max})を用いてインデンテーション硬さ(H_{IT})を測定する。H_{IT}は式(1)のように定義され,

$$H_{IT} = \frac{F_{max}}{A_p} \tag{1}$$

と求められる[3]。

試験は25±2℃に制御された環境で,最大荷重1mN,負荷速度2mN/minの条件でベルコビッチ圧子を用いて実施した。

図1に波長550nmにおける各種DLC膜の屈折率と消衰係数の関係を示す。

図中のSample 1〜4は,イオン化蒸着法により成膜されたDLC膜である。Sample 1は,C_6H_6を用いて基板電圧1kVで成膜し,Sample 2は,C_6H_6を用いて基板電圧2kVで成膜し,Sample 3は,C_6H_6を用いて基板電圧3kVで成膜し,Sample 4は,C_6H_{12}を用いて基板電圧2kVで成膜した。

sp^2混成軌道とsp^3混成軌道の含有量及び水素含有量は,DLC膜の構造に関与する3つの主要因

である。本研究ではDLC膜の機械的特性と光学定数の間に相関関係があり，それらの結果による新たな分類方法の妥当性を検討した[4]。

C-C結合に起因するsp^2とsp^3混成軌道の含有量に関して，各種DLC膜に関して比較した。例えば，アーク法により成膜されたta-CのようにC-C結合のsp^3混成軌道の含有量が多い場合，水素含有量が少なく，屈折率，硬度が大きくなる。また，グラファイト構造に起因するπ電子の量が減少するため，消衰係数は小さくなる[5]。屈折率と消衰係数を用いるとta-Cは他のタイプのDLC膜と明確に分類することができる。一方，HiPIMSにより成膜されたta-Cは，アーク法に比べて若干消衰係数が増加している。このことは，スパッタリングによる方法ではsp^2混成軌道の含有量及びダングリングボンドの量が増える傾向にありそれが膜中のπ電子の増加につながっていると推察される。

反対に，a-Cやグラファイトライクカーボンには水素が含有されておらず，C-C結合のsp^3混成軌道の含有量が少なく，グラファイト構造に起因するsp^2混成軌道の含有量が多い。グラファイト構造からのπ電子の量が増加するために濃い黒色となることで，消衰係数は高くなり屈折率は低くなる。

a-C:H-1とSample 3において，イオンの衝突エネルギーが増加すると，ole finicな二重結合[6]からのsp^2混成軌道の含有量とC-C結合のsp^3混成軌道の含有量が減少する可能性があり，n-k値のプロットでa-Cと重なる。水素含有量にかかわらず，グラファイト構造に起因するsp^2混成軌道とC-C結合のsp^3混成軌道が同程度に存在するためと思われる。a-C:H-2をみるとイオンの衝突エネルギーが減少するにしたがい，二重結合からのsp^2混成軌道の含有量が増加し，グラファイト構造からのsp^2混成軌道の含有量が減少すると考えられる。

a-C:H-1，2とta-C:Hでは硬度と屈折率がそれぞれのサンプルで同等であるが，消衰係数k値が異なっている。これらのDLC膜ではC-C結合に起因するsp^3混成軌道の量が変化せず，sp^2混成軌道の量が変化している。水素含有量は増加するが，これはグラファイト構造からのsp^2の減少に繋がっている。同様にこれは消衰係数k値の減少に影響を及ぼしている。これは成膜過程でイオンの衝突エネルギーが減少している結果である。イオンの衝突エネルギーの減少が，消衰係数の減少に影響を及ぼしていると推測することができる[7]。イオン化蒸着法で成膜された4種類のDLCから得られたデータでも同じ傾向を示している。

図2に各種DLC膜の波長550nmでの屈折率と硬度の関係を示す。屈折率が大きくなると硬度も比例的に増加する。これは屈折率がDLC膜におけるC-Cに起因するsp^3混成軌道に関係していることを示している。分類が目的であることを考えると，異なるタイプのDLC膜は異なるエリアにプロットされる。これらのデータとプロット使うと，ta-C，GLC，PLCの硬度はその他のDLC膜のタイプからはっきりと分類される。例えば分光エリプソメーターを用いると，膜厚が薄いために膜の硬度を測定することが困難であった膜厚50nm以下のDLC膜でもn，kを求めることができる。分光エリプソメーターを用いてのDLC膜の評価は非破壊であり，DLC膜の品質管理を簡単にする。屈折率と消衰係数は指針として使うことが可能であり，そのn，k値はDLCのアプリケー

第 2 章　機械的応用展開

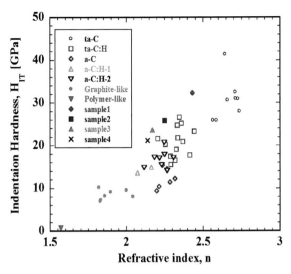

図2　波長550nmにおけるDLC膜46サンプルの屈折率と硬さの関係[4]

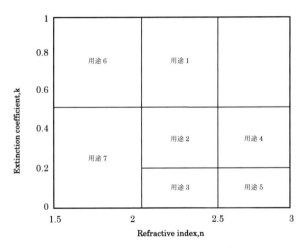

図3　屈折率nと消衰係数kによる用途事例のカテゴリー

ションの分類のための共有基準として使うことができる。このシンプルな分類方法は工業的に有用である。

　ta-C膜の中にも，アーク法により成膜されたDLCに比べて，消衰係数が高い傾向がみられる膜があった。消衰係数が高いことは，膜中の自由電子の増加が影響していると考えている。マクロな視点では硬度が高くなっていることからsp^3混成軌道を持つ構造が支配的であると考えられるが，その中にはsp^2混成軌道の成分やダングリングボンドが多数混在しておりπ電子が，アーク法により成膜されたta-Cに比べて多いと考えられる。本手法によるDLC膜は，硬度が高いにも関わらず抵抗率が10^{-2}～$10^0 \Omega \cdot cm$であり低い抵抗率を示している理由は，これらのπ電子等が電気

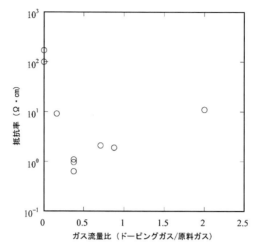

図4　ガス流量比と抵抗率の関係[8]

伝導性に影響しているためであると推察している。

　光学測定による屈折率nを横軸，消衰係数kとした用途事例のカテゴリーを図3に示す。また，7つの用途事例カテゴリーを図中の囲い込み枠として実際の用途との対比を検討した。各用途事例を下記に示す。

　用途事例1：導電性を必要とするしゅう動部品等（耐摩耗性が低い）
　用途事例2：工具・金型，各種しゅう動部品（無潤滑環境）
　用途事例3：光学用部品・各種しゅう動部品（耐摩耗性が低い）
　用途事例4：耐久性・導電性を必要とするしゅう動部品
　用途事例5：耐久性・耐熱性を必要とする工具・金型，しゅう動部品（潤滑油中）
　用途事例6：耐摩耗性の必要がない超低荷重でのしゅう動部品，電極保護膜
　用途事例7：ガスバリア膜，医療機器部材

　さらにDLCの分類と評価試験に関する国際標準化プロジェクトが国内外で盛んとなり，さらなる簡易的な測定機器が開発されることにより，成膜メーカーとエンドユーザーと間のコミュニケーションが円滑になることを期待する。

2.3　多元素含有とその特性
2.3.1　ボロン含有DLC膜と導電性

　従来のDLC薄膜は，抵抗率が$10^7 \sim 10^{13}$ Ω・cmの絶縁性の薄膜であった。構造制御でグラファイト化させることで導電性を付与もできるがこれでは高硬度と両立ができない。

　そこで半導体技術を応用したドーピングにより，DLC膜に導電性を持たせるボロン（B）ドーピングDLC膜を開発した。図4に示す様に適正な比率のガス導入を行い，ドーピング元素とカーボンが結合する最適な成膜条件を設定することで，ドーピング元素の活性化を行い導電性と高硬

第2章　機械的応用展開

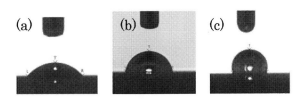

図5　撥水性DLCの比較[9]
(a)超硬　(b)通常DLC　(c)F-DLC

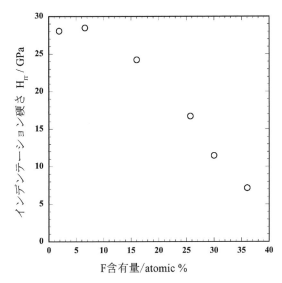

図6　撥水性DLCのF含有量と硬さの関係[9]

度を両立できる。抵抗率は，四探針法による測定で10^{-1}〜10^4Ω·cmの範囲で制御できる。硬さはナノインデンテーション法で10〜27GPa，摩擦係数0.1〜0.25であり，従来のDLC薄膜とほぼ同等の性能を示している[8]。

2.3.2　フッ素含有DLC膜と撥水性評価

DLCにフッ素（F）が含有することにより，膜に水を弾く撥水性を付与することが可能である。図5に接触角の比較写真，図6に硬さとフッ素含有量の関係を示す。各種F含有炭化水素ガスを用いて成膜を行うことで，F含有量を制御できるため，それぞれの状態に適した撥水性の付与が可能である[9]。また，硬度とフッ素含有量の制御が可能であり，それに合わせて用途別に設計ができる。

フッ素含有DLC膜は従来のテフロンコーティング等に比べ硬く耐摩耗性にもすぐれており，さらに従来のDLCよりも柔軟性がある。F含有DLCは，従来のDLCがはく離して適用ができなかった面圧の高い紛体成型用の金型等で効果があり，耐久寿命が100倍近く向上した結果もあり広く利用されている。

2.4 おわりに

　光学定数はDLC膜の構造に密接に関係しているため，硬度やその他の特性と相関を有することが示され機械的応用のための指針となることが示された。また，他元素の含有により新たな機能性と機械的特性を合わせもつDLC膜の評価結果と用途事例を示した。今後DLCの用途が拡大するにつれ新たな評価方法や管理方法が必要となっていくと考えられる。それらに対応して規格の整備や共通化が進み，より良い技術との選別が明確になっていくであろう。

文　　献

1) J. Robertson, *Materials Science and Engineering*, **R 37**, 129-281（2002）
2) Yuuki Ohsone, Hidetaka Nishi, Masanori Saito, Masaki Suzuki, Hiroya Murakami, Naoto Ohtake, *Journal of Solid Mechanics and Materials Engineering*, **3**(4), 691-697（2009）
3) D. L. Joslin and W. C. Oliver, *Journal of Materials Research*, **5**(1), 123-126（1990）
4) Masanori Hiratsuka, Hideki Nakamori, Yasuo Kogo, Masayuki Sakurai, Naoto Ohtake, Hidetoshi Saitoh, *Journal of Solid Mechanics and Materials Engineering*, Special Issue on the Asian Symposium on Materials & Processing 2012, **7**(2), 187-198（2013）
5) A. C. Ferrari, *Diamond and Related Materials*, **11**, 105-1061（2002）
6) Y. Lifshitz, G. D. Lempert, E. Grossman, H. J. Scheibe, S. Voellmar, B. Schultrich, A. Breskin, R. Chechik, E. Shefer, D. Bacon, R. Kalish, and A. Hoffman, *Diamond and Related Materials* **6**, 687-693（1997）
7) A. C. Ferrari, J. Robertson, Materials Research Society Symposium Proceedings, **593**, 299-304（2002）
8) 平塚傑工, *NEW DIAMOND*, **26**(1), 33-34（2010）
9) 黒河内昭夫，和田健太朗，森田寛之，西口晃，埼玉県産業技術総合センター研究報告，第5巻（2007）

3　DLCの自動車部品への適用の新展開

加納　眞*

3.1　はじめに

　近年，自動車用ガソリンエンジンの中で摩擦損失が大きい摺動部品であるバルブリフタやピストンリングへのDLC（Diamond-like carbon）コーティング適用が急激に増加し，特に日本においては小型量販車にも搭載され始めている。その理由は，言うまでもなく地球温暖化対策で重要な自動車用ガソリンエンジンの省燃費化を目的とした，摺動部品の徹底的な摩擦低減にある。DLCコーティング適用による燃費改善効果は1～3％程度と少ないものの，従来の摺動部品の設計をほとんど変える必要が無いため，既存の部品設計をベースにしてDLCコーティングが比較的容易に適用されている。さらには，成膜技術の向上による高品質DLC膜の安定的な供給，バルブリフタ量産適用の市場実績および燃費向上効果に対するコストパーフォーマンスの向上などの種々の特長を活かし，上記以外の摺動部品への適用も広がっている。

3.2　自動車部品への適用状況

　最初に，DLCに関する研究から開発への進展と自動車部品への適用技術の発展との関係を比較してみることとする。

　DLCに関連した論文として取り上げられる最初のAisenbergらの1971年の報告から最近までの論文掲載件数の推移を，図1に示す[1]。最初の20年程度までの論文数は少なく，主にDLC膜の製造方法の開発や形成された膜特性にかかわる発表がほとんどであると思われるが，ドイツの研究機関であるFraunhoferを中心に開発されたタングステンドープの水素化DLC（WC:a-C:H）の成膜技術，成膜装置の実用化が1990年以降に始まり，このタイミングにほぼ同調して論文件数が急増している。この技術の進歩に合わせて，DLC膜の優れた耐摩耗性，耐食性，低摩擦特性などを活かし，腕時計，シェーバ替刃，ハードディスクやF1などのレースエンジン摺動部品への適用が急速に広がった[2]。量産自動車エンジン部品への適用開発に向けた研究も，ほぼ同じ時期に開始され，本格的な適用開発は2000年前後から主に日本とドイツで始められたものと思われる。実際の量産エンジン部品への適用としては，ディーゼルエンジンの燃料ポンプ摺動部品やガソリンエンジン・バルブリフタなどへの実用が2000年頃から始まり，その後は生産量のみならず新たな部品への適用と急速に拡大し続けている。

　約10年前にまとめた，自動車における摺動部品への主な開発および量産適用状況を表1に示す[3]。最近では，その適用されている数量，部品の種類，エンジンなどの種類，自動車会社の数などが大幅に増加しているだけではなく，種々の成膜法による種々のDLC膜の適用や新たな摺動部品への適用へとますます拡大を続けている。新材料の部品適用においては，コストアップに見合う高級車への採用を経て，数年を経て順次，量販小型車に広がっていくのが通例であった

---

*　Makoto Kano　KANO Consulting Office

DLCの基礎と応用展開

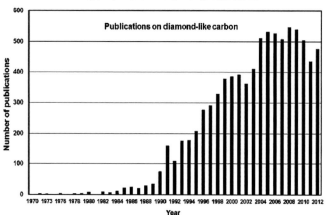

図1　DLCコーティング発表論文件数の推移

表1　自動車摺動部品へのDLCコーティング適用事例

適用部品	DLCコーティング		DLC特性
2輪車エンジン用ピストンリング	CVD	a-C:H	シリンダアルミ材料との高い耐スカッフィング摩耗特性
SUV車両用ディファレンシャルギヤ	CVD	a-C:H	高い耐ピッチング摩耗，耐スコーリング摩耗特性
SUV 4WD車両用トルク制御カップリングクラッチ	CVD	a-C:H-Si	高い摩擦係数，優れたμ-V特性，耐摩耗性
ディーゼル燃料ポンプ（プランジャ，ワッシャ，ブッシュ，ニードル）	CVD	a-C:H	ディーゼル燃料潤滑下での高い耐スカッフィング摩耗特性
自動車ガソリンエンジン用バルブリフタ，ピストンリング，ピストンピン	PVD	ta-C	低フリクション特性と耐摩耗性

が，コストパフォーマンスに優れたDLCは，急速に多くの車種への採用が進んでいる。

　一例として，図2に示すように，日本製の小型乗用車用のガソリンエンジンのバルブリフタおよびピストンリングに実用化され，実際の燃費向上に貢献している[4]。これに適用されているDLCは，エンジン油潤滑下で大きな摩擦低減が得られるta-C膜が使われている[5]。このta-C膜の自動車部品適用については，後の節で説明があると思われるので詳細は割愛するが，燃費向上効果としては，エンジンの運転条件によって異なるが，2～3％程度と見積もられる。1台での効果は決して大きくはないものの，種々の自動車用量産ガソリンエンジンへの適用は急拡大しており，すでに地球規模での燃料消費低減やそれに伴う環境改善に貢献し始めている。

　摩擦条件がエンジン摺動部品の中で最も過酷な動弁系バルブリフタと熱的に厳しいピストンリングにも量産適用されたことは，今後のエンジン摺動部品のみならず種々の機械摺動部品への適

第2章　機械的応用展開

図2　エンジン部品へのDLCコーティング適用事例

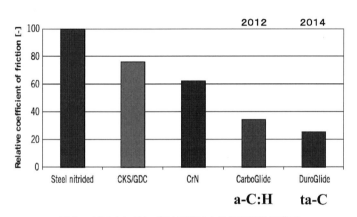

図3　ピストンリングDLC膜による低摩擦化の進展

用拡大が期待される。海外のピストンリングメーカにおいても，DLCコーティングの適用が急加速しているだけではなく，図3に示すように，より大きな摩擦低減効果が得るためにDLC膜種をa-C:H膜からta-C膜へと変更させている[6,7]。また，このta-C膜はドイツFraunhofer IWSで開発されたレーザ・アブレージョン法により成膜され10ミクロン以上の厚膜を形成させている[8]。

今後の技術課題として，ピストンリングの耐摩耗性の確保のための膜厚に何ミクロン以上の厚膜が必要なのかという最適膜厚設計技術，合口部の片当たりを生じやすい部分の摩耗，燃焼室内の腐食摩耗などの摩耗解析とそれに基づく改良技術が重要になっていくものと考えられる。この場合，摩耗のみならず摩擦低減特性を考える上で，相手摺動部のシリンダボア内周面の材質，表面形状，粗さおよびエンジン油の基油と添加剤の最適化も同時に実施することが必須であるのは言うまでもない。また，材料に限ればDLCコーティングの主成分である炭素はアルミニウムと

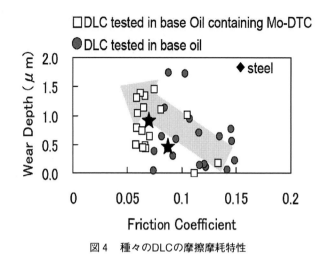

図4　種々のDLCの摩擦摩耗特性

の凝着性が低いので，アルミニウムシリンダとDLCをコーティングしたピストンリングおよびピストンスカートとの摺動材料の組合せが，エンジンのピストンとシリンダの構成材料として最適と考えられる。エンジン油では，添加剤として汎用されている極圧添加剤，摩擦調整剤であるzinc dithiophosphate（ZnDTP）やMolybdenum dithiocarbamate（MoDTC）などは鉄材料摺動面での化学反応をベースに設計，開発されてきていることから，上記の摺動材料の変化や環境調和の要求に適した基油と添加剤の開発が望まれる。これらの課題に関連するいくつかの技術について，いくつかの報告事例をもとに今後を展望してみたい。

3.3　DLC膜の摩耗に及ぼす潤滑剤の影響

アンバランストマグネトロンスパッタリング法などにより成膜した水素化DLC（a-C:H）ブロックと鉄鋼材から成るリングとの組み合わせで，摩擦調整剤であるMoDTC含有の油潤滑下でのDLC膜の摩耗の増大が報告されている[9]。エンジン油基油（5W-30）にMoDTCを添加した潤滑油を用いて，80℃の条件で30分間摺動した後のDLC膜の摩耗量を，図4に示す。この結果，基油に比べMoDTC添加油では摩擦係数は低くなるがDLC膜の摩耗量は大きくなる傾向を示すことが見出されている。この摩耗要因として，Mo-DTCの分解生成化合物であるMoO_3がa-C:H膜のC-H結合およびダングリングと反応し，膜が脆弱化するメカニズムが提案されている。

さらには，水素フリーDLC（ta-C）膜の摩耗特性に及ぼす種々の添加剤の影響についての研究が報告されている[10,11]。図5に，PAO（Poly-alpha olefin）を基油として摩擦調整剤を添加した潤滑油と鋼同士，鋼とta-C，ta-C同士の摩擦摩耗特性の違いを，ピンオンディスク単体摩擦試験により評価した結果を示す。この結果では，摩擦調整剤の添加は，鋼とta-Cおよびta-C同士の摩耗量に大きな影響を与えている。以前はDLCが化学的に不活性なために潤滑油添加剤による摩擦，摩耗特性に与える影響が少ないと思われてきたが，近年ではトライボ化学反応による

第2章　機械的応用展開

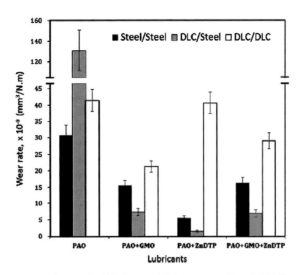

図5　種々の添加剤含有PAO油潤滑下のta-C膜の摩耗特性

影響が大きいことが徐々に分かってきた。今後，DLC膜種とエンジン油基油，添加剤の種々の組合せにおける摩擦・摩耗特性の究明が進んでいくものと思われる。

3．4　DLCの自動車部品適用の新展開
3．4．1　究極のピストンとシリンダの材料仕様

　今後の自動車エンジン摺動部品へのDLCコーティングの適用として，先に述べたようにピストンリングの次に，さらなるエンジンの摩擦低減を図るうえで，アルミニウム合金製ピストンのスカート部がターゲットとなる。この部位をDLCコーティング膜で耐久性を補償できるようになれば，シリンダと接触するピストンリングとピストンの全ての摺動部がDLC膜で凝着や焼き付きが防げるように成るため，さらなる摩擦低減に向けた大きな改善につなげられるポテンシャルを有している。DLCはアルミニウム材料との凝着性，焼き付き性に優れ，既にアルミニウム材料の切削加工などの工具摺動部位への適用が広がっていることから，表面処理を行っていないアルミニウム合金製シリンダと直接摺動するようにピストン，ピストンリングへDLCを適用することが最適と思われる。

　図6に，現行汎用されているピストン・シリンダ仕様に対する開発コンセプトを示す[12]。現行のガソリンエンジンの多くには，アルミ合金製のピストンとシリンダの摺動時の凝着摩耗を抑制するために，鋳鉄製の円筒状のライナーがシリンダに鋳包まれている。一方，開発技術の構成は，シリンダの軽量化とコンパクト化，冷却性の改善および大幅な摩擦低減の阻害要因となっているライナーを，DLCコーティング適用により取り除くことができれば著しいエンジン性能向上効果が期待できる。また，コーティング膜の高い密着・耐摩耗性を得るための表面改質処理を開発すると同時に，摩擦を顕著に低減できる表面テクスチャの形成も考慮された。具体的には，

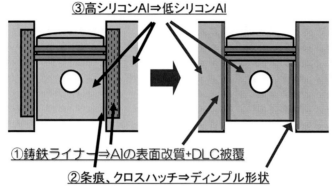

図6　究極のピストン・シリンダの構成コンセプト

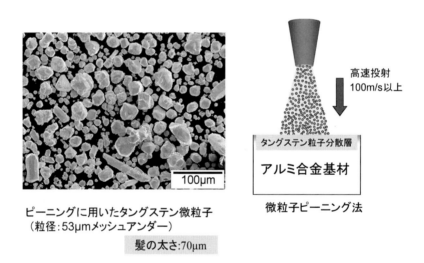

図7　微粒子ピーニングを用いたアルミニウム基材の改質

　汎用エンジンに形成されているピストンスカート部の平行グルーブおよびクロスハッチと呼ばれる交叉状のグルーブを廃止し，平滑状の面に微粒子ピーニングにより形成されるディンプルと鋭利な凸部を研磨したプラトー形状への変更を行った。図7に示すアルミニウム合金基材の表面改質のキー技術となる微粒子ピーニング処理においては，アルミニウム表層にDLC主成分の炭素との結びつきが強く，微粒子でも基材に打ち込まれ，均一に混合できる重い質量を有するタングステン微粒子を用いた[13]。

　その結果を，図8に示す。これらの結果から，タングステン微粒子をピーニングし，鋭利な凸部を研磨した後，DLCコーティングしたアルミニウム基材は，平滑面にコーティングした場合に比べ，明らかに限界荷重が向上できることが分かった。さらには，粒径5ミクロン以下の細か

第2章　機械的応用展開

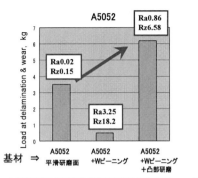
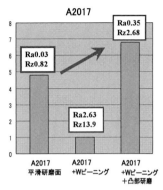

図8　3種の基材による限界荷重の違い

図9　DLCコーティングアルミニウムピストンの耐摩耗性向上

いタングステン微粒子を用いて，アルミニウム基材の表面粗さ増加を抑制させることにより，凸部を研磨しなくても同様のDLC膜の密着・耐摩耗性向上効果が得られることを見出している。したがって，簡単な工程でピストンやシリンダへのDLCコーティングが実施できる。

次に，上記開発技術を用いてDLCコーティングしたピストンとシリンダをモータバイク用エンジンに組み込み，短時間の全開ファイアリング試験を実施した。その結果，図9に示すように，DLCコーティングしたピストンスカート部には，未コートピストンに形成される厳しいスカッフィング摺動痕は観察されず，明確な耐摩耗性向上効果が認められた。

既にピストンスカート部に対して，平滑面に微細なディンプルを形成することで摩擦を低減する技術は超低燃費車エンジンに採用されている[14]。したがって，図6に示したように，アルミニウム合金の平滑面に微細なディンプルを形成した表面にDLC膜をコーティングした究極のピス

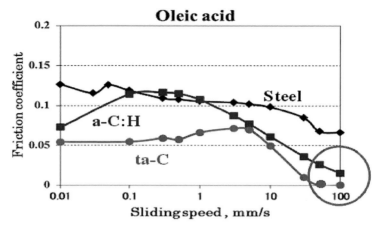

図10　オレイン酸潤滑下のta-Cの超低摩擦特性

トンとシリンダの組み合わせについても，近い将来，量産車に適用されて行くことが期待される。

3.4.2 究極のエンジン摩擦低減の可能性

最後に，究極の低摩擦特性を発揮する潤滑剤とDLC膜の組み合わせについて展望する。今後のガソリンエンジン摺動部品への適用においては，さらなる燃費改善に向けた超低粘度油の使用やアイドルストップの採用に伴い，今まで以上に，混合～境界潤滑下の摩擦特性改善が要求されることが想定されるため，低摩擦特性と耐摩耗性に優れるDLCコーティングの適用は増加していくものと思われる。汎用されているエンジン潤滑油は，鉱物油を基油とし，極圧添加剤ZDDPをはじめとする種々の添加剤を含有する。これらの添加剤には，環境に悪影響を与えるSやPを含んでいる。耐摩耗性と低摩擦特性に優れたDLCコーティングがバルブリフタや上記のピストンとシリンダといったエンジンの主要摺動部品に適用されると，鉄鋼材摺動面へのトライボ化学反応を主として設計されてきた潤滑油設計を変更する必要性がある。また，従来DLCコーティングは化学的に不活性なため，潤滑油に含まれている添加剤と反応しないと思われてきたが，最近では，種々の添加剤などと反応してトライボフィルムを形成することや，摩擦特性や上記に述べた通り摩耗特性に大きな影響を与えることが分かってきた。

一例として，同種のDLC同士のピン側面とディスクとの線接触でのすべり摩擦において，オレイン酸を一滴（0.01ml）供給しただけの潤滑状態における摩擦特性を，図10に示す[15]。すべり速度が50mm/s以上で，鋼（SUJ2）同士の摩擦係数は0.07程度，プラズマCVD成膜した水素を20at%程度含有したa-C:H同士の摩擦係数は0.03程度の値を示すのに対して，フィルタードアーク蒸着法で成膜した水素フリーta-C同士では摩擦係数0.01以下の超低摩擦特性が発現する。ガソリンエンジンのカムとフォロワの最大摩擦係数は約0.1程度であるので，超潤滑特性を発揮できれば，単純計算でこの部品の最大摩擦損失を十分の一以下に低減できることになる。また，1

第2章 機械的応用展開

mm/s以下の非常に小さいすべり速度領域になっても，鋼同士の摩擦係数が0.1以上，a-C:H同士で0.1前後に対して，ta-Cの摩擦係数は0.04と非常に低い値を示していることから，往復すべりや起動，停止を繰り返す摺動部位でスムースな作動も期待できる。また，この超低摩擦特性はオレイルアルコールにおいても認められている[16]。したがって，これらに含まれるカルボキシル基や水酸基を有する有機酸，アルコールやエステルを有する環境にやさしい潤滑剤とDLCコーティングを上手く組み合わせ，超低摩擦特性が発揮できる摺動部材をガソリンエンジンに適用することにより，環境にやさしい究極の省燃費化が得られるものと期待される。

3.5 おわりに

地球環境問題の悪化や資源枯渇化が進むにつれて，これらの課題改善に直接的かつ効果的に寄与する自動車用エンジンなどの摺動部品に対する摩擦低減の要求は強くなる方向にある。この一方策として，DLCコーティングの自動車用エンジン摺動部品への量産適用が進み，摩擦・摩耗が過酷な部分の主要構成材料が鉄鋼材料からDLCに置き換わっていくにつれ，従来，鉄鋼材料の摺動部位を想定して開発され，使用されていたエンジン油基油や添加剤は，新たに大きく変更する必要性が迫っている。DLCの自動車部品への適用の新展開を図る上で，適切な潤滑剤との組み合わせが重要となっていくものと考えられる。

文　献

1) K. Bewilogua and D. Hofmann, "History of diamond-like carbon films-From first experiments to worldwide applications", *Surface & Coating Technology*, **242**, 214 (2014)
2) 宮崎忠男, "DLCコーティングの市場性", *NEW DIAMOND*, **26**(1), 16 (2010)
3) 加納眞, "エンジン部品に適用されるDLC膜", 潤滑経済, **496**(4), 26 (2007)
4) ja.wikipedia.org/wiki/日産・HRエンジン
5) Y. Mabuchi, T. Hamada, H. Izumi, Y. Yasuda and M. Kano, The Development of Hydrogen-free DLC-coated Valve-lifter, SAE Paper 2007-01-1752
6) M. Kennedy, S. Hoppe and J. Esser, Piston Ring Coating Reduces Gasoline Engine Friction, *MTZ worldwide*, **73**(5), 40 (2012)
7) M. Kennedy, S. Hoppe and J. Esser, Low Friction Losses With New Piston Ring Coating, *MTZ worldwide*, **75**(4), 24 (2014)
8) https://www.fraunhofer.de/en/press/research-news/2015/June/diamond-like-coatings-save-fuel.html
9) T. Shinyoshi, Y. Fuwa and Y. Ozaki, Wear Analysis of DLC Coating in Oil Containing Mo-DTC, JSAE20077103, SAE2007-01-1969
10) H. A. Tasdemir, M. Wakayama, T. Tokoroyama, H. Kousaka, N. Umehara, Y. Mabuchi and

T. Higuchi, Wear behavior of tetrahedral amorphous diamond-like carbon (ta-C DLC) in additive containing lubricants, *Wear*, **307**, 1 (2013)

11) H. Okubo, C. Tadokoro and S. Sasaki, Tribological properties of a tetrahedral amorphous carbon (ta-C) film under boundary lubrication in the presence of organic friction modifiers and zinc dialkyldithiophosphate (ZDDP), *Wear*, **332-333**, 1293 (2015)

12) 加納眞, 髙木真一, "表面処理, 熱処理技術の動向", 潤滑経済, **563**(5), 2 (2012)

13) 加納眞, 自動車部品への展開－エンジン部品関係－, *NEW DIAMOND*, **26**(1), 59 (2010)

14) http://techon.nikkeibp.co.jp/atcl/car/15/101300015/101300008/新型プリウス, 40km/Lを目指すエンジンの低燃費技術

15) M. Kano, J. M. Martin, K. Yoshida and M. I. De Barros Bouchet, "Super-low frictionof ta-C coating in presence of oleic acid, *Friction*, **2**(2), 156 (2014)

16) K. Yoshida, M. Kano and M. Masuko, "Effect of polar groups in lubricants on sliding speed dependent friction coefficients of DLC coatings, *Tribology*, **9**(1), 54 (2015)

4 UBMS装置によるDLC膜の最前線

赤理孝一郎*

　PVD（物理的蒸着）法の代表的な手法であるスパッタ法は，多様な膜種に対応でき，平滑な皮膜を精密に制御して成膜できることから，半導体・電子機能部品分野から装飾用皮膜分野まで幅広い産業分野で利用されているコーティング法である。ただ，皮膜形成粒子のエネルギーが低いため，強固な密着性や耐摩耗性が要求されるハードコーティング分野には不向きとされていた。UBMS（Unbalanced Magnetron Sputtering：アンバランスドマグネトロンスパッタ）法は，この弱点を改善するために1980年代後半に提案されたスパッタ法であり[1]，当初，欧米を中心に金属窒化膜の特性改善が検討されていた[2]。日本国内では当社がいち早く1998年にUBMS装置を商品化したが，UBMS法の特長がDLC（ダイヤモンドライクカーボン）膜の形成法としても適していると考え，主に自動車・機械部品や金型・工具分野向けのDLC膜形成プロセスとして皮膜開発と用途開発を進めてきた。本稿では，UBMSプロセスによる高機能DLC膜とUBMS装置をプラットフォームとしたDLC形成プロセスの展開について最近の開発成果を中心に紹介する。

4.1 UBMS法の原理と特長

　スパッタ法は，固体表面に高エネルギーイオンを衝突させた時に起きる"スパッタ"現象を利用して，固体状の皮膜材料（以下，ターゲットと呼ぶ）を気化する，PVD法の一種である。図1にプロセスの原理図を示すが，まずArなど不活性ガスを導入した真空中で，ターゲットを陰極として高電圧を印加し，Arのグロー放電プラズマを発生させる。プラズマ中のArイオンは加速されターゲット表面に衝突し，ターゲット原子／分子を弾き飛ばし，これが対向して配置された基板（被コーティング物）上に堆積し，薄膜を形成する。ターゲットから弾き出された皮膜形成粒子はほとんど電気的には中性で，そのエネルギーは平均数eV程度と低く，スパッタ法がハードコーティングに不向きな要因となっていた。UBMS法はこのスパッタ法の弱点を改善するために，より積極的にイオン照射の導入を図った改善型のスパッタ法である。従来からスパッタ法では高密度プラズマをターゲット前面に形成するために，ターゲット背面に配置した一対の永久磁石による磁場を利用する，マグネトロンスパッタが一般的であった。UBMS法の特長は，図1に示すように，外側磁極と内側磁極の磁場強度を意図的に崩した"非平衡磁場"とすることで，外側磁極からの磁力線の一部が基板方向に伸び，プラズマが磁力線に沿って基板方向に拡散しやすくした点である。基材近傍に存在するArイオン量が増え，皮膜形成中に基板に印加したバイアス電圧によりArイオンを制御されたエネルギーで照射することができる。ターゲットからスパッタされた皮膜形成粒子自体のイオン化率や成膜速度には大きな変化はないが，Arイオンに

---

*　Koichiro Akari　㈱神戸製鋼所　機械事業部門産業機械事業部　高機能商品部技術室次長

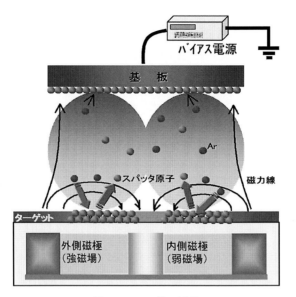

図1　UBMS法の原理

よるイオンアシスト効果の増大により，皮膜の各種特性（組成，構造，密着性，表面性状など）が制御可能となり，用途に応じた高品質皮膜が形成可能である。

4.2　UBMS装置によるDLC形成プロセス

当社は1998年に国内メーカーで最初にUBMS装置を上市し，既に50機以上の販売実績を有している。汎用バッチ式UBMS装置として，研究開発用小型装置（UBMS202）から量産用大型装置（UBMS707）まで3種類の装置をラインナップしている。UBMS装置の例として，大型装置UBMS707の装置外観を図2に示す。UBMS707では生産性を最大とするために，断面形状が略八面体の真空チャンバの七面に角型のUBMタイプのスパッタ蒸発源が7式標準で搭載されている。スパッタ蒸発源には平板状ターゲット（幅127mm×長さ1018mm）が装備され，チャンバ中央に配置された12軸の自公転式ワークテーブル上にϕ700mm×高さ800mmの有効処理空間を有している。

本装置を用いたDLC膜形成プロセスについて簡単に説明する。まず，表面を十分に洗浄した基板をワークテーブル上に適切な治具を用いて搭載した後，テーブルをチャンバ内にセットし，自動運転を開始する。処理は予め作成されたレシピに従い，真空排気→加熱→ボンバード→中間層形成→DLC層形成→冷却・ベントの工程を自動的に進む。真空排気ではベース圧力として10^{-3}Pa台の高真空まで排気した後，チャンバに内蔵したヒータによる加熱を行い，基材やチャンバ表面からの脱ガスを行う。DLC処理での基材温度は通常150～250℃であるが，基材の焼き戻し温度などの制約に応じて，処理温度は制御することが可能である。次のボンバード工程は，Arイオンにより基材表面をエッチングしてクリーニングする工程である。UBMS装置にはボン

第2章　機械的応用展開

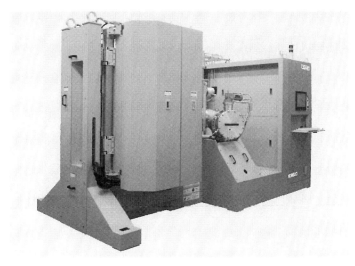

図2　UBMS707装置

バード時に高密度のArプラズマを形成するための熱フィラメント型プラズマ源が搭載されている。ボンバード終了後，コーティング工程となるが，DLC膜形成では皮膜の密着性確保のための中間層を形成した後，DLC層形成となる。UBMS707装置では7面のスパッタ源の内，標準的には4～5面にカーボンターゲットを搭載し，残り2～3面に中間層用金属ターゲットを搭載する。中間層形成段階では複数の蒸発源のスパッタ電力を精密に制御しながら同時に運転することで傾斜組成を形成することができる。また，DLC層形成時にはバイアス電圧とプロセスガス条件（Arと炭化物ガスの混合比）を主なパラメータとして，DLC膜の特性を変更することができる。

4.3　UBMS法による高機能DLC膜の形成

UBMS法によるDLC膜の特長として，1）中間層による高密着性，2）硬度制御性，3）組成制御性の3点があることをこれまでにも報告している[3]が，それぞれの項目について，DLC膜をより高機能化していくための最近の検討結果を紹介する。

4.3.1　中間層による高密着性

DLC膜の実用化における最大の課題は基材との密着性であり，特に信頼性が重視される自動車・機械部品分野での適用を阻む大きな壁となっていた。しかし，DLC膜の密着性の悪さは，DLC膜が硬いことや相手材と凝着しにくいという，本来長所となる特性に起因するもので，本質的な課題と言える。当社ではその対策としてUBMS法の特性を生かし，基材材質に応じた最適な中間層を基材とDLC層の間に設ける方法を採用している。自動車部品などに用いられる鉄系基材に対する中間層としては，Cr／Cr-W傾斜組成層／W層／W-C傾斜組成層による複合型中間層が最も高い密着性を得られ，レース用エンジン部品や燃料噴射系部品へ適用され，その高い信

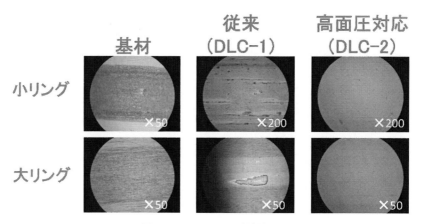

図3　トラクション試験結果

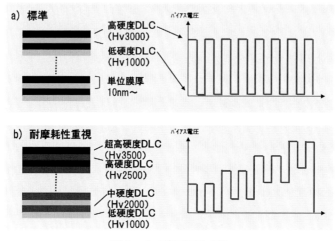

図4　ナノ積層型DLC膜

頼性が確認されている。一方，部品の使用環境が厳しくなり摺動時の面圧が非常に高くなってきた場合，DLC層ではなく，中間層部にも強度が要求されるケースがある。当社では中間層の特にW-C傾斜組成部のバイアス電圧やガス条件を最適化し，高面圧に耐える検討を行ってきたが，結果の一例を図3に示す。これはトラクション試験を最大面圧2.8GPaの条件下で行ったもので，従来のUBMS法による中間層＋高硬度DLC（DLC1）では，DLC膜の摩耗よりは中間層部を起点とした皮膜の欠落が起きているが，中間層部の条件を最適化し，さらに高硬度化したDLC2では2.8GPaの面圧に対しても損傷がなく，中間層＋DLC層のシステムとして耐面圧性が向上していることが確認された。改善した中間層条件はレース用部品向けに適用されている。

4.3.2　硬度制御性

UBMS法ではArイオンのアシスト効果を利用して，基板のバイアス電圧により，DLC膜の硬

第2章　機械的応用展開

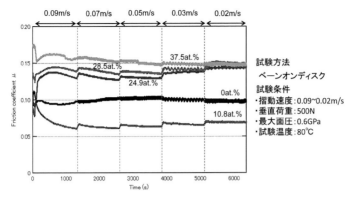

図5　水素含有量と摩擦特性

度を約Hv1,000～3,500の範囲で制御可能である。また，バイアス電圧を周期的に変化させることで，低硬度DLC層と高硬度DLC層をナノオーダの厚さで積層したナノ積層型DLC膜も形成可能である[4]。摺動性と耐摩耗性の両立を図り，膜靱性を向上させる効果が得られ，軸受など機械部品への適用例がある。このナノ積層型DLC膜は用途に応じて更にいろいろなチューニングも可能で，一例としてより耐摩耗性を重視しつつ，膜靱性も確保したい場合の改善例を図4に示す。ナノ積層型DLC膜の構造とそれを形成する場合のバイアス電圧の変化パターンを示している。a)のナノ積層型DLCでは一定の低バイアス電圧と高バイアス電圧間を周期的に繰り返し低硬度／高硬度DLC膜を積層しているが，耐摩耗性重視型ではバイアス電圧を周期的に上下させつつ，全体のレベルを徐々に上げていくパターンを取る。これにより低硬度／高硬度DLC膜が積層しつつ，表層側に向けて徐々に平均的な硬度が上昇する積層DLC膜が可能となる。この耐摩耗性重視型積層DLC膜はレースエンジン用ピストンピンへの適用実績がある。

硬度については逆に非常に低硬度DLC膜の適用例もある。バイアス電圧を従来よりも低い－30～－40Vに設定することで，Hv800程度の低硬度が得られ，摺動性を重視して，相手攻撃性を抑えることが可能となる。かなりグラファイトよりのDLC膜であるが，この領域のDLC膜を安定して形成できるのもUBMS法の特長と言える。

4.3.3　組成制御性

固体ターゲットからDLC膜を形成するUBMS法では，Arガスによるスパッタプロセス中にメタンなどの炭化物ガスを導入し，その量を制御することで，水素フリーDLC膜から水素含有DLC膜まで，水素含有量を制御することができる。DLC膜の自動車部品向け適用例としては，PVD法による水素フリーDLC膜の摩擦係数低減が報告され[5]，バルブリフタなどへの適用が進んでいる。UBMS法によるDLC膜についても水素含有量とエンジンオイル中での摩擦特性について詳細に検討しており，その結果の一例を図5に示す。ベースオイル（PAO）中での摺動試験では，水素フリーDLC膜よりも，水素を約10at%含有したDLC膜が低μを示すことが確認された。エンジンオイルの添加材成分によって水素量の影響が異なることも確認されており[6]，UBMS法

は水素含有量を制御することで，潤滑条件に応じた低摩擦化に適していると言える。また，エンジンオイル中の低摩擦化に対して，UBMS法によるTiドープDLC膜による摩擦係数低下が報告されている[7]が，ナノ結晶のTiCを含有したDLC層とDLC層のナノ積層構造とすることで，MoDTC添加油中での摩擦，摩耗特性の改善も報告されている[8]。幅広い元素をドープ元素として選択でき，その含有量を正確に制御できるUBMS法はドープ型DLC膜の形成にも最適な手法である。

4.4 UBMS装置によるDLC膜の展開

前項までで紹介したようにUBMS法は高機能なDLC膜形成に適したプロセスであるが，UBMS法の課題は，形成できるDLC膜の硬度の制限と成膜速度である。硬度については，UBMSプロセスのイオンアシスト効果により最大Hv4,000程度まで高硬度化できるが，バイアス電圧や水素量条件を最適化しても，それ以上の硬度は得ることができない。DLC膜中のsp^3（ダイヤモンド結合）の比率が約40％程度までしか上げられないためである。より高いsp^3比率を持ち，ダイヤモンドに近い硬度を持つta-C（テトラヘドラルアモルファスカーボン）膜は，皮膜形成粒子自体がイオン化している，アークイオンプレーティング（AIP）法によって主に形成されている。一方，成膜速度についてはガスを原料としてDLC膜を形成するプラズマCVD法が優れており，コストが重視される自動車部品の量産処理では，プラズマCVD法の適用が進んでいた。当社はUBMS法の高密着性，信頼性を生かしつつ，上記の課題に対応するため，UBMS装置をプラットフォームとして，DLC成膜プロセスをAIP法やプラズマCVD法に展開する検討を進めてきた。以下にそれぞれの展開について最新の開発状況を紹介する。

4.4.1 UBMS＋AIP

当社はAIP（アークイオンプレーティング）装置メーカーとして，UBMS装置以上の納入実績を有しているが，これまでDLC膜形成はUBMSプロセスを適用してきた。AIP法によるDLC膜形成はta-C膜など高硬度のDLC膜が形成できるが，カーボンターゲットのアーク放電は非常に不安定で，工業的利用には信頼性のある蒸発源の開発が必要だったためである。しかし，昨年，カーボン用新型アーク蒸発源として，丸棒型蒸発源を開発に成功し，ターゲットの均一な消耗や長時間の安定放電と従来よりも平滑なta-C膜形成が可能であることを確認できた[9]。当社では既にUBMSプロセスとAIPプロセスを1つの装置で行える複合成膜装置を商品化しているが，開発したカーボン用新型アーク蒸発源をUBMS装置に搭載することで，UBMS法による中間層の適用による高密着性やUBMS法によるDLCとAIP法による高硬度DLC膜の複合化など，より高機能なDLC膜の形成が可能となる。

4.4.2 UBMS＋プラズマCVD

UBMS装置をプラットフォームとしてプラズマCVDによるDLC形成を行い，生産性を改善する検討も行ってきた。図6に中型UBMS504装置をベースとして2種類のプラズマCVDプロセスを行うための構成を示す。a）はUBMS装置が標準的に搭載しているパルスDC型バイアス電源を

第2章　機械的応用展開

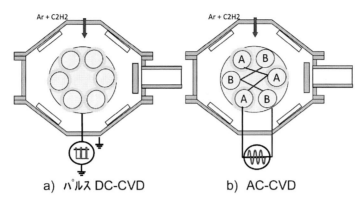

a) パルス DC-CVD　　　b) AC-CVD

図6　UBMS装置によるプラズマCVD

用いて，ワークテーブルに高電圧を印加してプラズマを発生させるもので，ほぼ標準のUBMS装置を使用できる。一方，b) は当社が独自に開発したプラズマCVDプロセスで，ワークテーブル上の基材を2つのグループに分けて，その間に交流電源からバイアス電圧を印加する。a) と異なり，チャンバは放電の電極として作用せず，基材同士が陽極，陰極となる。この場合，専用のテーブルと電源が必要となるが，絶縁性のDLC膜を形成する際に，長時間安定した放電が可能で$20\mu m$以上の厚膜の形成に有利である。いずれのプラズマCVDによるDLC膜を形成する場合も，UBMS法による中間層が適用され，高い密着性が確認されている。

4.5　おわりに

本稿では，UBMS装置を用いた高機能DLC膜と，UBMS装置をプラットフォームとしたAIP法やプラズマCVD法によるDLC膜への展開について紹介した。UBMS法，AIP法，プラズマCVD法はDLC膜の主要な形成法であり，それぞれの長所，短所がある。これまではそれぞれに適用分野が検討されてきているが，より高度な膜特性や生産性の要求に対応するためには，単独のプロセスでなく，複合的なプロセスが必要となってくる。今後UBMS装置をベースとした複合DLCプロセスにより，更にDLC膜の適用分野拡大を目指していきたい。

文　　献

1)　B. Windows *et al.*, *J. Vac. Sci. Tech.*, **A4**(2), 196 (1986)
2)　B. Windows *et al.*, *J. Vac. Sci. Tech.*, **A8**, 1277 (1990)
3)　大竹尚登，DLC膜の応用技術，シーエムシー出版，50 (2007)
4)　E. Iwamura, Processing Mater. for Properties, Sanfrancisco, 263 (2000)

5) Y. Yasuda *et al.*, SAE Paper 2003-1-1101 (2003)
6) 伊藤弘高, プラズマ・核融合学会, **92**(6), 454 (2016)
7) 赤理孝一郎ほか, 日本機械学会材料力学部門分科会2003春シンポジウム資料 (2003)
8) S. Jinno *et al.*, ITC Hiroshima (2011)
9) 赤理孝一郎, 金属, **86**(5), 372 (2016)

5 導電性DLCをコートした燃料電池用セパレータの開発

鈴木泰雄*

5.1 はじめに

　家庭用燃料電池は2015年に量産，自動車用燃料電池はスタートし，2020年に量産が開始されると言われている。自動車用燃料電池の内，スタックのコスト割合は50％で，スタック中で約10％割合を占める金属セパレータについて記述する。現在セパレータの材料はカーボンが使用されているが普及させるためには大幅な低コストが要求されている。自動車用燃料電池セパレータでは機械強度，大幅なコスト低減の観点から金属セパレータが開発されてきた。しかしながら耐食性に劣り接触抵抗が大きいことから，導電性DLCを金属に成膜することが検討されてきた。従来はスパッタ方式でDLCを金属セパレータ（例えばチタン）に成膜することにより，耐食性向上，接触抵抗を低減してきたが，高コストが普及を阻害してきた。低コストのステンレス，アルミ基材は耐食性に難点があり，新技術が待たれていた。弊社は新たなプラズマイオン注入・成膜技術を用いて，ポーラスフリーで高速成膜が出来る技術を開発し，優れた耐食性，超低コストの可能性を見出した。

　導電性DLCは400℃に加熱された金属にカーボンイオンを注入・成膜することにより形成される。この膜はダイヤモンド構造のsp^3リッチでかつポーラスフリーの導電性DLC膜で耐食性に優れる。ステンレスの場合，導電性DLCはpH2，電圧1V，温度80℃条件下での金属溶出はFeで0.02ppm，金属セパレータの有効性を実証した。耐食性に極めて劣るアルミの場合，アルミの表面改質と，導電性DLC，CC（カーボンコンポジット）を成膜することにより，耐食性をクリアーし，セパレータの可能性を現実のものにした。

　また導電性DLC膜はICPプラズマで高速に成膜される。成膜速度5μm/時間で，成膜コストが大幅に低減出来る見通しを得た。A4版サイズセパレータ，枚数5,000万枚／年で，成膜コスト50円／枚をターゲットにインライン型連続生産装置を開発する。

5.2 セパレータに要求される特性
5.2.1 燃料電池の構成

　図1に燃料電池の構成を示す。燃料電池はアノード電極，電解質膜，カソード電極から構成され，この単セルが複数個直列に組み合わせて高い電圧の電池を得る。

①燃料電池は，アノード電極（燃料極），カソード極（空気極），電解質とこれらを挟む両側のセパレータから構成される。

②アノード極は，水素から電子を引き抜く触媒と燃料である水素ガスを拡散させるためのカーボンファイバーからなる拡散層（GDL），並びに集電体として構成されたセパレータとの積層構造から構成される。

---

*　Yasuo Suzuki　㈱プラズマイオンアシスト　代表取締役

③カソード極は，水素イオン（プロトン）と酸素の反応触媒と空気の拡散層（GDL），並びにセパレータとの積層構造で構成される。
④アノード極，カソード極の触媒としては，白金又はテルニウムが使用される。
⑤電解質にはスルホン酸系のプロトン伝導性の固体高分子膜（電解質膜）が用いられる。

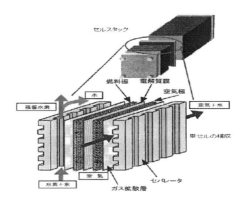

図1　燃料電池の構成

5.2.2　セパレータに要求される特性

セパレータに要求される特性は集電極として導電性であること，燃料，空気極である拡散層（GDL）との接触抵抗が小さいこと，電解質と水の反応で生じた酸性溶液に対する耐食性に強いこと，自動車用燃料電池に特に要求されることはセパレータコストが生産性に優れること，即ち低コストであることである。

5.3　DLCの導電化
5.3.1　DLCとは

DLCはDiamond like Carbonの略称で（図2）ダイヤモンド構造のsp^3とグラファイト構造のsp^2が約50%で構成される。性質はダイヤモンドに類似し絶縁性で，高硬度で耐食性に優れる。

5.3.2　DLCの成膜方法

DLCはスパッタ法，アークイオンプレーティング法が一般的である。いずれも固体カーボンターゲットをスパッタ，アーク蒸発させて膜を形成するので，成膜される膜はポーラス膜となり耐食性に劣ることが避けられない。我々が開発したプラズマイオン注入・成膜法はメタン，アセチレンのガスをプラズマ化して，生成されたCイオンで注入，成膜されるのでポーラスフリーの膜が形成される。この膜は耐食性に優れる。プラズマイオン注入・成膜法（PBIID：Plasma Based Ion implantation and Deposition）[1~5]にはアンテナ方式（CCP：Capacitance coupled Plasma）とICP方式（Inductance Coupled Plasma）があるが高速成膜が可能なICPを利用したPIAD（Plasma Ion Assisted Deposition）によるDLC成膜の概念図を図3に示す。ICP方式の最

第2章 機械的応用展開

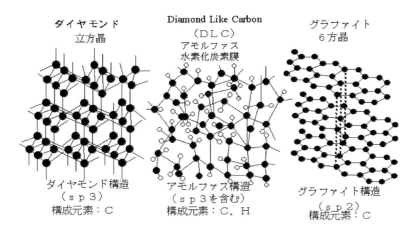

図2 DLCの構成

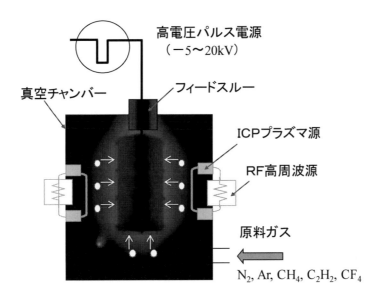

図3 PIADによるDLC成膜の概念図

大の特長はプラズマ密度（～$2 \times 10^{11} cm^{-3}$）が高く，成膜速度（5 μm／時間）が極めて速いことである。

5.3.3 DLCの成膜プロセス

図4に基板へのDLC成膜プロセスを示す。基材はアルミの場合で，先ずアルミの表面の酸化膜をアルゴン（Ar）でスパッタさせ，表面をクリーニングする。次にアルミにシリコン（Si）を高エネルギーで注入し，アルミと化合物を作る。次に高エネルギーで例えばメタン（CH_4），アセチレン（C_2H_2）プラズマ中のカーボン分子イオンを加速注入してアルミ中にSiCを形成させ

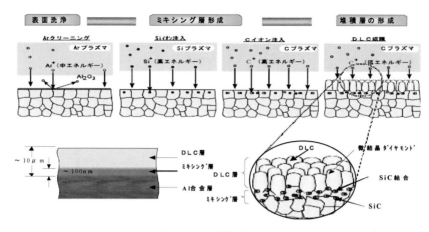

図4　DLC成膜プロセス

る。最後に低エネルギーのカーボン分子イオン，分子ラジカルで注入・成膜させる。

5.3.4　DLCの導電化

　DLCは本来ダイヤモンド構造sp^3の性質が出て絶縁性である。図5に示すように高温350℃下でDLC成膜時にNイオン，Bイオン注入を同時に行うと導電性DLCになる。得られた導電性DLCは数10～80nmの粒状の結晶成長した膜である。体積抵抗率は5mΩ·cm以下である。

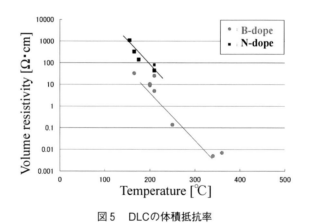

図5　DLCの体積抵抗率

5.4　接触抵抗の低減

5.4.1　接触抵抗の原理

　接触抵抗は基材と導電性DLC間とDLCと空気極，燃料極である拡散層（GDL）間で生じる。前者は基材の酸化膜が主で，酸化膜をプラズマ処理でスパッタ除去した後の接触抵抗で決まる。後者はとセパレータとGDLの接触接点数と基材の体積抵抗率で決まる。

第2章　機械的応用展開

5.4.2　接触抵抗

導電性DLCは数10～80nmの粒状の結晶成長した膜で粒状は剣山状になっており，無数の接点を有し，強く接触することにより接触抵抗を小さくすることが出来た。図6に接触抵抗を示す。5mΩ·cm^{2}以下である。

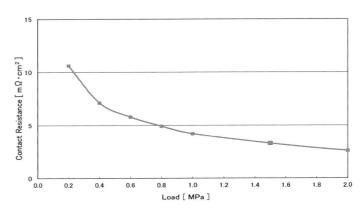

図6　接触抵抗値の測定圧力依存性

5.5　耐食性

5.5.1　導電性DLC膜の構成

導電性DLCは基材がステンレスの場合基材が比較的耐食性に優れているので，DLC150nm膜厚のみで良い。しかし基材がアルミの場合基材表面をエッチングなどでクリーニング処理しても微小欠陥を取り切れないことから，接触抵抗低減膜として導電性DLC50nm，導電性・耐食膜10μm程度のCC（カーボンコンポジット）成膜を必要とする。図7にステンレス（SUS），アルミ（Al）を基材としたセパレータの断面にDLC，CC膜を成膜した断面図を示す。

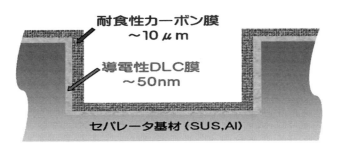

図7　DLC，CC成膜したセパレータ断面図

5.5.2　導電性DLC膜の耐食性

(1)　導電性DLC膜の分極特性

耐食性膜と導電性膜の耐食性を図8に示す。一般のカーボン膜は粒状膜なので粒界があること，グラファイト構造sp^2 richのため硫酸溶液中で，印加電圧で溶解することで耐食性にやや劣る。PIAD法で成膜された耐食性膜はsp^3 rich膜で耐食性に優れ，ステンレスの場合，耐食電流は目標値より一桁低い10^{-7}A／cm^2であった。アルミの場合，目標値を達成した。

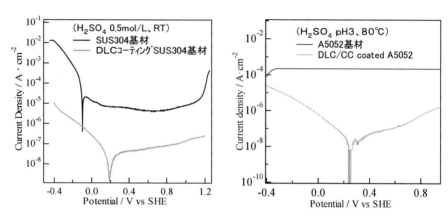

図8　導電DLCをコーティングしたステンレスとアルミの分極試験

(2)　導電性DLC膜の定電位特性

図9にステンレスの場合の定電位特性と金属溶出を示す。硫酸溶液pH2，温度80℃，電圧1V

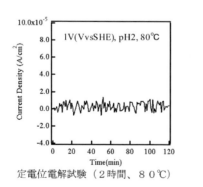
定電位電解試験（2時間、80℃）

表面観察（腐食無し）

Test condition	Metal contents (ppm)			
	Fe	Cr	Ni	Mo
1V, pH2, 80℃	0.02	0	0.002	0

図9　定電位電解試験とICP分析装置による金属溶出試験結果

第2章 機械的応用展開

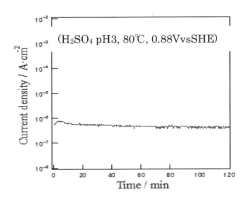

図10 DLC，CC成膜したセアルミの定電位電解試験

での定電位試験では耐食電流は〜10^{-6}A／cm^2であった。Feの金属溶出も0.02ppmであった。図10にアルミの定電位試験の結果を示す。目標値を達成した。

5.6 低コスト
5.6.1 高速成膜装置

セパレータを多数のユニットから構成されるインライン装置で連続生産するための1ユニットを開発した（図11）。正面にDLC成膜用ICP源と両側面にセパレータ搬送，収納機構が取り付けられている。裏面にもICP源が取り付けられ，ICP源の間（間隔16cm）を50cm平方のセパレータが左右に往復運動して，加熱，Arクリーニング，Nイオン注入，CH_4／C_2H_2プロセスを時系列運転して，導電性DLCを高速成膜（5μm／時間）する。

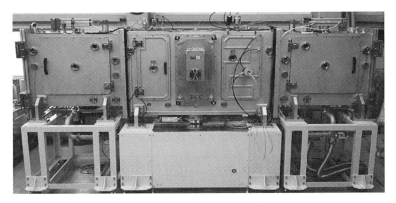

図11 PIAD装置の1ユニット外観図

5.6.2 インライン装置の概念図

開発された1ユニットでの時系列運転を加熱，Arクリーニング，Nイオン注入，CH_4／C_2H_2プ

ロセス室を多数ユニットとして設け，インライン装置にして連続生産する。インライン装置概念図と外観図を図12に示す。

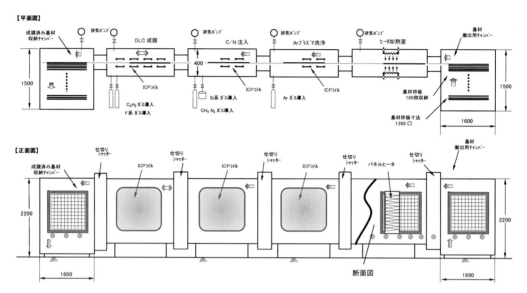

図12　PIADインライン連続生産装置の概念図

5.6.3　成膜速度

ICP源の高密度プラズマで，RF3kWで，ICP源から8cm離れた基材のDLCの成膜速度は5 μm／時間で，40cm幅の膜の均一性は±20％である。

5.6.4　低コスト化

コストは成膜速度に依存する。成膜速度が速いほど成膜コストは安価になる。成膜速度はスパッタ法では1 μm／時間で，PIAD法では5倍の5 μm／時間である。膜厚150nm，A4サイズ，5,000万枚／年で成膜コスト50円が期待される。表1に従来のスパッタ法とPIAD法の性能比較を示す。

表1　スパッタとPIADの比較表

方法	スパッタ	PIAD
媒体	固体カーボン	有機ガス（CH_4, C_2H_2）
成膜方法	スパッタ	プラズマイオン注入
成膜温度	～400℃	350～400℃
接触抵抗	数 m$\Omega\cdot$cm^2	数 m$\Omega\cdot$cm^2
膜質	グラファイト（sp^2 rich）ポーラス有り	DLC（sp^3 rich）ポーラスフリー
成膜速度	～1 μm／hr	～5 μm／hr

第2章　機械的応用展開

5.7　ステンレスセパレータの発電性能
5.7.1　単体セルの発電性能

　SUS316L基材にActive area（電極面積）25cm^{2}の面に導電性DLCをコーティングして単セルでの1,000時間の発電試験を行った。試験条件は表2，装置を図13，発電性能は図14，15に示す。カーボンセパレータと比較して遜色のないデータを得た。

表2　単体セル発電試験条件

電池温度	80℃
加湿温度	80℃
ガス	水素 136ml/min（70%），空気 568ml/min（40%）
電流密度	0.5A/cm^2

図13　単セル試験装置

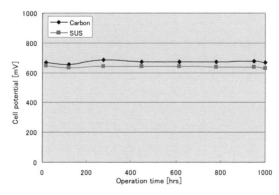

図14　DLCコーティングSUS316Lセパレータとカーボンセパレータの電池電圧比較

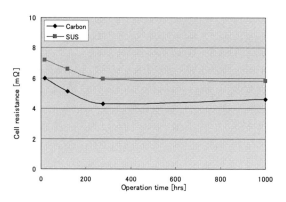

図15　DLCコーティングSUS316Lセパレータとカーボンセパレータの電池抵抗比較

5.7.2　セルスタックの発電性能

SUS316Lに導電性DLCセパレータセル電極面積167cm^2，5セルのスタックで表3の条件で1,000時間の発電試験を行った。試験条件を表3，発電性能は図16，17に示す。発電時間に対する各セルの電池電圧の変化は無く，IV特性の劣化も見られず安定しており，良好な結果を得られた。

表3　スタック発電試験条件

電池温度	80℃
湿度	フル加湿
運転条件	WSS（Weekly Stop & Start）
電流密度	0.3A/cm^2

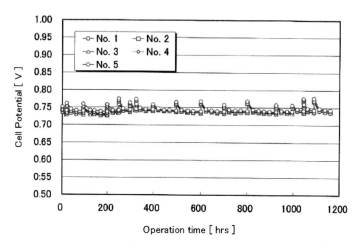

図16　DLCコーティングSUS316Lセパレータの各セル電池電圧比較

第 2 章　機械的応用展開

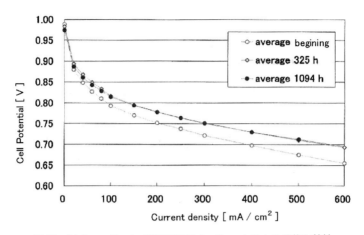

図17　DLCコーティングSUS316Lセパレータのセル平均IV特性

5.8　アルミセパレータの発電性能
5.8.1　セルスタックの発電試験

セパレータセル電極面積：167cm^2，5セルのスタックでSUS316Lと同じ表3の条件でアルミニウム（A5052）で1,000時間の発電試験を行い，発電時間に対する電池電圧（図18）とIV特性の変化（図19）を確認した。やや劣化が見られる。5,000時間の試験継続中。

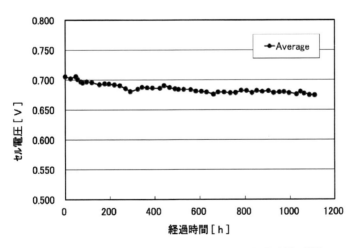

図18　DLCコーティングアルミセパレータの平均電池電圧推移

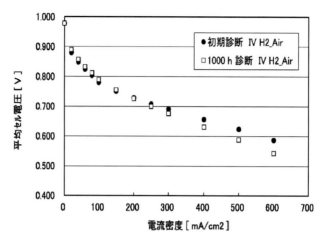

図19　DLCコーティングアルミセパレータのセル平均IV特性

5.9　まとめ

　プラズマイオン注入・成膜技術によって開発された導電性DLCは，空気極，燃料極である拡散層（GDL）とセパレータとの接触抵抗が数$mΩ·cm^2$で，耐食性も$10^{-6}A/cm^2$と優れ，ステンレスの場合Feの金属溶出も0.02ppmであった。ICPプラズマにより高速成膜5 μm／時間が達成され，A4版サイズで導電性DLCの膜厚150nmで5000万枚／年で，成膜コスト50円を視野にインライン連続生産装置を開発する。近い将来ステンレスに代わるアルミセパレータが極めて有望である。

文　　献

1)　J. R Conrad, J. L Radtke, R. A Dodd, F. J Worzala, and C. Tran Ngoc, *J. Appl. Phys.*, **62**(11), 4591-4596（1987）

2)　Y. Suzuki, "Surface Modification of a Solid Body Using 3-Dimensional Ion Implantation Technology" *OYO BUTURI*, **67**(6), 663-667（1998）

3)　Y. Suzuki et el., "Functional and New Material Films by Plasma-Based Ion Implantation and Thin Film Formation" *JIEED Japan*, **45**(2), 30-35（2002）

4)　Y. Suzuki, "DLC Film Formation Technologies by applying Pulse Voltage Coupled with RF Voltage to Complicated 3-dimenntional Substrates and Industrial Application" *IEEJ Trans. EIS.*, **123**(1)（2003）

5)　Y. Suzuki, "DLC Film Formation Technologies by Applying Plus-Minus Pulse Voltage Coupled with RF Voltage and Industrial Application" *JIEED Japan*, **49**(2), 41-46（2006）

6 多層化水素含有DLC膜の特性と応用

熊谷　泰*

6.1 はじめに

　DLC膜は，すぐれたトライボロジー特性（低い摩擦係数と耐摩耗性）と低い処理温度（通常200℃以下）を特徴として，1980年代から摺動部品・金型・切削工具・治工具などに広く適用されてきた。一方で，被膜中の圧縮残留応力が大きく脆性であるため，普及はじめの頃は「すぐ剥がれる」という悪評も多く聞かれた。DLC膜の密着力を改善するために，蒸着やスパッタリングによるAl，Ti，Cr，Si，SiCなどやガス源によるHMDSO（ヘキサメチルジシロキサン）やTMS（テトラメチルシラン）などやこれらを組み合わせた多層中間層など多くの下地中間層が検討され実用されてきた[1]。

　本稿では，フランスHEFグループの開発したマグネトロンスパッタリングとプラズマCVDを組み合わせたハイブリッドプロセスによる多層化水素含有DLC膜の例を紹介する。本プロセスによる多層化DLC膜は，動弁系摺動部品（バルブリフター，ロッカーアーム，カムシャフト）やピストンピンなどの自動車エンジン部品および各種金属塑性加工金型に広く採用されている。

6.2 成膜装置とプロセス

　図1にHEF製多層化DLC膜成膜装置の模式図を示す。マグネトロンスパッタリングカソードおよび窒化物成膜用プラズマ源を用いてCrなどの金属およびCrNなどの窒化物セラミック被膜が成膜可能である。独立したプラズマ源は，カソード源に取り付けたターゲット材料のイオン化にはほとんど寄与しないが，スパッタ速度とArやN_2などのガス種のイオン化率を独立に制御できる利点がある。これはDLCの特徴である低温成膜を多層膜においても実現するためにも有利である。水素含有DLC膜は，DLC用のプラズマ源を用いたプラズマCVDプロセスによりアセチレンなどの炭化水素ガスを用いて成膜される。同時にTMSやHMDSOを導入することによりSi含有DLC層を形成することができる。またスパッタリングカソードを2箇所に取り付けることにより異なる金属源の利用が可能である。

　図2に本装置を用いて成膜可能な多層化水素含有DLC膜の被膜構成例を示す。いずれも鋼母材との界面には薄い金属Cr下地層を有し，その上にCrN中間層を介してSi含有傾斜組成DLC層から表面DLC層に移行する被膜システムと，WC中間層を介してW含有傾斜組成DLC層から表面DLC層に移行する被膜システムの2つの例である。どちらも後述するように多層化によりDLC膜の密着力および耐荷重性能が向上し，高面圧下で使用される動弁系エンジン部品やピストンピンでの実用が可能になった。

---

*　Tai Kumagai　ナノコート・ティーエス㈱　代表取締役社長

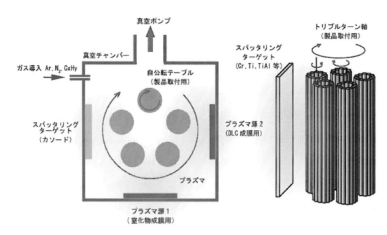

図1　多層化水素含有DLC膜成膜装置の模式図

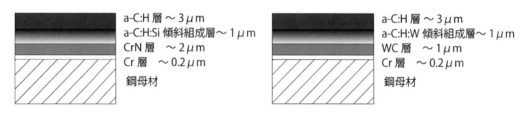

図2　多層化水素含有DLC膜の膜構成例
（左：Cr/CrN中間層，右：Cr/WC中間層）

6.3　密着力評価

多層化による密着力向上の効果を見るために，スクラッチ試験およびロックウェル圧痕試験による比較を図3・図4に示す。図3（a）はSUJ2母材上のCr/CrN中間層の有無による比較，図3（b）はSKH51母材上のCr/CrN中間層とCr/WC中間層の比較である。AE（アコースティック・エミッション）による臨界荷重LcAEは，脆性なDLC層に発生するクラックに起因するものでDLC膜の耐クラック性の指標になる。一方，摩擦力の傾きの変化による臨界荷重LcFFは，ダイヤモンド圧子下のDLC膜が消失し下地層や母材と接触しはじめる垂直荷重に対応し，密着力の指標となるものである。

Cr/CrN中間層では，LcAE・LcFFともに約50%のLc値増加が見られる。図4に示すように，中間層なしではLcAE値付近で圧子進行方向に対してななめ前方に伸びるシェブロンクラックと呼ばれるクラックの間に母材に達する剥離が観察される。またLcFF値付近ではスクラッチ痕エッジ部に沿って剥離が見られる。一方中間層ありでは，LcAE値付近でシェブロンクラックは観察されるが，クラックの間に剥離は見られずスクラッチ痕エッジ部に貝殻状の剥離が見られる。同様にLcFF値付近でもエッジの貝殻状剥離は見られるが，エッジ部に沿った長く連続する剥離は見られない。ロックウェルCスケール（HRC）圧痕試験でも，中間層なしでは圧痕周辺に

第2章　機械的応用展開

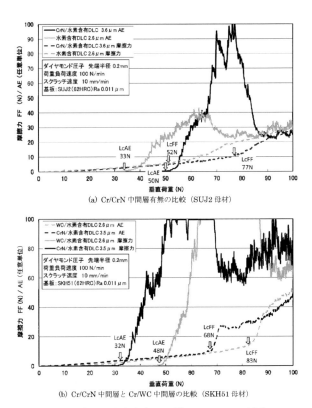

図3　多層化水素含有DLC膜のスクラッチ試験

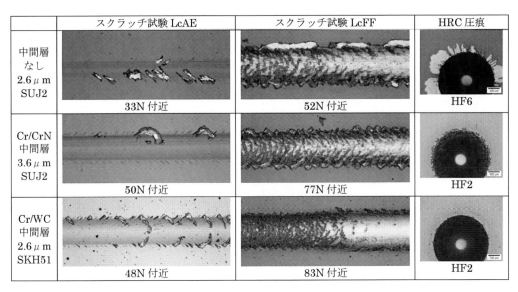

図4　Cr/CrN中間層有無によるスクラッチ痕およびHRC圧痕比較
（スクラッチ痕は右側が荷重増加方向）

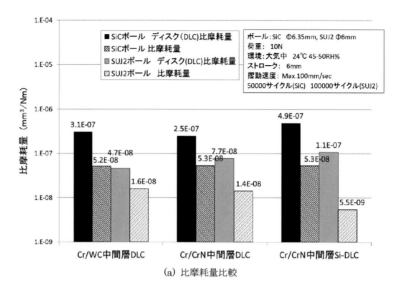

(a) 比摩耗量比較

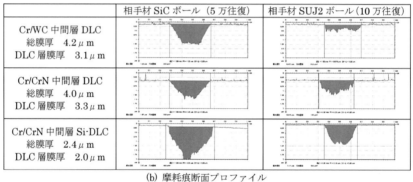

(b) 摩耗痕断面プロファイル
（フルスケール　縦軸：2μm、横軸：1mm）

図5　ボール・オン・ディスク往復動摩擦摩耗試験による比摩耗量比較

大面積の剥離が広がっておりVDI3198規格で最低ランクのHF6であるのに対して，中間層ありではHF2と良好である。

SKH51母材上のCr/CrN中間層とCr/WC中間層の比較では，Cr/WC中間層の方がLcAEで約50%，LcFFで約20%のLc値増加が見られるが，本比較試験でのSKH51母材上のCr/CrN中間層はSUJ2母材上より低い臨界荷重であり，SKH51母材上のCr/CrN中間層DLC膜は，表面にパーティクルが多かったため，中間層材質の違いによる差異かどうかさらに検討が必要である。

6.4　トライボロジー特性

図5に大気中無潤滑下でのボール・オン・ディスク往復動摩擦摩耗試験の結果を示す。ボールにはSiCおよびSUJ2を用い，鏡面研磨されたSKH51母材にDLCコートをおこなった。SiCボール

第2章　機械的応用展開

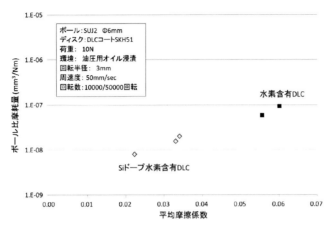

図6　油圧機器用オイル中の摩擦係数とボール比摩耗量
（ボール・オン・ディスク回転摩擦摩耗試験）

では摩耗粉の影響が少なくアブレシブ摩耗が正しく評価可能であるのに対して，SUJ2ボールでは摩耗粉がディスク摩耗量に影響する場合がある。本試験でのCr/CrN中間層DLCとCr/WC中間層DLCの耐摩耗性および相手材攻撃性は，SiCボール・SUJ2ボールどちらに対してもほぼ同等と考えられる。SUJ2ボールに対する比摩耗量は中間層材質を問わず10^{-8}mm^3/Nm台でありDLCの中でもすぐれた耐摩耗性を示している。一方，表面DLC層に約20at.%のSiを含有するCr/CrN中間層Si-DLCでは，ディスク比摩耗量はやや増加するが相手材SUJ2ボールに対する攻撃性は顕著に減少する。

SiCボールとSUJ2ボールの比較では，SiCボールはSUJ2ボールより硬いにもかかわらず比摩耗量がSUJ2ボールより大きいことが注目される。ディスクとボールの合計比摩耗量は，SUJ2ボールの方が小さく，DLCは鋼との大気中での無潤滑摩擦条件で有効な表面改質手法であることが示唆される。ただしDLCの大気中無潤滑での比摩耗量は試料温度の上昇により急激に増加することが知られており注意が必要である。

図6に油圧機器用オイル中でのCr/CrN中間層DLCとCr/CrN中間層Si-DLCの摩擦係数とSUJ2ボール比摩耗量の比較を示す。表面DLC層へのSiドープにより油中での摩擦係数が低下し，大気中と同様に相手材攻撃性が減少することがわかる。油中でのDLCの使用にSiドープが有効な手法であると考えられる。

6.5　実用例

表1に自動車部品を除く金型・治工具への多層化水素含有DLC膜の実用例を示す。従来CVD法によるTiC被膜が利用されていた厚さ2mmのステンレス鋼のバーリング加工や自動車用鋼部品の冷間鍛造金型など，密着力が特に重要な過酷な条件で使用される金型への実用が広がっている。

DLCの基礎と応用展開

表1 多層化水素含有DLC膜の実用例

産業分野	品名	母材材質	摺動相手材	比較材	改善効果
飲料製缶	スピナー	超硬合金	アルミ缶	他社DLC	保守作業の大幅軽減
空調機器	拡管プラグ	鋼/硬質Crめっき	銅管	硬質Crめっき	保守作業の大幅軽減（→6ヶ月）
板金プレス	バーリングパンチ	SKD	SUS〜2mmt	CVD TiC	焼付き防止
板金プレス	曲げパンチ	SKD	塗装鋼板	他社DLC	凝着防止
半導体後工程	フォーミング金型	超硬合金	リードフレーム	他社DLC	凝着防止
電池製造	かしめ金型	超硬合金	アルミ	他社DLC	凝着防止
自動車部品	冷間鍛造マンドレル	工具鋼	鋼	他社コート	寿命約2倍
工作機械	治具	鋼	工具鋼	他社DLC	保持精度維持・焼付き防止

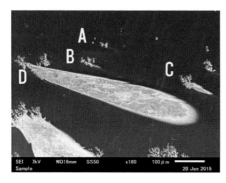 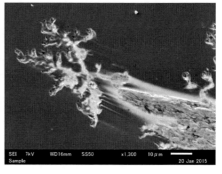

図7 アルミ合金被加工材の繰り返し摺動によるDLCの損傷形態
（左：スケール100μm，右：D部左端の拡大，スケール10μm）

　図7にアルミ合金被加工材との繰り返し摺動による超硬合金金型DLC膜の損傷例のSEM像を示す。損傷はA，B，C，Dの順に進行しており，さんごの枝状の局所的なDLC層の脱落で始まり，脱落部にアルミが凝着するとともに被加工材の摺動方向に摩耗痕が広がっている。DLC層の脱落は中間層とDLC層の界面で発生しており，繰り返し摺動による界面の疲労破壊により発生している可能性があるため，中間層材質を変更して試験をおこなったが損傷形態に変化はなく，耐久寿命はDLC層の膜厚に依存していることがわかった。このような損傷が疲労によるものかは明確ではなく今後損傷機構の解明が必要である。

6.6 おわりに
　多層化水素含有DLC膜は，高密着力と高い耐荷重性能により高面圧下で使用される自動車部

第2章　機械的応用展開

品や金型・治工具へと用途を広げている。今後，使用環境に応じて，DLC層内の水素含有量や金属ドープ量を制御し，疲労強度にすぐれた母材／中間層／DLC層界面を形成することにより，さらに実用化が進むことが期待される。

文　　献

1) 寺山暢之, メカニカルサーフェス・テック, **30**, 24 (2016)

7 DLC-Si膜の電動ウォータポンプシャフトへの適用

森　広行*

7.1 はじめに

　近年，地球温暖化防止の観点から，CO_2削減の要求が高まっており，自動車業界においても乗用車の燃費向上や生産プロセスにおける高効率化が求められている。2015年トヨタ自動車が「環境チャレンジ2050」[1]を掲げ，新車平均のCO_2排出量を90％削減に向けて取り組むことを目標としている。エンジンのみの車からハイブリッド，プラグインハイブリッド，燃料電池車，電気自動車が主流となる方向に進むと予想される。現在，企業や研究機関において燃費向上に向けた研究開発が実施され，燃料電池や2次電池等の新動力源を用いた車両開発，車両全体にわたっての高効率化や，エネルギー回生機構を含む電気モータを使用したハイブリッド方式による効率向上が進められている[2]。

　ここでは，ハイブリッド車による電動化の一例として電動ウォーターポンプを挙げる。ウォーターポンプとは，エンジンを冷却するための冷却水を循環させるポンプであり，エンジンの動力を利用した機械式のウォーターポンプが一般的である。機械式のウォーターポンプは，出力する水の量がエンジンの回転数に比例して増加する構造となっており，循環させる冷却水の量を任意にコントロールするのが難しいため，ハイブリッド車のモーター走行時のエンジン回転が停止する場面での冷却などを考える上で課題となっている[3]。ハイブリッド車用ウォーターポンプを実現するためには，エンジンの動力を利用しない電動化が必要となる。そのため，電動ウォーターポンプの摺動部において，過酷な冷却水環境に耐えうる耐摩耗性と，世界中のあらゆる水における防食性の両立を目指したトライボ・防食設計を開発することが必要であった。

　ウォーターポンプのシャフトの摺動部には，未処理の金属系材料をそのまま使用することはできない。現在，市場に存在するウォーターポンプでは，Si系セラミックス（SiC，Si_3N_4）が摺動部分に使用されている[4]が，これらの材料は概して高価である。安価で加工性に優れる鋼を基材とし，水潤滑性を有する表面処理を適用することでウォーターポンプシャフトの摺動部の低摩擦・耐摩耗性を付与することが求められる。

　そこで，ダイヤモンドライクカーボン（Diamond-Like Carbon：以下，DLCと表記）が，低摩擦特性と耐摩耗性の両特性を満たす被膜として最も期待される[5]。筆者らは，その中でも大気中無潤滑下においてSiを含有したDLC（以下，DLC-Si[6]と表記）被膜が，各種DLC被膜よりも低摩擦特性を発現することを報告している[6]。ここで，DLC-Siをウォーターポンプの摺動部品（シャフト）へ応用する際，成膜の処理コストおよび基材との密着性の確保が課題である。それらに対して，最も低コストで大量処理が可能な方法として直流プラズマCVD法[7]を選択し，課題となる基材との密着性について簡便な密着性向上手法を開発している[8]。また，シャフトの表面処理には，世界中のあらゆる水に対する防食性が求められている。ウォーターポンプには，水

---

*　Hiroyuki Mori　㈱豊田中央研究所　材料・プロセス1部　表面改質研究室

第2章　機械的応用展開

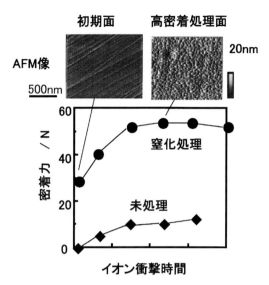

図1　イオン衝撃時間とDLC-Si膜の密着力および鋼材表面のAFM像

道水が使用される場合もあり，塩素を多く含むことから腐食の問題が生じる[9]。DLC-Si膜自身は，耐食性が認められるが，被膜には僅かに欠陥が存在するため，基材を含めて防食性が求められる。このような塩素を含む水を使用した場合においても，表面処理されたシャフトが腐食ゼロであることが必要になる。

本稿では，直流プラズマCVD法により成膜したDLC-Si膜の高密着化技術について紹介するとともに，水潤滑下における耐摩耗性および低摩擦特性に優れる膜組成を提示し，カソード防食に着目した最適な犠牲材の材料選定を進め，DLC-Si被覆されたシャフトのトライボ・防食設計について述べる。

7.2　鋼材への高密着化技術

DLCを機械部品へ応用する際には，基材との密着性が大きな課題となる。従来，DLC膜の密着性向上方法として，炭化物を形成しやすいCr, Ti, W, Si等の中間層[10]を導入する方法が試みられていた。これらの中間層形成法は，主にスパッタリング等が用いられているため，複雑な3次元形状への成膜に対して最適な方法とは言えない。対照的に，気体原料の使用により均一な成膜が可能である直流プラズマCVD装置を用い，かつ同一炉内でDLC-Si膜の密着性向上手法を開発することができれば，量産性に優れ，低コスト化が可能となる。

そこで，鋼材の表面改質としての窒化処理に加えて，イオン衝撃処理に注目した。その理由は，イオン衝撃処理は，基材表面の清浄効果に加え，イオンによる基材のエッチング効果[11]が期待できるからである。イオン衝撃時間とDLC-Si膜の密着力との関係を図1に示す。なお，スクラッチ試験における膜の剥離荷重を密着力と定義した。窒化処理を施した場合は，イオン衝撃

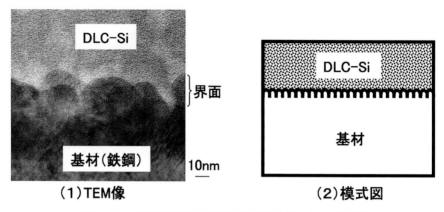

図2　DLC-Si膜/基材界面の透過電子顕微鏡写真とその模式図

時間が長くなるのに伴い密着力は50N以上にまで増加した。そこで、窒化処理およびイオン衝撃処理した表面を原子間力顕微鏡（AFM）で観察した。その結果，図1で示したように初期面では研磨傷が観察されるのに対して，55Nと高い密着力が得られる表面では，約20nmの大きさの微細突起が全面に形成された。図2に高密着化したDLC-Si膜/鋼基材界面の透過電子顕微鏡（TEM）写真および断面模式図を示す。膜/鋼基材界面に，反応層の生成は認められず，約20nmの微細突起が形成された基材界面にDLC-Si膜が入り込み，膜と鋼基材が結合されている。したがって，DLC-Si膜の高い密着力の発現は，窒化処理およびイオン衝撃処理の両者からなる前処理により数10nmの微細な突起が形成され，それによる膜および基材の界面での接触面積の増大と投錨効果に起因するものと推察される。なお，この微細な突起は，窒化処理により得られるFeの窒化物が，熱力学的には不安定なため[12]，イオン衝撃処理においてエッチングされやすいこと，ならびに基材表面に再付着および凝集することによって生成したものと推察される。

また，この前処理技術は，あらゆる鋼材においても数10nmの微細な突起を形成することが可能であり，それによりDLC-Si膜の優れた密着性が得られている。さらに，この高密着化技術は，DLC-Si膜がもつ平滑性を維持することができるため，後加工せずに摺動部品として使用することが可能である。

7.3　DLC-Si膜のトライボジー特性

電動ウォーターポンプの摺動部において，過酷な冷却水環境に耐えうる耐摩耗性と焼付きを生じさせない低摩擦特性の両立が求められる。当所で開発したSi含有のDLC-Si膜は，無潤滑あるいは潤滑油下において低摩擦特性を示すとともに耐摩耗性についても優れている[6,13]。そこで，水潤滑下におけるSi量の異なるDLC-Si膜の摩擦摩耗特性を評価した。図3にDLC-Si膜の摩擦係数と摩耗深さの値を示す。なお，摩擦試験には，ボールオンディスク試験を用いた。試験条件は，荷重10N（最大ヘルツ圧1.3GPa），摺動速度0.2m/s，摺動距離700m一定で水中とした。比較

材としてスパッタリングで作製したDLC膜を用いた。Si量が4～17at.%と広い組成領域でDLC-Si膜の摩擦係数は，0.05～0.07と低い値を示した。一方，DLC膜では0.10とやや高い値を示した。DLC-Si膜の摩耗深さは，Si量が少なくなるとともに小さくなった。Si量の少ない4at.%のDLC-Si膜の摩耗深さは，DLC膜とほぼ同等であった。以上の摩擦係数および摩耗深さの観点から，Si量4at.%のDLC-Si膜が最も摩擦摩耗特性に優れているといえる。

DLC膜以外の耐摩耗性が確保できる硬質な材料および膜として，マルテンサイトステンレス鋼およびCrN膜が挙げられる。水潤滑下におけるDLC-Si膜（Si量：4 at.%），CrN膜および鋼材の摩擦摩耗特性を図4に示す。CrN膜およびSUS440C鋼材は，摩擦係数が0.3を超える高い値を示したが，DLC-Si膜は，それらに比べて0.06と非常に低い値を示した。摩耗深さにおいても，CrN膜とSUS440Cがほぼ同等の摩耗深さに対して，DLC-Si膜の摩耗深さは著しく小さく，耐摩耗性に優れていた。これらの結果から，DLC-Si膜は水潤滑下においても優れた耐摩耗性と低摩擦特性を示すことが明らかとなった。

また，DLC-Si膜の低摩擦発現は，大気中や潤滑油中に存在する水分との反応によるSi-OH基の生成，およびその表面上の吸着水膜の存在に起因するものであることを

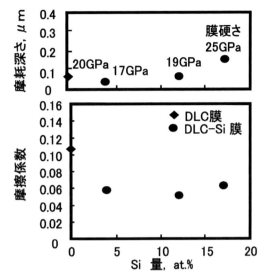

図3　水潤滑下におけるSi量の異なるDLC-Si膜の摩擦係数と耐摩耗性

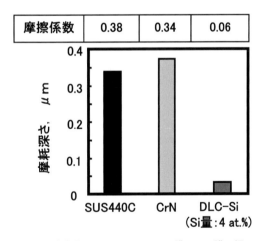

図4　水潤滑下におけるDLC-Si膜，CrN膜，鋼材の耐摩耗性と摩擦係数

報告している[6,13]。さらに，分光エリプソメータによりDLC-Si膜表面の吸着水の膜厚は約4nmであることが明らかとした。筆者らは，吸着水の役割について，この吸着水膜の厚さを摺動部の表面粗さと比較すると1桁以上も小さいことから，DLC-Si膜表面における吸着水は，流体膜としてではなく，境界膜として作用していると考えるのが妥当である。

固体表面の吸着水の挙動について，粕谷らはナノ共振ずり測定および和周波発生分光法（SFG）

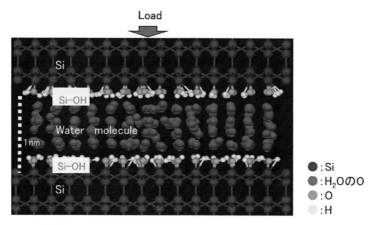

図5　分子動力学シミュレーションによるSi-OH基表面の吸着水挙動

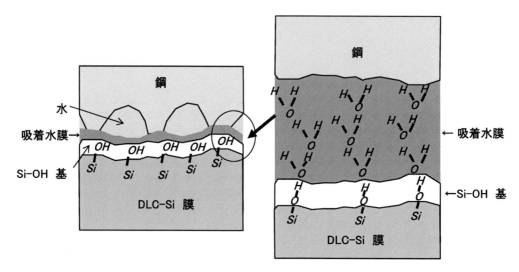

図6　水潤滑下におけるDLC-Si膜の低摩擦表面の模式図

により評価解析している。シリカ表面に挟まれた水膜が，ナノメータオーダの薄い水膜がバルク状態と異なり，構造化されたものとなることを示している[14]。また，鷲津らは，DLC-Siを単純化したSi単結晶表面における水の挙動について分子動力学シミュレーションによる解析を行い，Si-OH基を吸着活性点として，水素結合により構造化された水膜が形成され，この吸着水膜が固体間の接触を防止し得ることを示している（図5）[15]。これらは，DLC-Si膜表面における吸着水膜の作用が，境界膜としての機能によるものであることを支持するものである。今回の水潤滑におけるDLC-Si膜の低摩擦発現についても同様の機構（図6）であると推察される。よって，水潤滑におけるDLC-Si膜の適用は，水が関与した低摩擦発現機構の観点からも，最適な応用例と言える。

第2章　機械的応用展開

表1　NaCl水溶液中における犠牲材の自然浸漬電位

犠牲材	自然浸漬電位 mV vs Ag/AgCl
アルミニウム合金	−652
亜鉛合金	−1001
マグネシウム合金	−1532
SUS304窒化材	−380

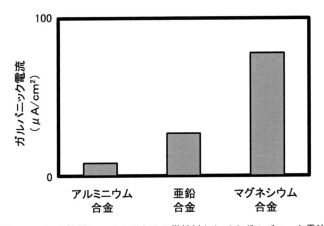

図7　DLC-Si被覆シャフトのための犠牲材としてのガルバニック電流

7.4　防食設計

　ウォーターポンプには，水道水が使用される場合もあり，塩素を多く含むことから腐食の問題が生じる[9]。DLC-Si膜自身は，耐食性が認められるが，被膜には僅かに欠陥が存在するため，基材を含めて防食性が求められる。このような塩素を含む水を使用した場合においても，DLC-Siが被覆されたシャフトが腐食ゼロであることが必要になる。

　DLC-Si被覆シャフトの防食性について，カソード防食に着目した最適な犠牲材の材料選定を検討した。5％NaCl水溶液中における犠牲材の自然浸漬電位の結果を表1に，80℃水道水中のガルバニック電流を測定した結果を図7に示す。表1に示すようにアルミニウム合金，亜鉛合金およびマグネシウム合金のいずれの犠牲材も，DLC-Si被覆する基材となるSUS304窒化材より卑な電位となっている。よって，SUS304窒化材に対して犠牲材として作用することが確認できた。

　次に，犠牲材の実用性を考える上では，腐食量が重要となる。犠牲材としての腐食量を見積もるためにガルバニック電流を測定した。アルミニウム合金のガルバニック電流は，マグネシウム合金の約1/10，亜鉛合金の1/3以下とガルバニック電流が最も小さい。したがって，DLC-Si被覆材であるSUS304窒化材に対してアルミニウム合金が最も消耗量が少なく，優れた犠牲材であることが示された。以上の結果を踏まえて，DLC-Si被覆シャフトと接触させたアルミニウム合金

ハウジングケースを僅かに犠牲腐食させたカソード防食法[16)]を採用することによりDLC-Si被覆シャフトのゼロ腐食が可能となった。

以上の結果についてまとめると，高密着前処理法を施したDLC-Si被覆シャフトは，電動ウォーターポンプ（図8）の実機耐久試験結果において，1万時間の長時間摺動しても膜の焼付きなく，摩耗の少ない状態であることを確認している。また，カソード防食法の採用によりDLC-Si被覆シャフトのゼロ腐食を実現した。

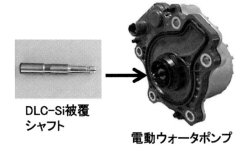

図8 電動ウォータポンプとDLC-Si被覆シャフトの外観写真

本被膜の電動ウォータポンプへの採用によりハイブリッド車の燃費向上に貢献している。

7.5 おわりに

直流プラズマCVD法によるDLC-Si成膜技術は，低コストな大量成膜技術と高密着化技術を確立することで，電動ウォーターポンプのシャフトへ適用できる技術となった。DLC-Si被覆シャフトのトライボ・防食設計技術の開発により高出力ポンプの性能を可能とし，ポンプの電動化を実現した。さらに本被膜の電動ウォータポンプへの採用によりハイブリッド車の燃費向上に貢献している。今後も自動車の低燃費化に貢献する材料として，DLC-Si膜を含むDLC膜が有力な候補材として期待される。

謝辞

DLC-Si被覆シャフトの開発において，㈱アイシン精機 神谷氏，服部氏，伊東氏をはじめ多くの方に感謝致します。DLC-Siの量産技術の開発において，安藤淳二氏，齊藤利幸氏をはじめとする㈱ジェイテクトの方々，橋富弘幸氏をはじめとする㈱CNKの方々には，厚く御礼申し上げます。また，DLC-Si被覆シャフトの試作において，㈱日本電子工業の方々のご協力に感謝致します。また，本研究開発に対して分析・解析頂いた豊田中央研究所分析計測部の関係者のご協力には厚く御礼申し上げます。

文　献

1) トヨタ自動車　トヨタ環境フォーラム　http://newsroom.toyota.co.jp/en/detail/9886860
2) 佐藤登，表面技術，**54**，858（2003）
3) モータファン・イラストレーテッド，別冊，32-33（2009）
4) 日比裕子，"炭化ケイ素，鋼およびアルミニウムと摩擦したアルミニウムの水中での摩擦摩耗特性"，トライボロジスト，**55**(10)，753-762（2010）
5) C. Donnet, "Recent progress on the tribology of doped diamond-like and carbon alloy

coatings", *Surf. Coat. Technol.*, **100-101**, 180-186 (1998)
6) Hiroyuki Mori, *et al.*, "Low friction property and its mechanism of DLC-Si films under dry sliding conditions", *SAE Paper*, 2007-01-1015
7) K. Nakanishi, H. Mori, H. Tachikawa, K.Itou, M. Fujioka, Y. Funaki, "Investigation of DLC-Si coatings in large-scale production using DC-PACVD equipment", *Surf. Coat. Technol.*, **200**, 4277-4281 (2006)
8) H. Mori, H. Tachikawa, "Increased adhesion of diamond-like cabon-Si coatings and its tribological properties", *Surf. Coat. Technol.*, **149**, 225-230 (2002)
9) 真木純, "Al系溶融メッキ鋼板", 表面技術, **62**(1), 20-24 (2011)
10) L. F. Bonetti, *et al.*, *Thin Solid Films*, **515**, 375 (2006)
11) M. M. Morshed, *et al.*, *Surf. Coat. Technol.*, **174-175**, 579 (2003)
12) 金属実験データブック:窒化物の標準生成自由エネルギー参照, 丸善 (2004)
13) 森広行, 高橋直子, 中西和之, 加藤直彦, 大森俊英, トライボロジスト, **54**(1), 40(2009)
14) M. Kasuya, *et al.*, *J. Phys. Chem. C.*, **117**, 20738-20744 (2013)
15) H. Washizu, *et al.*, *J. Phys. Conf. Ser.*, **89**, 012009 (2007)
16) 篠原正, 表面技術, **62**(1), 25 (2011)

8　ta-Cの自動車部品への適用

佐川琢円*

8.1　はじめに

　自動車の燃費規制はエネルギー消費とCO_2排出の削減を目的として，2000年以降日米欧だけでなく各国で規制の強化やインセンティブの導入が進んでいる。

　これらの規制の強化に対応するため自動車用エンジンのエネルギー効率向上が検討されてきており，そのエネルギー効率を向上させる方策として，自動車用部品へのDLC膜適用による低摩擦化が図られてきている。ここでは潤滑油との組み合わせにより顕著な低摩擦効果を発現するta-C膜を適用した事例を取り上げる。

8.2　ta-Cの自動車部品への適用事例
8.2.1　バルブリフタ

　バルブリフタ（図1）はカムによりカムプロフィールに従ってガイド中を直線往復運動して，吸排気バルブを開閉させる部品である。このバルブリフタとカム間の潤滑状態は境界潤滑から混合潤滑状態となるため，耐摩耗性向上や低フリクション化を目的として，バルブリフタ冠面の平滑化や固体潤滑剤の適用が検討されてきた。DLC膜についても1990年代後半以降バルブリフタ向けに検討が開始され，2000年代後半以降は潤滑下での低摩擦特性が確認されているta-C膜によるバルブリフタの採用が進んでいる[1]。

8.2.2　ピストンリング

　ピストンリング（図2）はピストンのリング溝にはめ込み，ピストンとシリンダのすきまをふさぎ，圧縮ガス，高圧燃焼ガスが燃焼室からクランクケースへブローバイガスとして漏れるのを防ぐ。更にはピストンが受けた熱をシリンダ壁に伝え，放熱作用を行う機能やピストンの姿勢を制御する機能がある。近年，自動車用エンジンのピストンリングはコンプレッションリングが2本，オイルコントロールリングの1本の合計3本が使用されている。ピストンリングのフリクションを低減するためには張力低減が有効であるが，張力を下げるとガスシール性能が低下するので，リングの薄幅化で追随性を確保してきた。これに加えて，更なるフリクション低減のため，油膜最適化，表面処理の適用が検討されている[2]。

　従来ピストンリングの表面処理には硬質クロムメッキ，窒化処理，CrNなどが使われているが，耐摩耗性向上が主目的であって低フリクション効果は十分ではない。そこで低フリクション化を目的にta-C膜が適用されている事例がある[3]。

---

*　Takumaru Sagawa　日産自動車㈱　材料技術部　油材・電動材料グループ　主管

第2章　機械的応用展開

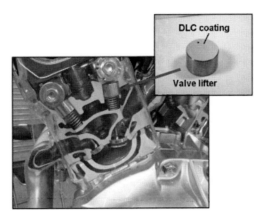

図1　バルブリフタ

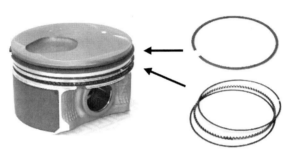

図2　ピストンリング

8.3　ta-C膜における低フリクション化
8.3.1　油性剤による低フリクション化
　ta-C膜は潤滑油中で使用される際，添加剤の組み合わせにより大きく低フリクション化を示す所が他の表面処理と大きく異なっている。図3にピンオンディスクでその低フリクション効果を確認した試験結果を示す。ピンオンディスク試験は700MPa，すべり速度0.03m/sで実施されている。一般的に市場で使用されていたGF-2 5W-30のエンジンオイル中で潤滑した条件において，DLC中の水素量を低減し，ほぼゼロにすると摩擦係数が0.07程度まで低下する。更にエンジンオイル中の添加剤効果を単純化するため，基油をPAO（PolyAlphaOlefin）とし，摩擦調整剤としてGMO（Glycerol Monooleate）を1wt％添加した潤滑油で試験を実施すると，図3で示すように顕著な摩擦低減効果を示すことが確認されている[4]。

8.3.2　高真空下での摩擦試験によるta-C膜低フリクション化メカニズム検討
　図4に示すグリセリンモノオレート（GMO）のようなエステルがta-C膜で摩擦係数を低減するメカニズムとしては，炭素表面でのヒドロキシル化がメカニズムとして提案されている。しかしながら分析の前に表面を洗浄する必要があるため，分析的に証拠が示すことが難しい。そこで

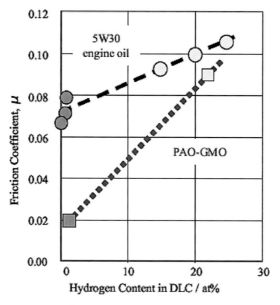

図3　DLC中の水素量低減による摩擦低減[4]

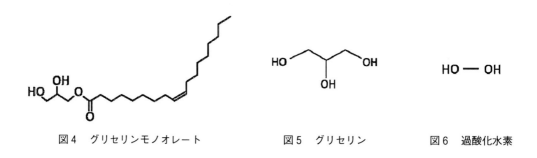

図4　グリセリンモノオレート　　　図5　グリセリン　　　図6　過酸化水素

気相中の潤滑試験装置とコンピューターシミュレーションを使って，この仮説の検証が行われている。ここでは2つの単純な分子が検証に用いられている。一つが重水素を持つグリセリン（図5）で，もう一つが過酸化水素（図6）である。

最初にUHV（Ultra High Vacuum）と呼ぶ高真空状態の10^{-8} hPa減圧下でのta-Cの摩擦挙動を調査した[5]。実験に使用されたテストピースの半球状ピンと平板双方にta-Cコーティングが処理されている。

その結果，図7のa）に示すように，文献6）と同様の高い摩擦係数をすぐに示し，その後ほぼ定常状態となった。これは，最初の摩擦で発生する2つのしゅう動面間における炭素原子のダングリングボンドに起因している。試験の初期段階で1 hPaのグリセリン蒸気を導入したところ，図7のb）に示すように摩擦係数はUHVにおける0.7から0.05に劇的に低下した。これはグリセリン分子が初期のta-C表面間トライボケミカル反応によって摩擦係数を下げるために，摩擦回数

第2章　機械的応用展開

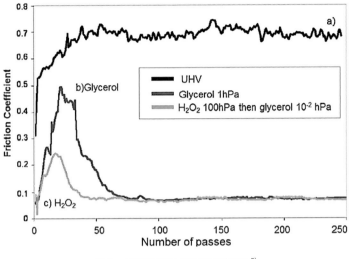

図7　高真空下での摩擦試験結果[5]

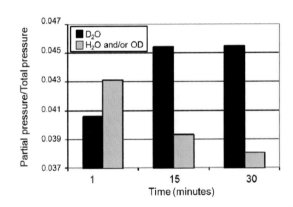

図8　摩擦試験中に発生する質量数18と20の相対ピーク強度[5]

約80回の誘導期間が必要だということを示唆している。この誘導期間の存在の理由を明らかにするために，洗浄したta-C表面を1時間100hPaの過酸化水素ガスに曝露した。その後，過酸化水素を排気した後，同一の試験条件で10^{-2} hPaグリセリン蒸気中で摩擦試験を実施した。その結果を図7のc）に示す。図7のb），および図7のc）に示すグリセリン存在下で実施した試験の定常状態での摩擦係数はほぼ同一であるが，過酸化水素により，図7のc）に示す通り約50回の誘導期間に短縮している。このことはsp^2炭素が多く存在するta-C最表面において，OHを含む分子の存在下でヒドロキシル化が起こり，摩擦を下げる要因となるH/OH末端表面の生成することを示唆している。

　摩擦試験中に発生する気体の組成を同定するためメインチャンバーを分離して残留ガス分析器を使用し，18（H_2O and/or OD）と20（D_2O）のピークに着目した。図8は試験期間中の質量

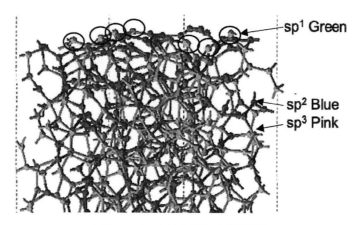

図9 ta-Cにおける表面の原子構造[5]

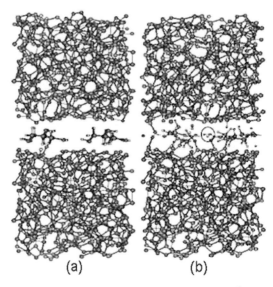

図10 グリセリン分子とta-C表面との摩擦[5]

ピークの変化を示す。試験時間が長くなるにつれて重水（質量数20）によるピークが増加し，一方純水もしくはODによる質量数18のピークが減少していることが明らかになった。これは摩擦中にグリセリンの分解により重水が生成されることを示唆している。

8.3.3 コンピューターシミュレーションによる低フリクション化メカニズム検討

図9は3.24g/cm^{3}のta-C（70.5% sp^3, 29.5% sp^2）を切断し，原子の配置がエネルギーを最小にするように最適化されたta-C表面の原子構造を示す。表面では52%のsp^3，37%のsp^2，11%のsp^{1}構造となる。この計算によるとta-C材料の最表面においては，実表面における実験的なTEM-EELSの観察によるバルクでの結果[7]と比較してsp^{1}とsp^{2}炭素が多くなっている。

第2章　機械的応用展開

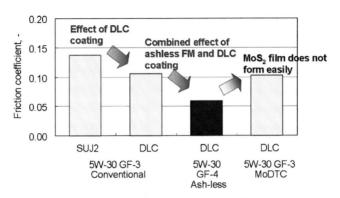

図11　SRVによる摩擦試験結果[8]

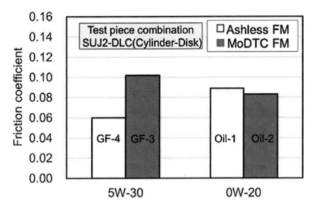

図12　5W-30と0W-20における効果の違い[9]

　図10にta-C表面に挟まれるグリセリン6分子による単分子層のしゅう動をシュミレーションした結果を示す。初期状態の（a）からしゅう動後の（b）ではグリセリン由来のH原子とO原子が表面に吸着することを示している。HもしくはO-Rによる反応が最も活性だったのはsp^1のラジカルサイトであり，40psのシミュレーションの間，ただ一つのsp^2炭素原子が水素と反応した。図10は20psしゅう動後のシュミレーションモデル構造であるが，水分子がトライボケミカル反応により生成することを示している。グリセリンによるta-C表面上のヒドロキシル化は，前述の過酸化水素により生成する表面の場合と同様に，劇的に摩擦を低減し，図7のb）に示す実験的な結果と一致している。

8．4　ta-C膜と省燃費エンジンオイルによる低フリクション化メカニズム

　エンジン油の実用性能を持たすには，摩耗防止剤や清浄分散剤を使用する必要があるが，ta-C膜表面での低フリクション化には図3で示す通り悪影響を及ぼす。5W-30 GF-4無灰系FM添加油についてSRVによる摩擦試験の結果を図11に示す[8]。一般的な5W-30 GF-3油において軸

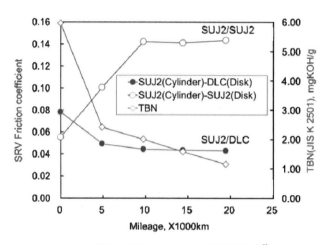

図13 実車回収油によるSRV摩擦試験結果[9]

　受鋼であるSUJ2のシリンダとSUJ2のディスクによるSRV摩擦試験結果に対し，ta-C DLC処理を施したディスクによる摩擦係数はDLCの低摩擦効果により低下する。更に無灰系のFMを使用し，DLCコーティングに対し最適化した5W-30 GF-4油では更に摩擦係数を低減することができ，5W-30 GF-3のDLC無処理の組み合わせに対し，摩擦係数は半減する。しかしながら，一般的にSUJ2などの鋼材に対し顕著に摩擦を低減する摩擦調整剤として一般的に使用されているMoDTCを使用した場合，DLCを使用すると摩擦係数は増加する。この結果からDLC表面上では，MoDTCが分解しながら生成する低摩擦被膜であるMoS_2が形成され難く，無灰系摩擦調整剤が有効に作用していることを示している。

　図12に5W-30 GF-3 MoDTC添加油，および0W-20油と5W-30 GF-4無灰系FM添加油によるta-C膜におけるSRV摩擦試験結果を示す[9]。無灰系FMを使用した0W-20 Oil-1，MoDTCを使用した0W-20 Oil-2共に，5W-30 GF-4無灰系FMよりもフリクションが高くなる傾向を示す。これはOil-1，Oil-2共に低粘度であり，ta-C膜における無灰系FMの効果が減少しているためと考えられる。また，5W-30 GF-3のときには見られたMoDTC添加による悪影響も少なく，0W-20油ではDLCではない他の摺動部位での効果を考えるとMoDTCの添加が望ましいことがわかる。

　図13に示すように，実車耐久油により摩擦低減寿命が確認されている。SRV試験片がSUJ2（Cylinder)-SUJ2（Disk）の組み合わせでは，10,000km走行時でほぼMoDTCによる摩擦低減効果は失われるが，SUJ2（Cylinder)-DLC（Disk）の組み合わせでは新油よりもさらにフリクションが低下し，オイル補給がないのにも関わらず20,000km走行後までその低摩擦効果が維持された。実車試験ではエンジン内の燃焼によりオイル中に未燃燃料や水分などが混入することで摩擦低減作用がta-C膜上で発揮されているか，もしくはオイルが劣化しても微量のMoS_2が表面上に存在することで，実車試験の回収油ではta-C膜の摩擦低減効果が維持できていることを示唆している。

第2章　機械的応用展開

8.5　おわりに

　エンジン部品へのta-C膜の適用拡大が引き続き進められており，バルブリフタ，ピストンリングに留まらず，ピストンピンなどでも検討されている。またta-C膜の耐フリクション化を生かすエンジンオイルについても，エンジン油の規格改定に伴い0W-16や0W-8などの更なる低粘度化，清浄剤や摩耗防止剤の配合見直しが検討されており，今後もta-C膜との組み合わせによりエンジン全体の低フリクション化への貢献が期待される。

文　　献

1) 馬渕豊，トライボロジスト，**58**(8), 557（2013）
2) 山本英継，トライボロジスト，**61**(2), 78（2016）
3) 樋口毅，自動車技術会2011年秋季大会学術講演会前刷集，No.154-11, 13（2011）
4) Y. Mabuchi, T. Hamada, H. Izumi, Y. Yasuda, M. Kano, SAE 2007-01-1752
5) J. M. Martin, M. I. De Barros Bouchet, C. Matta, Q. Zhang, W. A. Goddard III, S. Okuda, T. Sagawa, *J. Phys. Chem. C*, **114**, 5003-5011（2010）
6) J. Andersson, R. A. Erck, A. Erdemir, *Surface and Coatings Technology*, **163-164**, 535-540（2003）
7) L. Joly-Pottuz, C. Matta, M. I. De Barros Bouchet, B. Vacher, J. M. Martin, T. Sagawa, *Journal of Applied Physics,* **102**, 1（2007）
8) S. Okuda, T. Dewa, T. Sagawa, SAE Technical Paper 2007-01-1979（2007）
9) T. Sagawa, T. Katayama, R. Suzuki, S. Okuda, SAE Technical Paper 2014-01-1478（2014）

9　WPC処理によるAl合金部材へのDLCコーティング

熊谷正夫*

9.1　はじめに

　アルミニウム合金は，軽量かつ比強度の大きい材料であり，耐食性，加工性やリサイクル性も良好である。現在では，環境負荷低減のため，航空機や自動車をはじめとした輸送機器への使用が拡大してきている。しかし，そうした優れた特性に係らず，鉄鋼材料と比較して硬度，耐摩耗性や疲労強度（限度）などの機械的特性に課題がある。とりわけ，アルミニウム合金をしゅう動部材に使用する場合，耐摩耗性や凝着しやすさなどの改善が必須となっている。

　材料の耐摩耗性や凝着性の向上には，材料表面に改質層を生成する，硬質膜の被覆を施すなどの表面改質が行われている。アルミニウム合金の場合，実用的に行われている表面改質ではアルマイト処理などの化成処理がほとんどであり，しゅう動特性の向上には限界がある。

　現在，しゅう動用硬質薄膜としてダイヤモンドライクカーボン（DLC）の使用が拡大しているが，アルミニウム合金に対しては，表面に強固な酸化膜が生成し除去が難しい事，炭素（C）とアルミニウム（Al）の間に反応性が無い事，DLC膜とアルミニウム合金との間に硬度差が大きく，負荷による下地変形にDLC膜が追随できないなど，密着性に関する課題が多く存在する。

　本稿では，アルミニウム合金のそれらの課題を解決する方法として，WPC処理によるアルミニウム合金の表面改質とDLC膜の密着性の向上について示す。また，具体的な応用としてDLC被覆アルミニウム合金製ピストンの開発について紹介する。

9.2　WPC処理について

9.2.1　WPC処理とは

　WPC処理は微粒子衝突法，微粒子ピーニングなどともいわれ，ショット・ピーニングの一種である。WPC処理とショット・ピーニングとの違いは，投射材の粒径と投射速度にあり，ショット・ピーニングでは，0.3mm以上の粒子が用いられ，投射速度も数10m/sec.～100mm/sec.程度であるが，WPC処理では，数10μm以下の微細粒子を数100m/sec.程度の高速で投射する。WPC処理では，高速の微粒子を投射することにより，材料表面あるいは投射粒子に大きな塑性変形をもたらす。表面層や投射粒子への大きな塑性変形は，基材表面に様々な特性の付与が可能となる。

　WPC処理による特性の付与は，投射粒子と被投射材の硬度や延性などの機械的特性に依存する。鉄鋼材料など比較的硬い材料に対し，硬質粒子（ハイス鋼など）を投射する場合，塑性変形による表面の金属組織のナノ結晶化や微結晶化が起きる[1,2]。また，変形により導入される転位や歪は表層に大きな残留応力や硬度の上昇をもたらす。その結果，材料の耐摩耗性や疲労強度は向上する。また，軟質材料（アルミニウム合金や銅合金など）に延性材料を投射すると表面に投

---

*　Masao Kumagai　㈱不二WPC　技術部　取締役技術部長

第2章　機械的応用展開

射材料と被投射基材との複合組織が形成される[3]。

9.2.2 WPC処理による複合組織の形成

WPC処理による軟質基材と延性投射材との複合組織の例として、アルミニウム合金（5052）にタングステン（W）微粒子（54μm径以下）を投射して形成した複合組織の電子線マイクロアナライザー（EPMA）による観察結果を図1に示す。透過電子顕微鏡（TEM）ならびに走査型電子顕微鏡（SEM）観察の結果、WPC処理により形成された、アルミニウム合金の表面改質層の構造は、表層から複合組織、複合組織下部にはバルク結晶と異なる微結晶組織が形成

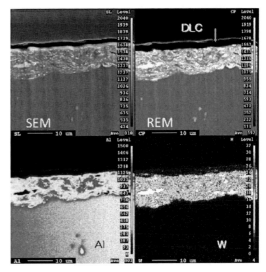

図1　アルミニウム合金（5052）にタングステン微粒子を投射して形成された複合組織の組成像

されている。また、微結晶組織の下部には圧縮残留応力が発生し、傾斜化された硬化層が形成されている。アルミニウム合金に対して、タングステン（W）微粒子だけでなく種々の金属による複合組織の形成が可能であり、アルミニウム合金（2024）への鉄（Fe）微粒子を投射した改質層の押し込み硬度計（ナノインデンター）などで評価した硬度分布を図2に示す。硬度分布は表面から、複合組織、微結晶組織、残留応力層に対応している。

複合層形成は、投射粒子の粒径と複合層の厚みからも分かるように投射粒子が直接複合層を形

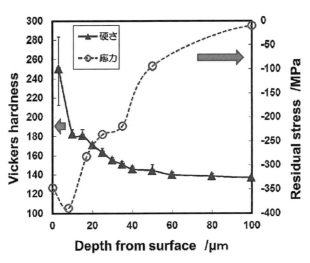

図2　アルミニウム複合組織の硬さならびに応力の深さ方向分布

147

element	No.	3d	4s
Sc	21	3d1 4s2	↑ ↑
Ti	22	3d2 4s2	↑ ↑ ↑↓
V	23	3d3 4s2	↑ ↑ ↑ ↑↓
Cr ←	24	3d5 4s1	↑ ↑ ↑ ↑ ↑ ↑
Mn	25	3d5 4s2	↑ ↑ ↑ ↑ ↑ ↑↓
Fe	26	3d6 4s2	↑↓ ↑ ↑ ↑ ↑ ↑↓
Co	27	3d7 4s2	↑↓ ↑↓ ↑ ↑ ↑ ↑↓
Ni	28	3d8 4s2	↑↓ ↑↓ ↑↓ ↑ ↑ ↑↓
Cu	29	3d10 4s1	↑↓ ↑↓ ↑↓ ↑↓ ↑↓ ↑
Zn	30	3d10 4s2	↑↓ ↑↓ ↑↓ ↑↓ ↑↓ ↑↓

element	No.	5d	6s
Hf	72	5d2 6s2	↑ ↑ ↑↓
Ta	73	5d3 6s2	↑ ↑ ↑ ↑↓
W ←	74	5d4 6s2	↑ ↑ ↑ ↑ ↑↓
Re	75	5d5 6s2	↑ ↑ ↑ ↑ ↑ ↑↓
Os	76	5d6 6s2	↑↓ ↑ ↑ ↑ ↑ ↑↓
Ir	77	5d7 6s2	↑↓ ↑↓ ↑ ↑ ↑ ↑↓
Pt	78	5d9 6s1	↑↓ ↑↓ ↑↓ ↑↓ ↑ ↑
Au	79	5d10 6s1	↑↓ ↑↓ ↑↓ ↑↓ ↑↓ ↑
Hg	80	5d10 6s2	↑↓ ↑↓ ↑↓ ↑↓ ↑↓ ↑↓

↑ 不対電子対

図3　遷移金属の電子配置（不対電子対）

成するのではなく，投射粒子の衝突による表面の酸化膜の除去，基材の新生面への投射粒子の凝着，粒子衝突による凸部の形成と折り畳みなどが繰り返され（メカニカルアロイング）ナノ複合組織が形成される[3]と考えられる。また，ナノ複合組織下部の微結晶層や残留応力層は鉄鋼材料への微粒子投射による微結晶化と同様に塑性変形（歪）を要因としたものと考えられる。

9.3　DLC被覆のためのアルミニウム合金へのWPC処理
9.3.1　金属基材へのDLCの付着機構

　DLC膜は硬質・低しゅう動材料として使用範囲が拡大している。DLC膜の金属材料に対する良好なトライボロジー特性は，DLC膜が共有結合で構成され，金属材料の金属結合との相互作用の弱さで説明される。そのことは，DLC膜が金属基材に対して良好な密着性を得にくい事を意味している。しかし，金属の種類により密着性は異なり，実験事実からは炭化物形成元素（Cr，Feなど）との密着性は，炭化物を形成しない元素（Al，Cuなど）と比較して良好な密着強度が得られている。一般的に，遷移金属と炭素との炭化物は，侵入型の炭化物であり，遷移金属元素と炭素の直接的な結合は考えにくい。遷移金属の内殻電子（d，f電子）に注目すると，一つのモデルとして，以下のことが考えられる。代表的な遷移金属のd電子の電子構造を図3に示す。図から明らかなように，d電子の不対電子対の数と遷移金属とDLCの密着に関する実験的事実とは相関していることが確認される。従って，6族系元素（Cr，Mo，Wなど）は，DLCの中間層や改質層形成元素として有効と考えられる。

9.3.2　アルミニウム合金表面への密着性向上のための構造

　アルミニウム合金へのDLC被覆の密着性の向上のためには，基材表層（DLCとの界面）にアルミニウムとの相互作用の大きい元素を存在させる，基材と膜の機械的性質（硬度など）を傾斜化させ，変形により膜・基材界面に発生する剪断力を低減させるなどが有効である。通常，密着性の向上のために中間層を挿入する事がなされる。しかし，高硬度の中間層が得られないため中間層の厚膜化が難しい，界面が増加するために剥離要因が増える，機械的特性の変化が急峻なた

め界面に負荷がかかるなどの問題がある。

　材料設計的に，DLC膜の密着性向上のための構造は図4の様に，基材から表面層に向けて硬度が上昇している事，表面にDLCと相互作用が大きい層が存在する事，剥離要因となる界面が極力少なくする事があげられる。WPC処理により形成される改質層は，図4の様に，DLC膜の密着性向上のための構造を満足することが可能である。

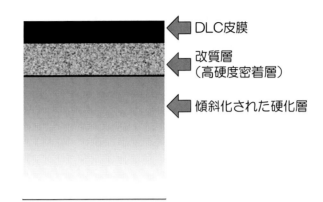

図4　アルミニウム合金へのDLC被覆の密着性の向上のための構造

9.3.3　アルミニウム合金へのDLC被覆

　DLC被覆のためのアルミニウム合金の表面改質として，タングステン（W）投射による複合組織形成を行った。タングステンは6族系元素であり，9.3.1項で示したように，炭素との相互作用が大きく密着性の向上に有効と考えられる事，質量が大きいために投射によりメカニカルアロイニングによる改質層の形成が容易な事やWPC処理は大気中で行われる事からクロム（Cr）などより酸化しにくい事など複合組織形成に有効と考えられる。

　上記タングステン（W）複合組織にDLCを被覆し密着性の評価を行った結果を図5に示す。密着性はball on disk試験機を用い，負荷荷重を増加させながら繰り返し負荷をかけ，摩擦係数の増加ならびにAE信号の検出時の負荷荷重で評価[4,5]した。剥離時の負荷荷重は未処理試料が35N（しゅう動距離42m），WPC（W投射）処理試料は65N（しゅう動距離74m）であり，WPC処理により密着性が向上している[6]。試験後の試料断面の反射電子像を図6に示す。未処理試料では，基材表面にDLC膜は存在せず，基材中に破砕片が観察されるにすぎないが，WPC処理による改質層を形成した試料では，65Nの負荷がかかり基材が座屈しているに係らず，改質層表面

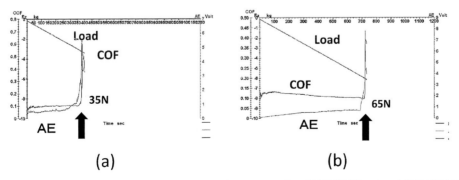

図5　未処理試料（a）ならびにWPC処理試料（b）上のDLC膜の連続荷重試験による密着性試験結果

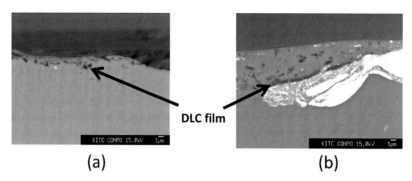

図6 未処理試料（a），WPC処理試料（b）上のDLC膜の連続荷重試験による密着性試験結果後の断面反射電子像

にDLC被覆が残っており，膜の密着性が確保されている（DLC膜上部付着物は座屈後のAl凝着物）。密着強度は投射粒子の粒径や投射条件を工夫する事により，上記の試験法による評価では，未処理と比較して4倍程度の密着性が確保されている。

9.4 DLC被覆アルミニウムピストンの開発

アルミニウム合金へのWPC処理による高密着性DLC被覆の実用化として，DLC被覆アルミニウムピストン[7]の開発を行った。自動車をはじめとした輸送機器の低燃費化にあたって，各種部品の低摩擦化は重要な取り組みである。エンジン内部のピストンは，首振りや膨張によりピストンスカート部とシリンダーとのしゅう動が発生する。そのため，ピストンスカート部の耐摩耗性の向上と低摩擦化の要求は大きい。それら課題に対応するために，WPC（W投射）処理を下地処理として，DLC被覆アルミニウム合金製ピストンを作製した。作製したピストンの外観を図7に示す。ピストンの素材にはA2618（Al-Cu系）を用いている。作製したピストンの耐摩耗性を評価するために，自動二輪用エンジンに実装し摩耗状況を確認した。DLC被覆ピストンはDLC被覆を行ったシリンダーボアと組み合わせた。比較として，未処理ピストン（A2618）とNi-Pメッキを施したシリンダーボアの組み合わせの試験も行った。試験条件としては1,000～13,000rpmで10分間回転させ，外観観察により摩耗状態を評価した。試験後のピストンの外観を図8に示す。未処理ピストンには明瞭なスカッフィング（scuffing）損傷が確認されるが，DLC被覆ピストンには損傷が観察されず，耐摩耗性が向上してい

図7 DLC被覆アルミニウム合金製ピストンの外観写真

第 2 章　機械的応用展開

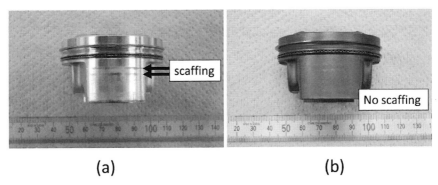

図 8　未処理ピストン (a) ならびに DLC 被覆ピストン (b) のエンジン試験後の外観写真

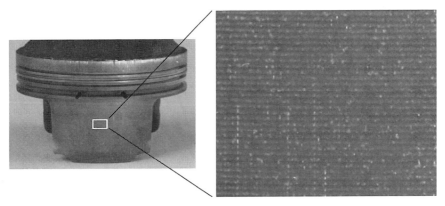

図 9　実車による約 15,000km 走行後の DLC 被覆アルミニウム合金製ピストンの外観写真

る事が確認される。DLC 被覆ピストンをミニバイクレースなどに使用し、外観観察を行ったがほぼ同様な結果が得られている。また、DLC 被覆ピストンと組み合わせたシリンダー内面の摩耗も抑えられている。

　以上の取り組みを基礎に、アルミニウム合金製ピストンをはじめとした、各種しゅう動部品に DLC 被覆を施して、市販車に組み込んで走行テストを行った。約 15,000km 走行後の DLC 被覆アルミニウム合金製ピストンの外観写真ならびにその拡大写真を図 9 に示す。写真から、DLC 被覆は、目立った損傷もなく剥離なく残存していることが確認され、実用的にも十分な性能を有していることが確認された。

9.5　おわりに

　本稿では、WPC 処理によるアルミニウム合金製ピストンの DLC 被覆に関して紹介した。従来、WPC 処理は鉄鋼材料を主たる対象に行われており、アルミニウム合金への適応は新たな取り組みである。DLC 被覆のための下地（前）処理としての WPC 処理という観点からは、鉄鋼材料に対する WPC 処理[8]によっても密着性やしゅう動特性の向上も得られている。DLC 膜のような有

用な特性を有しながらも，ある意味「扱いにくい材料」の実用展開に当たっては，下地の改質も含めた，材料設計的な取り組みが重要と考えられる。

文　　献

1) 高木眞一，熊谷正夫，小沼誠司，伊藤裕子，下平英二，鉄と鋼，**92**(5)，318（2006）
2) 高木眞一，熊谷正夫，精密工学会誌，**72**(9)，1079（2006）
3) 中村紀夫，高木眞一，軽金属，**61**(4)，155（2011）
4) T. Horiuchi, K. Yoshida, M. Kano, M. Kumagai, T. Suzuki, *Plasma Process. Polym.*, **6**, 410 (2009)
5) T. Horiuchi, K. Yoshida, M. Kano, M. Kumagai, T. Suzuki, *Tribology Online*, **5**(3), 129(2010)
6) T. Horiuchi, M. Kano, K. Yoshida, M. Kumagai, T. Suzuki, *Tribology Online*, **5**(3), 136(2010)
7) T. Horiuchi, M. Kano, E. Shimodaira, M. Kumagai, T. Suzuki, 自動車技術会学術講演会前刷集，5（2011）
8) 熊谷正夫，油空圧技術，**53**（5），21（2014）

10 セグメント構造DLC膜のはさみへの応用展開

松尾 誠[*1], 岩本喜直[*2]

10.1 理美容用はさみの構造設計

図1に開発したはさみの外観写真を示す。理美容用はさみは，理美容師の長時間の使用に耐えるように丈夫である一方，軽量で，開閉時の負荷が軽く，スムーズな動作などが求められる。はさみは2枚の刃が互いに擦りながら，撓みながら刃先の1点で交差して対象物を切断する機構である。従って，切断する際，接触面が抵抗なく摺動するには，髪の切断抵抗以外の摩擦抵抗を出来るだけ排除することが望ましい。DLCは低摩擦材料なので[1,2]，その要求を満たす優れた材料である。しかし，刃面に一様に成膜したDLCでは，刃面が撓む時に歪を受け，膜破壊を起こし易い。一方，S-DLCは，溝部分の存在によって膜にかかる応力が緩和され，許容応力を高め，亀裂の発生に対する耐性が大幅に向上する[3~5]。

はさみは，硬く鋭い刃を刃元から刃先まで移動する1点で擦り合わせながら髪を切断するが，市販のはさみは，この時に受ける刃の摩耗により刃先が傷み，使い始めて数ヶ月（開閉数で概算30万回）で切れ味が悪くなり，3ケ月程度毎に専門業者により再研磨を繰返しながら使用されている。つまり従来のはさみは研ぎ直すことを前提とする切断道具である。一方，開発したはさみは，再研磨までの周期を伸ばし，切れ味が長期にわたり維持される。

10.2 理美容用S-DLCコーティングはさみの設計

商品化したS-DLC適用のはさみは，ハンドル部分を除く刃部には，クロムを含む炭素鋼で靱性と硬度を高めた刃物用鋼（HMv650~720）を採用し，ハンドル部分は，SUS304を採用した。形状，材質共にS-DLCの特徴を最大限発揮できるように設計，製作した[6]。

刃先はR800mm程度の曲線を持ち，向かい合う2枚の刃面にはそれぞれ捻じりが加えられ，刃が相手の刃と擦れ合って髪を切断する。はさみの刃面にS-DLCをCVD方式により膜厚470±20nmに成膜し，セグメント構造として，ピッチ250μm，間隙50μmの碁盤状とした。S-DLCを成膜する方法には，マスク方式を採用した。すなわちS-DLCを成膜する刃面に碁盤状のマスク材を接触させ，CVD方式により成膜した。S-DLCコーティングした刃の顕微鏡写真を図2に示す。丁度タイル状の碁盤状で，碁盤の1枡は200μm角，隣の枡との間隔は50μm（溝幅50μm）で，溝幅サイズは人の髪の径を考慮して決定した。

S-DLCコーティングの前処理，成膜条件を表1に示す。膜の断面方向は，基材とDLC膜の密着強度を高めるため，基材の上に，中間層~混合層~DLC層の3層構造とした。中間層と混合層はそれぞれ膜厚全体の5~30%と設定した。成膜用のガスには，$Ar/Si(CH_3)_4/C_2H_2$を使用した。DLC膜の硬さは，フィッシャー社製ピコデンター硬度計を用いて測定し，ビッカース硬度

[*1] Makoto Matsuo ㈱iQubiq 代表取締役
[*2] Yoshinao Iwamoto ㈱iMott 代表取締役

換算1,800HV程度である。摩擦係数は，ボールオンディスク法により測定し，$\mu \fallingdotseq 0.16 \sim 0.18$である。

美容師と理容師では，はさみの使い方に違いがあり，髪をカッティングする時の要求条件が異なる。美容師ははさみを幾分滑らせながら切断する一方，理容師は滑らさずに，すぱっと切断するのが一般的である。そのため，前者に対しては溝（幅50μm）にも薄くDLC膜を成膜することにより髪を滑らせながらカッティングできる工夫をした。

はさみ刃面へのS-DLCコーティングは，数10セット程度の刃を治具にセットし，マスク材としてSUS316L 100＃の金網を利用して行う。CVD装置のチャンバの大きさによって一度に成膜できるはさみの数は限定されるが，数10cm四方のチャンバのCVD装置であれば数10丁は一度に成膜が可能である。

10.3　S-DLCコーティングはさみの特性

先に述べたように，はさみは刃元から刃先まで移動する1点で擦り合いながら対象物を切断する。従って，刃全面に大きな応力が加わるほか，刃先は，同程度の硬度を有する相手の刃と擦り合い，刃先が徐々に外に開く形に摩耗してくる。これを防護するには硬質で低摩耗，低摩擦係数のS-DLC保護膜は極めて理にかなっている。

擦れ合う刃面にS-DLCを成膜するの

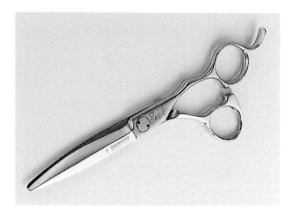

図1　開発したセグメントDLCコーティングはさみ

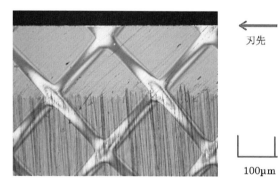

図2　セグメント構造DLC（S-DLC）を成膜したはさみの刃面の顕微鏡写真（倍率400倍　下半分に見える縦線は刃の裏梳きの研磨の痕）

表1　前処理と成膜条件

印加電圧		6kV
印加電流		5〜7A
ピラニー圧力	TMS	3.0〜4.0Pa
	C_2H_2	2.7Pa
ガス流量	Ar	30　SCCM
	TMS	30　SCCM
	TMS/C_2H_2	13＋15 SCCM
	C_2H_2	30　SCCM

前処理条件
US洗浄20分アセトン/IPA
成膜条件

第2章　機械的応用展開

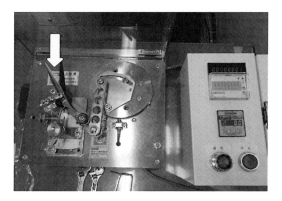

図3　耐久性試験機（自作）

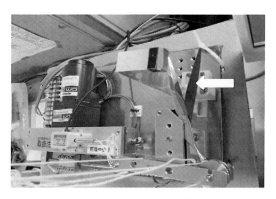

図4　銅線切断試験機（自作）

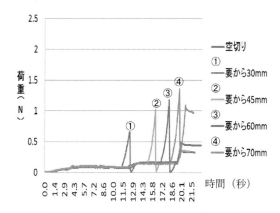

図5　未使用はさみの銅線切断試験結果

であるが，1点に加わる部分応力に対し，S-DLCはその応力緩和機構によりDLC膜は剥離，破損することなく耐える。刃面全体に成膜することにより，摩擦係数を大幅に下げ，切断時の切断抵抗の上昇の緩和，刃面の摺動部の摺動抵抗を下げ，結果として手指に加わる力を大いに下げてくれる。理美容師の腱鞘炎の防除に効果を呈することになる。

　製作したはさみの寿命特性を確認するため2種の試験を行った。はさみ専用の試験機はないため試験機を開発した。自社開発の試験機で評価してエビデンスとするには客観性が求められる。そのため，S-DLCコーティングの有無，一般市販品との比較を規範とした。試験の一項目は，はさみの耐久性試験である。図3にその耐久性試験機を示す。1秒間に4回（周波数4 Hz）はさみを開閉した。この周波数は，はさみの開閉時の摩擦による発熱が，通常の使用状態と極端に違わない条件から選定した。もう一つの試験は，髪を疑似した銅線の切断抵抗を測定するものである。図4に銅線切断試験機を示す。開閉試験の50万回毎に髪を近似した銅線（100μm直径）の切断抵抗を，刃の長手方向の数か所で測定して評価した。図5は，耐久性試験にかける前の未使用はさみの試験結果で，はさみを閉じるときの抵抗値（荷重）を示している。一定速度ではさみを閉じているので，横軸数値は2枚の刃の交差ポイントを示すことになる。スタートの部分（0〜4.3秒）の一様な右上がりの部分（第1部）は，切断刃の移動開始までの遊び

の部分で,刃そのものはまだ移動せず固定されている。その後(4.3秒~)に続く平坦部分(第2部)が,刃が開閉動作をしている部分で,両刃が擦れ合う時の抵抗(摩擦抵抗)に相当する。その後の急峻な抵抗値の増大部分(第3部)が,銅線の切断時の抵抗を示す。この第3部分の変化分が,髪を切るときの切断抵抗に相当する。図6は,S-DLCコーティングしたはさみの開閉動作100万回毎の銅線の切断抵抗を示す。初期状態から開閉回数が増大するごとにやや切断抵抗値が増大する傾向を示すものの,490万回の開閉後においても切断抵抗は10%前後の上昇に止まっている。DLC面が摩耗により摩擦抵抗が徐々に増大するが,S-DLCの耐摩耗性,低摩擦特性により,数100万回の開閉では摩擦抵抗の増大は非常に小さく,刃の切れ味もほとんど変化しないことを示している。

一方,S-DLCコーティングを施していないはさみの開閉に対する銅線の切断試験結果を図7に示すが,1桁以上早い30万回程度でかなりの切断抵抗の増加を示す。これらを比較して,S-DLCコーティングの効果が大きいことが分かる。なお,人の髪の切断抵抗は銅線の切断抵抗の約16分の1であることが切断試験の結果得られているので,銅線切断抵抗から人の髪の切断抵抗を換算により得ることができる(人髪:太さ50μm,硬度HV30,銅線:太さ100μm,硬度HV120)。

図8は,S-DLCコーティングはさみの490万回の開閉試験後の刃面の顕微鏡写真を示すが,図3の初期状態と対比し

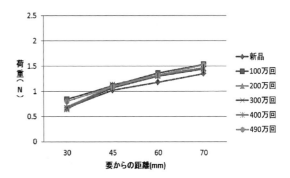

図6　S-DLCコーティングはさみの開閉試験前後の銅線切断試験結果
(0~490万回開閉)

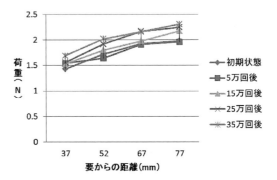

図7　S-DLCコーティングの無いはさみの開閉試験前後の銅線切断試験結果
(0~35万回開閉)

図8　S-DLCコーティングはさみの490万回開閉試験後の刃面の顕微鏡写真

第2章　機械的応用展開

てみると，S-DLCは摩耗の影響で膜厚が薄くなっているが，まだ刃面に残っていることが示されている。

10.4　S-DLCコーティングはさみのまとめ

　一様に成膜したDLC膜に比べ，応力緩和効果が高く，膜の破壊の発生を抑制する特性など機械特性に優れたS-DLCを刃面に成膜した理美容用はさみを開発し，商品化した。理美容用はさみに対する設計要件を詳細に分析し，はさみの構造に反映して製作した。はさみの開閉耐久試験を行い，通常の理美容師の使用条件を考慮するとDLCのないものと比べ，10数倍から20倍程度の長期間（数年の使用状態に相当）にわたり切れ味が維持できる超長寿命理美容用DLCコーティングはさみが実現できた。

10.5　S-DLCコーティングはさみの今後の展開

　医療用はさみは小さなものは，刃先数mmのものがあり，適用手術にもよるが，先端が凹状に曲げているものが多くある。非常に細やかな，熟練のいる手作業により製作している。我々は，製作の難易度を軽減できる材料，構造を考案し，S-DLCコーティングを施すことによって，スムーズで鋭利な切れ味を長期に維持できる医療用はさみの開発にも取り組んでいる。

文　　献

1) 齋藤秀俊，DLC膜ハンドブック，NTS出版（2006）
2) A. Erdemir, *Surf. Coat. Technol.*, **589**, 120-121（1999）
3) 髙島舞，テクスチャDLC膜の合成及び高耐摩耗化に関する研究，東京工業大学　平成25年度　博士論文
4) 大竹尚登，髙島舞，高耐摩耗性を有するセグメント構造DLC膜　素形材，財団法人素形材センター，**50**(8), 2-7（2009）
5) 髙島舞，松尾誠，岩本喜直，大竹尚登，DLCコーティングを用いた耐フレッティング摩耗部材の開発，*NEW DIAMOND*，ニューダイヤモンドフォーラム，オーム社，**27**(2), 39-42（2011）
6) 松尾誠，岩本喜直，長寿命理美容用DLCコーティング鋏　*NEW DIAMOND*，**109**

11 ナノダイヤモンドの合成と機械的応用

鹿田真一*

11.1 はじめに

「淑女のみなさま，ダイヤを御所望ならば式の後でお会いしましょう。でも爆薬をお持ちになるのをお忘れなく！」SKN社（ロシアの学研都市スネジンスク）のペトロフ氏はこんなジョークを飛ばした。これは「標準を越えたアイデアと学術的に高い功績」に対して与えられる2012年のイグノーベル賞の平和賞授賞式。爆薬からナノダイヤモンドを取り出したロシア人エンジニアのイーゴリ・ペトロフ氏が選ばれた。

実は，ナノダイヤモンドはロシアの前身のソビエト連邦で，長い間爆薬に関する研究の歴史があり，その中でナノダイヤモンドは発見されていたという事であるが，詳細は英語で報告されておらず不明である。論文ではじめに確認できるのは米Los Alamos研究所によるNature誌上で，爆轟（ばくごう）で出来た生成炭素に，グラファイトなどに交じって4～7nmサイズのダイヤモンドが確認されたという1988年の報告[1]であった。同時期にソ連のロシア語雑誌[2]に報告がされており，それを引用しているソ連の研究者の1990年の論文[3]によると，上記のソ連における研究はDanilenkoらによって1962年には開始されていた模様であり[4]，1990年代の初めには凝集体の製造が可能になっていたという。筆者の記憶では1990年前後にイスラエルの研究者らが特許を売りに廻っていたように思う。日本では豊橋科学技術大学の大澤先生（現：ナノ炭素研究所）を中心に研究が進められ，実用へ向けた取り組みも着手されて，2003年には一次粒子の単離が可能になっている[5]。米国ではArgonne研究所が中心となり合成・応用研究が進んでいる。

ナノダイヤモンドは，ナノスケールのダイヤモンド（従ってsp^3結合を有する）を核に周辺部にはsp^2結合を含む炭素材料である。ダイヤモンドと同様に高い弾性定数，それに基づく硬度を有し，低摩擦係数，化学的安定性，生体親和性などの高い物性を有する事，ナノスケールで液体や油への分散が可能な事，ナノダイヤモンドを核として多結晶ダイヤモンドを何の基板の上にも成長可能な事（よって大面積可能）などから，急速に展開している。後述するように，早い段階から産業応用も開始されている。コーティングという観点では，本書の主題であるDLCの延長線上にもある。本節では，合成，物性などを述べ，機械的応用を中心に展開するナノダイヤモンドについて記述する。

11.2 合成と特性

図1に示した炭素の状態図を見ると，ダイヤモンドの熱力学平衡の範囲は，極めて高い圧力と高温域にある[6]。ナノダイヤモンド合成においてもこの範囲内に到達するために，衝撃波を発生させたり，密閉容器内で爆轟を発生させ高温高圧を実現させる[7]。爆発の速度は，5,000～9,000m/sに及ぶらしく，まさしく爆弾と同じである。爆薬のみによる爆轟を行う場合，通常トリニトロ

＊ Shinichi Shikata　関西学院大学　理工学部　先進エネルギーナノ工学科　教授

第2章　機械的応用展開

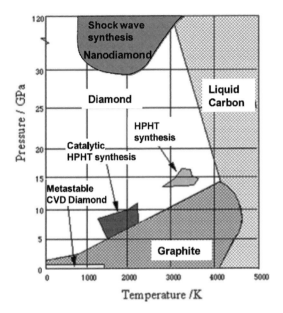

図1　炭素の状態図[6]

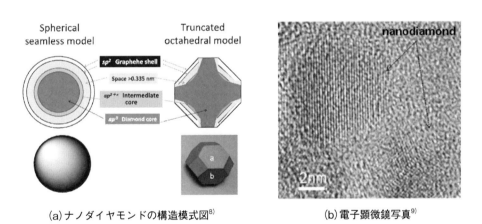

(a) ナノダイヤモンドの構造模式図[8]　　　(b) 電子顕微鏡写真[9]

図2　ナノダイヤモンドの構造模式図と電子顕微鏡写真

トルエン（TNT）とヘキソーゲン（RDX）を1：1とか3：2の割合で混合した爆薬が多用される。またはオクトーゲン（HMX：シクロテトラメチレンテトラニトラミン）などとの混合爆薬でもよいし，ヒドラジンと硝酸ヒドラジンの混合物，ヒドラジンと硝酸アンモニウムの混合物，ニトロメタンの混合物などの爆薬も同様に用いることが可能である。爆轟法でTNTを用いた場合のナノダイヤモンドの粒径であるが，3nm付近が最大頻度を有する分布で，最小で2nm程度，大きい方には概ね10nm程度で，裾はさらに大きい粒径まで広い分布を有する。

爆轟合成で，黒鉛材料と爆薬で爆轟を行うと，一次粒子径が20nm以下のナノダイヤモンドが

DLCの基礎と応用展開

表1 DLCと比較したナノダイヤモンド親戚材料の分類

名称	ダイアモノイド	ウルトラナノダイヤモンド	ナノダイヤモンド	ダイヤモンドライクカーボン
英語名	Diamonoid	Ultra-nanocrystalline diamond	Nanocrystalline diamond	Diamond-like Carbon
略号		UNCD	NCD	DLC
	コアsp^3	コアsp^3	コアsp^3	sp^2ネットワーク
	表面sp^2	表面sp^2	表面sp^2	(部分的にsp^3)
	結晶サイズ<1 nm	結晶サイズ<10nm	結晶サイズ<100nm	アモルファス
		N_2を僅かに含有		H_2を多く(<40%)含有
	原油精製で抽出	爆轟法	爆轟法	気相成長の膜

大量に製造される。ベンゼン,グリセリン,アニリンなど液体の有機材料を添加する合成も一般的である。なお爆轟法で製造されたナノダイヤモンドは,ダイヤモンド構造を有しないナノスケールサイズのグラファイト質の炭素(ナノグラファイト)を主とする炭素不純物を含んでいる。

爆轟の過程で,炭素転化や析出物反応のため,ナノダイヤモンドは汚染される。特に,表面のsp^2結合や不純物から,ナノダイヤモンド表面に析出残留物が形成される。これらは化学処理によって,破砕,遊離,化学修飾される。ナノダイヤモンドは,このようなsp^2結合を表面に有する事によって凝集が発生するので,撹拌ボールミルの剪断荷重で破砕,液体分散され,超音波,メガソニックなどでさらに凝集から分離される。

ナノダイヤモンドの構造に関して,中心部はsp^3結合によるダイヤモンドであるが,爆轟法の原料であるTNTなどの爆薬は構造内にN原子やO原子を含むので,ナノダイヤモンドもこれらを一部組成として含む。さらに粒径が数nmと小さいので,表面の影響は大きい。表面に関与する原子は重量で10%以上,原子数で20%近くになる。表面は面接合部が複雑に絡み合い,立体障害から終端は複雑である。全体として,ナノダイヤモンドの炭素は90%程度であり,H,N,Oなどを計10%近く,特に表面に有する。勿論,ダングリング結合,それが再構成した部分も存在する。図2に文献[8,9]から転載したナノダイヤモンドの構造模式図を示す。球形の構造の想定としては,フラーレンに見られる5員環で部分的に構成して閉曲面を構成している可能性も想定されている。なおナノダイヤモンドとしては,原油生成物から得られる超微小粒径のダイアモノイドや,爆轟で得られるナノダイヤモンドをさらに,区別してウルトラナノダイヤモンドとするケースが多く,本書の主題であるダイヤモンドライクカーボン(DLC)と比較して,分類を表1に示しておく。ダイヤモンドコア(sp^3)がグラファイト(sp^2)に包まれているのでダイヤモンドとグラファイトの特性を併せ持つ。ダイヤモンドの有する優れた特性,例えば高硬度,超高熱伝導率,高絶縁(Bドープで抵抗は激減可能),高屈折率,低摩擦係数などは,ナノダイヤモンドのコア部分に有するため,ナノダイヤモンドにもその特性が濃く見受けられる。なお諸特性は,体積比の表面積に依存する。

第2章　機械的応用展開

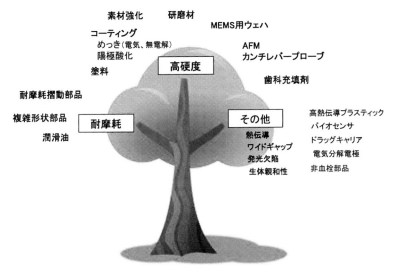

図3　ナノダイヤの機械関連応用例

ナノダイヤモンドの応用展開として，粒子を元にダイヤモンド気相合成の手段を用いて異種基板上に薄膜化したもの，さらに厚く成膜して多結晶ダイヤモンドとして用いる場合も多く，その合成についても言及しておく。ダイヤモンドの合成は核形成が極めて重要である。当初から知られているスクラッチ[10]はじめ，超音波（もしくはメガソニック）処理[11]，バイアス印可[12]などの手法が用いられている。ナノダイヤモンドを元にした核発生は，これらの代わりに，直接ナノダイヤモンドの粒子を含有する溶液中に基板を浸漬し，粒子を付着させ，乾燥することで，基板にナノダイヤモンドの粒子を残留させ，それを核に薄膜形成する[13～15]。

11.3　機械的応用

以上のような物性から，高硬度，耐摩耗などのすぐれた機械物性を中心に，様々な分野におけるナノダイヤモンドの応用が開始されている。まず応用の全体像を俯瞰するため，ツリー図に入れたものを図3に示す。大きく①高硬度　②耐摩耗　③その他に分類し，外側に応用分野を記載した。高硬度と耐摩耗に関する応用は，物性面からは分類しにくいところが多いが，本稿では便宜上の分類としておく。またナノダイヤモンド関連製品の代表的製造メーカーと製品及び応用分野についてまとめたものを，表2（国内）と表3（国外）に記す。

さて，まずここでは機械的応用について詳述する。ナノダイヤモンドの製品そのものであるが，大きくA）パウダー（固体で凝集しているもの），B）水性ゲル，C）溶液分散（概ね高分散してある）などが見られる。溶液分散したものでは，溶媒としてH_2O，エチレングリコール，Nメチル2ピロリドン（NMP），ジメチルアセトアミドなど応用に合わせて様々なものが使用される。また溶液分散したものではゼータ電位の調整が実施されており，また粒径分布をいろいろ取

表2 ナノダイヤモンドの代表的製造メーカーと製品（国内）

国	企業名	材料	応用製品	URL及び備考
日本	㈱ナノ炭素研究所	ナノダイヤ粉末分散液		http://nano-carbon.jp
	ビジョン開発㈱	ナノダイヤ粉末分散液		http://k-vision.sakura.ne.jp
	東京化成工業㈱	ナノダイヤ粉末分散液 表面修飾ナノダイヤ		http://www.tcichemicals.com
	日本メッキ工業㈱	ナノダイヤ粉末分散液 電気・無電解		http://www.nihon-mekki.co.jp
	㈱ダイセル	ナノダイヤ粉末分散液		http://www.daicel.com
	住石マテリアルズ㈱	ナノダイヤ粉末分散液		http://www.sumiseki-materials.co.jp
	製造不明 販：コアーズインターナショナル㈱	ナノダイヤオイル添加剤		http://www.cores.jp
	アイテック㈱		コーティング受託 耐摩耗，低摩擦等	https://www.eyetec.co.jp
	三菱鉛筆㈱		えんぴつ・ シャープペンの芯	http://www.mpuni.co.jp
	NDWC北海道ラボラトリ		スキーワックス	http://www.nano-diamonds-waxlube.net

表3 ナノダイヤモンドの代表的製造メーカーと製品（国外）

国	企業名	材料	応用製品	URL及び備考
米国	Advanced Diamond Technologies,Inc 販：エア・ブラウンライフサイエンス㈱	UNCDシリコンウェハ（MEMS用） NCD電極	原子間力顕微鏡用 ダイヤモンド製プローブ 水純化電気分解電極 耐摩耗コーティング 非血栓コーティング	http://www.thindiamond.com
	Adamas Nanotechnologies	ナノダイヤ分散液 蛍光ナノダイヤ		http://www.adamasnano.com
	Sigma Aldrich	蛍光ナノダイヤ		http://www.sigmaaldrich.com
ロシア	SKN	ナノダイヤ粉末/分散液		http://www.nanodiamonds-skn.ru
フィンランド	Carbodeon	ナノダイヤ粉末/分散液 メッキ液（電解・無電解） コーティング添加剤		http://www.carbodeon.net
アイルランド	Nano Diamond Products	ナノダイヤ分散液		http://www.nanodiaproducts.com
イスラエル	Ray Techniques Ltd.	ナノダイヤ分散液		http://www.nanodiamond.co.il
台湾	Akust		サーモグリース	http://www.akust.com
中国	Nabond	ナノダイヤ分散液		http://www.nabond.com
	Granda	ナノダイヤ分散液		

り揃えたものが用意されている。また用途に応じてメッキ液，オイル，特殊な薬液に分散した製品も存在する。どちらというと，応用製品及びその製造プロセスに合わせて，ナノダイヤモンド製造メーカーの方で開発して，個々に固有の製品を提供している。よって主要な製品がどういうものかは，表に出にくいため不明な内容が多い。以下，順を追って記述するが，引用は表2，3記載のURLその他をベースにしており，以降割愛する。

　ナノダイヤを用いたコーティング分野応用の特徴としては，工学的に，コーティング厚みが均

第2章 機械的応用展開

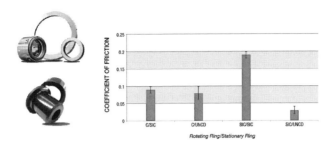

(a)シールリングと摺動部品の例　　(b)シールリングにおける他材料比較

図4　ナノダイヤのコーティング応用例
米 Advanced Diamond Technologies社カタログより

一であり，非常に平坦なミラー表面加工可能な事，物理な高耐性，化学的な高安定性などが挙げられる。図4に，米Advanced Diamond Technology社のシールリングへのコーティング例を示す。これはプラント，発電所等々の冷却水，薬品などの配管のシールで，通常は炭素焼結材やSiC焼結材，もしくはそれにさらにSiCなどをコーティングしたものが用いられる。独のフラウンホーファー研究所から出たDiamond Materials社などから同様の用途でCVDダイヤモンドコーティングのみで実施されている[16]が，ADT社はこれをUNCDを用いて，実用化している。図4(b)に見られるように，UNCDコーティングにより，下地材に関わらず摩擦係数が大幅に改善することがわかる。特にSiC上にUNCDをコーティングしたものでは摩擦係数は0.03まで低減している。さらに，負荷を増加させても，トルクは変わらないことなどメリットを実証している。この低摩擦は，このような応用においては相手材に対する攻撃性を最小限に抑えることにより，長寿命化を実現し，プラントの保守インターバルを長くできるなど環境・エネルギー面での効果も大きい。

同様の応用で，メッキ液にあらかじめナノダイヤモンドを配合しておき，メッキとしてコーティングする手法も多用されている。用途，メッキ液の種類（タイプ，濃度）などによって様々な調整を行ったナノダイヤをメッキ液に配合する手法である。例としてビジョン開発社，Carbodeon社，アイテック社のURLから被覆膜の硬度と耐摩耗性，相手材攻撃性についての記載を図5に示す。メッキの種類によってかなり異なるが，1.2倍から2倍以上被覆膜の硬度は上昇することや，耐摩耗性，相手材攻撃性ともに，最高2倍程度の改善が得られることがわかる。なお，メッキ液としては電気メッキ，無電解メッキ共にナノダイヤ分散液が製品化されている。

液体に混入させ，耐摩耗特性を向上させるのは，メッキ以外にも，潤滑油・潤滑材分野への適用例が多数みられる。製品・装置の寿命の延長，潤滑油・オイルの使用量の削減，摩擦トルクの抑制（20～40%減），燃費の抑制など様々な効果を謳っている。

ナノダイヤの一般消費者向けの面白い応用例として，図6にえんぴつとスキー・スノーボードワックスへの応用例を示す。鉛筆では"描く線は10%濃く，筆記時の摩擦は変動が小さく10%以

メッキの タイプ	耐摩耗性の増加 UDD有り(従来比)	硬度(kg/mm²) UDD無し	硬度(kg/mm²) UDD有り
Cr	7-10 倍	1150	1400
Ni	5-8 倍	530	680
Cu	9-10 倍	108	154
Au	1.8-5.5 倍	100	180
Ag	4-12 倍	90	140
Al	10-13 倍	430	580

(a) 被覆膜の硬度 (ビジョン開発社 URLより)

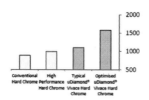

(b) 被覆膜の硬度 Carbodeon社 URLより

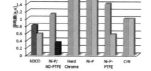

(c) 被覆膜の耐摩特性、攻撃性
アイテック社 URLより

図5 ナノダイヤのメッキ応用例

(a) えんぴつ (三菱鉛筆 URLより)

(b) スキー・スノーボードワックス
(NDWC北海道ラボラトリ URLより)

図6 ナノダイヤの一般消費者向け応用例

上低下"するとの実証データにより，筆圧の弱い児童でも，濃く，くっきりとした文字を書くことができるということである。また後者については，低摩擦係数状態を長時間維持することや，黄砂をはじめとした滑走阻害物上でも滑走可能という事であり，例えばスキーヤーの大敵である"春の汚れ雪"を得意とするという。図6の(b)には通常ワックスと，ナノダイヤ含有ワックスの違いを"春の汚れ雪"走行後の比較写真で差が示されている。こういった一般消費者向け用途も，発展性が大きいように思われる。

11.4 機械的応用の展開

ナノダイヤモンドの機械的特性を応用したという意味では同じであるが，従来の機械分野応用から少し離れている応用製品が，徐々に展開している。その一つが，最近用途が急拡大しているMEMS分野である。通常のMEMSで機械的強度，耐摩耗性が欲しい応用は多く，さらに化学的安定性の向上，熱伝導率を少しでも高くしたい応用に向けて，MEMS用ウェハが米Advanced Diamond Technologies社から出されている。これは応用に応じた特殊仕様品であり，一般仕様

第2章　機械的応用展開

(a) MEMS用ナノダイヤウェハ

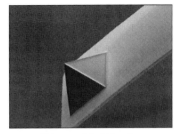
(b) AFMカンチレバー

図7　機械的応用の展開
米 Advanced Diamond Technologies社カタログより

のものはない。基板にはシリコンを用いて、そのままUNCDを積層したウェハや、Si上にSiO$_2$を成長させ、その上にナノダイヤモンドを積層したタイプなどが製品化されている。

またバイオ分野を中心に需要が拡大しているAFM計測・操作分野で、ダイヤモンドのチップを先端に有したAFMのカンチレバーであるが、これをナノダイヤモンドで製品化したものが出されている。これらを図7に示す。絶縁性や導電性を持たせたものをラインナップしている。

その他、直接の製品ではないが、製造間接費の間接材料費にあたるものとして、ナノダイヤやUNCDを含ませた研磨材料がある。ウェハ、光学、電子部品、医療、機械製造での最終研磨剤として従来研磨剤で到達できない領域を目指す事が可能である。スクラッチが少なく、良好な平坦度で残留歪みの少ない研磨面が実現できる。この分野では、ナノダイヤモンドに様々な化学修飾を施し、水溶液などを作成する[17]。

以上、機械分野に関する応用例を紹介したが、その他、電子分野における熱伝導工場、バイオ分野における可視化用ナノダイヤ、ドラッグデリバリ、歯科充填材などの用途も、実現されている。本稿のタスクから離れるので省略するが、こういった多くの応用展開がまた相互作用をもたらして、応用展開を拓く可能性も高いと思われる。

文　献

1) R. Greiner, D. D. Phillips, J. D. Johnson, F. Volk, *Nature* **333**, 440-442（1988）
2) A. I. Lyamkin, E. A. Petrov, A. P. Ershov *et al.*, *Dokl. Akad. Nauk SSSR*, **302**（1988）
3) K. V. Volkov, V. V. Danilenko, V. I. Elin, *Combustion Explosion and Schock Waves*, **26**, 366-368（1990）
4) http://www.nanodiamonds-skn.ru/history_en.html
5) 大澤映二，砥粒加工学会誌　**47**，414-417（2003）

6) F. P. Bundy, *J. Geophys. Res.*, **85**, 6930 (1980)
7) J. N. Glosli, F. H. Ree, *J. Chem. Phys.*, **110**, 441-446 (1999)
8) 大澤映二, 表面化学, **30**, 258-266 (2009)
9) 藤村忠正, 表面科学, **30**, 287-292 (2009)
10) M. A. Prelas, G. Popovici, and L. K. Bigelow, Handbook of Ind. Diamond and Diamond films, Marcel Dekker, NY (1988)
11) S. Iijima, Y. Aikawa and K. Baba, *Appl. Phys. Lett.*, **57**, 2646-2648 (1990)
12) S. Yugo, T. Kanai, T. Kimura, T. Muto, *Vacuum*, **41**, 1364-1367 (1990)
13) O. A. Williams, O. Douheret, M. Daenen, K. Haenen, E. Osawa, M. Takahashi, *Chamical Physics Lett.*, **445**, 255-258 (2007)
14) O. A. Williams, J. Hees, C. Dieker, W. Jager, L. Kirste, C. E. Nebel, *Acs Nano*, **4**, 4824-4830 (2010)
15) O. W. Williamns, *Diamond and Related Materilas*, **20**, 621-640 (2011)
16) http://www.diamond-materials.com/JP/products/overview.htm
17) 高谷裕浩, 生産と技術, **97**, 40 (2015)

12　a-CNx膜のトライボロジー特性

梅原徳次*

12.1　はじめに

　DLC膜やダイヤモンド膜等のカーボン系硬質膜は，高硬度で有るため高い耐摩耗性が期待され，かつその表面構造の多様性により低せん断強度の軟質層の形成[1]や水素分子や水分子の吸着[2,3]による表面エネルギーの低下による超低摩擦の実現が期待できる。

　また，そのような耐摩耗・超低摩擦特性の更なる追求のために窒素を含有した非晶質窒化炭素膜（a-CNx膜）のトライボロジー特性の研究が行われている。

　この膜は，β-C_3N_4型の結晶となればその硬さはダイヤモンド以上であると理論的に予測されている[4]。また，部分的に結晶化したa-CNxでも，硬度が増加し，耐摩耗性を更に向上することが考えられる。更に，成膜時の窒素含有によるグラファイト状の構造変化層の促進や窒素を含む官能基による各種ガスや水及び潤滑油の吸着による特異な摩擦特性の発現が期待できる。

　このように期待される窒化炭素であるが自然界には存在しない。そこで，高エネルギーを付与できるイオンビームミキシング法により成膜を試みた[5~7]。その結果，残念ながら，結β-C_3N_4型の結晶は見られず，得られた膜の窒素含有量がXPSにより測定され，11at%であった。また，構造がラマン分光法で調べられ，a-CNx膜のスペクトルがDLC膜のスペクトルと似ており，炭素のsp^2結合とsp^3結合が混在していることが明らかになった。TEMで解析像が得られ，アモルファス構造であることが確認された。また，薄膜評価装置により押し込み硬さが求められ，Siウエハが7GPaであるのに対し，a-CNxは約21GPaであった[5~7]。

　このような非晶質窒化炭素膜（a-CNx膜）において，乾燥窒素中で摩擦係数が0.01以下となる超低摩擦[5~7]，添加剤を含有しないベース油（PAO油）中での低摩擦[8]が報告されている。また，その超低摩擦機構の解明のために，構造変化層の窒素の含有率[9]，硬さ[10]やオーバーコートの影響[11]が明らかにされ，a-CNx膜の摩擦誘導構造変化層による超薄膜固体潤滑である事が提案されている。更に，a-CNx膜の超薄膜固体潤滑の実証及び構造最適化のために摩擦面構造変化層のその場評価装置が提案され，その有効性が実証されている[12]。これらの研究成果に基づきa-CNx膜のトライボロジー特性の特異性について紹介する。

12.2　a-CN膜の乾燥窒素中における超低摩擦の発現

　図1に成膜原理を示すイオンビームミキシング法により成膜した後に，セラミックピンに対する摩擦係数が求められた。その実験の際，種々の雰囲気ガスがチャンバー内に導入され，摩擦に及ぼす雰囲気ガスの影響が明らかにされた。セラミックピンは直径8mmのHIPの窒化ケイ素球であり，荷重は10mN一定である。a-CNx膜のホルダーの回転速度は10rpmである。雰囲気としては，大気中，高真空（2×10^{-4}Pa），窒素中，二酸化炭素中及び酸素中が用いられた。摩擦時

＊　Noritsugu Umehara　名古屋大学　大学院工学研究科　教授

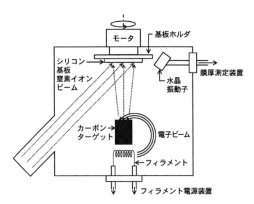

図1　イオンビームミキシングによるa-CNx膜コーティングの原理図[6]

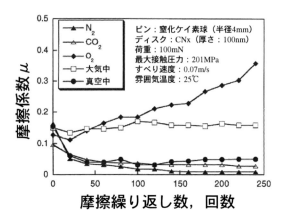

図2　種々の雰囲気中におけるCNx膜と窒化ケイ素球摩擦係数の摩擦繰り返し数に伴う変化[6]

の荷重と摩擦力が測定された。

図2に，種々の雰囲気中における摩擦係数に及ぼす摩擦繰り返し数の影響を示す。図より，大気中と酸素中において，摩擦係数が摩擦繰り返し数とともに増加していることが分かる．一方，窒素中，高真空中，一酸化炭素中では減少した。

図3に，摩擦繰り返し数が240回後の摩擦係数に及ぼす雰囲気ガスの影響を示す。図より，a-CNx膜と窒化ケイ素の摩擦は，雰囲気ガスに非常に大きな影響を受けることが分かる。その結果，窒素中では0.009という非常に大きな値を示し，二酸化炭素中では0.03，高真空中では0.05であった。一方，大気

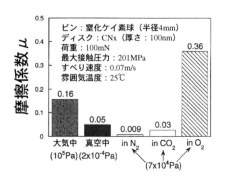

図3　a-CNx膜と窒化ケイ素球の摩擦係数に及ぼす雰囲気ガスの影響（摩擦繰り返し数：240回）[6]

第2章　機械的応用展開

中では0.15，酸素中では0.36であった。このように酸素があると摩擦係数が急増する原因は，酸素によるa-CNxのドライエッチングが生じ，その結果，表面にダングリングボンドが生じ，表面が活性になるためと考えられる。また，最近，摩擦後のa-CNx面の詳細な表面分析が行われ，低摩擦発現メカニズムとして雰囲気ガスとの反応によるa-CNx膜の極表面のグラファイト化と，表面微小突起の減少による平滑化が重要である事が提案された[6]。また，この摩擦によるグラファイト化に関してはラマン分光スペクトル法によりa-CNx極表面の摩擦前後における構造変化から実証されている[6]。

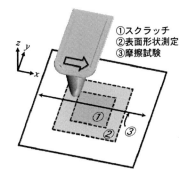

図4　極表面の機械特性評価のためのマイクロスクラッチ試験[10]

12.3　a-CNxの乾燥窒素ガス中超低摩擦発現メカニズム[9, 10]

　窒素中で摩擦係数が0.01以下の場合の摩耗痕内のオージェ分光分析が行われ，窒素中で超低摩擦が得られた場合，表面から10～15nm程度の表面層から窒素原子が消失していることが明らかになった。一方，アルゴン中の摩擦では窒素原子の割合は摩擦によって変化しないことが明らかになった[9]。

　更に，超低摩擦が得られる際に，そのような数10nmの厚さの軟質層が形成されるかどうかを確認するために，摩擦係数が0.01以下となったa-CNxの摩耗痕において，AFMの探針をダイヤモンド針に交換し，マイクロスクラッチ試験により，極表面層の硬さの評価が行われた。木村，月山ら[10]は，乾燥窒素中の摩擦で0.01以下の超低摩擦を発現したa-CNx膜の摩耗痕において，図4に示す750nm角のダイヤモンド探針によるスクラッチ試験と，1,500nm角の広域領域の形状測定を繰り返すことで，同じ荷重におけるスクラッチ深さから極表面層の硬さを評価した。その結

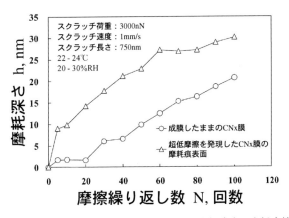

図5　繰り返しスクラッチに伴う，0.01以下の摩擦係数が得た摩耗痕内と摩耗痕外のスクラッチ深さ[10]

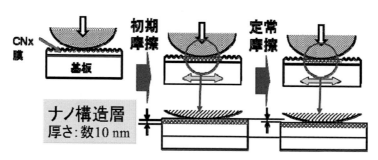

図6　a-CNx膜における摩擦誘導超低摩擦ナノ構造膜による長寿命・超低摩擦実現のモデル図

果を図5に示す。図より，超低摩擦を示す摩耗痕内では，10nm程度の深さまで直ぐに掘り起こし，その後のスクラッチ深さのスクラッチ繰り返し数に伴う増加は，摩擦前と同程度であることが分かる。本スクラッチ深さの結果から，摩擦前11GPaであった硬さが，超低摩擦を示す摩耗痕内では2GPaまで減少した事が明らかになった。これらの評価から，硬質カーボン膜において，数10nmの軟質構造変化層の摩擦による生成が，硬質炭素膜の超低摩擦に大きな影響を及ぼすことが示された。

以上の結果から，本a-CNx膜は，図6に示すように摩擦により誘導形成された低せん断層を有する構造変化層による薄膜固体潤滑が連続して生じているために低摩擦が得られていると考えられる。一般的な薄膜固体潤滑材の場合は，固体潤滑膜の膜厚が薄い場合，摩擦後直ぐに摩耗するため実際の使用は困難である。しかし，本a-CNx膜の場合は，摩擦により低せん断強度を有する固体潤滑層が形成するため，nmスケールの構造変化層が摩耗しても直ぐに，下から新たな低せん断層が形成するため，長く低摩擦を保持することが可能になる非常にスマートなシステムを実現すると考えられる。

12.4　a-CNxの添加剤を含有しないベース油（PAO油）中での超低摩擦発現[8]

イオンビームミキシング法で成膜された窒化炭素（a-CNx）膜は相手材料に窒化ケイ素（Si_3N_4）球を用い，乾燥窒素雰囲気下において摩擦試験を行うと，0.01以下の超低摩擦が発現すると報告されている[5〜7]。しかし，超低摩擦発現状態のa-CN膜とSi_3N_4球の摩擦面に，ベース油を滴下すると摩擦係数が急激に増加し，超低摩擦状態が維持されないことが報告されており[12]，潤滑油中における超低摩擦現象は容易に実現されない。なぜベース油を添加すると摩擦係数が急増したかを明らかにするために，a-CNx膜の乾燥窒素中での摩擦で超低摩擦のために必要な2つの要素に注目した。一つは，摩擦に伴うa-CNx膜のグラファイト状の材料への構造変化[6]であり，もう一つは相手材料へのa-CNx膜の移着である。これらの2つの要素の影響を明らかにするために，予め窒素吹き付け下で超低摩擦が得られるまでなじみ摩擦試験を行ったa-CNx膜や移着膜の形成されたSi_3N_4球を準備し，これらを異なる組合せにて摩擦試験を行なって比較検討を行った。イオンビームミキシング法でSiウエハ上に成膜されたa-CN膜とSi_3N_4球の摩擦試験はピンオンディス

第2章　機械的応用展開

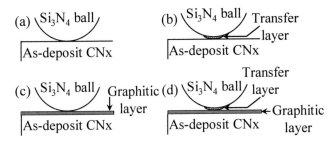

図7　異なる処理を行ったa-CNxとSi₃N₄球[8)]
(a)成膜したままのa-CNx膜とSi₃N₄球，(b)成膜したままのa-CNx膜と移着膜のあるSi₃N₄球，(c)事前に乾燥窒素中で摩擦したa-CNx膜とSi₃N₄球，(d)事前に乾燥窒素中で摩擦したa-CNx膜と移着膜のあるSi₃N₄球

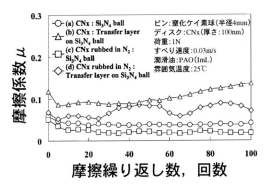

図8　異なる処理を行ったa-CNxのPAO中における摩擦係数[8)]

ク型摩擦試験機により行われた。摩擦試験は1 mlのPAO潤滑油をCNx膜及びSi₃N₄球の間に滴下した後に行われた。摩擦試験組合せ条件は(a)as-deposit a-CNx膜とSi₃N₄球，(b)as-deposit a-CNx膜と移着膜の形成したSi₃N₄球，(c)窒素吹き付け下なじみ摩擦後a-CN膜とSi₃N₄球，及び(d)窒素吹き付け下なじみ摩擦後a-CNx膜と移着膜の形成したSi₃N₄球の4通りである。これら試験条件の模式図を図7に示す。図8にPAO潤滑油中における，4通りの組合せでの摩擦繰り返し数に伴う摩擦係数の変化を示す。(a)のa-CNx vs Si₃N₄球の組合せでは，初期0.06程度の摩擦係数からわずかに摩擦係数は減少し，0.04程度で一定となった。(b)のa-CNx vs Si₃N₄移着膜球の摩擦係数の場合，初期摩擦係数は約0.12であり，予め移着膜が形成されていた場合，移着膜のない球に比べ摩擦係数は高いことが明らかとなった。(c)の構造変化a-CNx膜 vs Si₃N₄球との摩擦試験の場合，初期摩擦係数0.04程度から徐々に摩擦係数は減少し30cycles程度から摩擦係数は約0.017となった。予め窒素吹き付け下において超低摩擦となるまで表面をなじみ摩擦した結果，この組合せは潤滑油中において非常に低い摩擦係数となることが初めて明らかとなった。(d)の構造変化a-CNx膜 vs Si₃N₄移着膜球の摩擦試験の場合，初期摩擦係数は0.07程度であるがその後摩擦係数は一定値に安定せず，約0.06〜0.09の範囲となった。

171

これらの対照実験の結果から，摩擦係数は，なじみ摩擦がない場合はベース油中で0.04程度であったのが，乾燥窒素中で生成したグラファイト状の構造変化層により摩擦係数を0.017まで減少させるが，移着膜が形成することで摩擦係数を0.12まで増大させることが明らかとなった。a-CNx膜のグラファイト状の構造変化層において，乾燥窒素中の摩擦により表面エネルギーの非極性成分が増大する事が明らかになっており，そのため油性が増大し低摩擦になったと考えられる。一方，移着膜は油中での摩擦により剥離し硬質粒子として摩擦面に介在するため摩擦係数が増大したと考えられる。

12.5　a-CNx膜の反射分光分析摩擦面その場観察による構造変化層の厚さ及び物性と摩擦係数の関係[13]

a-CNx膜の超低摩擦現象において，摩擦により形成されるnmスケールの厚さの構造変化層が摩擦を支配しており，この構造変化層を固体潤滑膜と考えれば，Halling[14]により提案された軟質膜が成膜された表面粗さを有する表面と，平滑面の摩擦における摩擦係数を与える式により，構造変化層の分析から摩擦係数の推定が可能になると考えられる。

そこで，本研究では，Hallingの式で摩擦推定に必要な，「構造変化層の厚さt」，「構造変化層の硬さHc」及び「構造変化層の表面粗さRq」を反射分光分析装置による構造変化層の光学的特性から推定し，Hallingの式[14]で推定された摩擦係数と，実験により得られた摩擦係数の比較を行い，反射分光分析法による摩擦時その場分析に基づく摩擦係数の推定の可能性を検討した。

図9に摩擦面その場観察摩擦装置を示す。a-CNx膜とサファイアガラスのピンオンディスク摩擦装置において，大気中で乾燥窒素ガスを吹き付けながら摩擦面をサファイアガラスを通して，反射分光膜厚計で測定することで構造変化層厚さを測定した。同時に摩擦力が計測された。

また，反射分光分析装置により構造変化層の光学特性（屈折率n，消衰係数k）が求まる。この構造変化層の光学特性が，sp^2構造のカーボン膜，sp^3構造のカーボン膜及びa-CNx膜の光学特性の体積割合の積の総和で決定されると仮定すると，光学特性から，この構造変化層のsp^3構造の体積割合fsp^3を推定することが可能である。また，Robertsonは，DLC膜においてsp^3構造の体積割合fsp^3が明らかになれば，そのDLCの硬さが推定できることを明らかにしている[15]。そこで，本研究においても，a-CNx膜において，摩擦前と，異なる摩擦係数を示した4つの摩擦痕において，sp^3構造の体積割合fsp^3を推定し，硬さとsp^3構造の体積割合fsp^3の実験式から硬さHcのその場推定を行った。さらに，a-CNx膜構造変化層表面の粗さも，表面粗さと構造変化層の固体層と空気層の体積割合の関係から，光学特性と表面粗さの関係を推定し，光学的特性から自乗平均粗さRqを推定した。

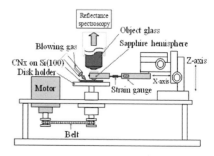

図9　摩擦面反射分光その場観察摩擦試験装置の概略図[13]

第2章　機械的応用展開

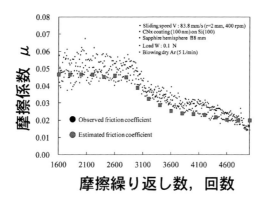

図10　反射分光スペクトルから得た摩擦誘導構造変化層の厚さと硬さ及び表面粗さの推定値から推定した摩擦係数と，同時に測定された摩擦係数の摩擦繰り返し数に伴う変化[13]

このように，摩擦時のa-CNx膜のfsp^3，Hc及びRqが非接触で推定可能であることが明らかになった。そこで，次に摩擦時その場観察摩擦試験機において，摩擦係数と上述した構造変化層の特性値の摩擦時その場計測を行い，Hallingの式を用いて，摩擦係数μの構造変化層の特性値による推定が可能かどうか検討した。ピンオンディスク装置において乾燥アルゴンガスを吹き付けながらa-CNx膜とSi_3N_4球の摩擦実験を行った。得られた結果を図10に示す。

本実験において，摩擦繰り返し数1,600回までは構造変化層厚さ3nm以下で有り薄く評価できなかった。そこで，摩擦繰り返し数が1,600回以上において実測された摩擦係数と，Hallingの式より推定された摩擦係数を示した。但し，摩擦繰り返し数1,600回における摩擦係数の推定値は0.046であると仮定し，実験値と合わせた。図より，推定値と実験値が摩擦繰り返し数の増加とともに，同様の傾向で推移していることが分かる。このことから本研究で提案し反射分光分析による構造変化層の光学的特性による摩擦係数の推定は有効と考えられる。

12. 6　今後の展望

イオンビームミキシング法で成膜したa-CNx膜が乾燥窒素中と添加剤を含まないベース油中で超低摩擦を示す事が明らかになり，その超低摩擦機構も徐々に解明されてきた。

今後，実用性を考慮した場合，a-CNx膜の硬さや密着性などを更に改善し，多層化及び厚膜化することが求められる。最近，服部，梅原らにより，FCVAによるta-Cの成膜と窒素イオンビームの成膜を同時に行うことによる35GPa程度で窒素を11at%程度含有する硬質なa-CNx膜の成膜の可能性が明らかになっている[16]。

このような硬質なa-CNx膜の成膜により実用化及び更なる用途の拡大が期待できる。

DLCの基礎と応用展開

文　　献

1) J. C. Sanchez-Lopez, A. Erdemir, C. Donnet, T. C. Rojas, *Surface and Coatings Technology*, **163-164**, 444 (2003)
2) A. Erdemir, O. L. Eryidmaz and G. Fenske, *J. Vac. Sci. Technol.*, **A18**(4), 1987 (2000)
3) A. Erdemir, *Surface Coatings and Technology*, **146-147**, 292 (2001)
4) A. Y. Liu and M. L. Cohen, *Science*, **245**, 841 (1989)
5) N. Umehara, K. Kato and T. Sato, *Proc. of ICMCTF, San Diego*, 151 (1998)
6) N. Umehara, M. Tatsuno and K. Kato, *Proc. ITC Nagasaki*, 1007 (2001)
7) K. Kato, N. Umehara, K. Adachi, *Wear*, **254**, 1062 (2003)
8) 小河雄一郎,野老山貴行,梅原徳次,不破良雄,日本機械学会論文集(C編), **75**, 752, 1088 (2009)
9) T. Tokoroyama, M. Goto, N. Umehara, T. Nakamura, F. Honda, *Tribology letters*, **22**(3), 215 (2006)
10) 木村徳博,月山陽介,野老山貴行,梅原徳次,機械学会論文集(C編), **76**(772), 3794 (2010)
11) 王懐鵬,野老山貴行,梅原徳次,不破良雄,日本機械学会論文集(C編), **75**(754), 1859 (2009)
12) Y. Ogawa, T. Tokoroyama, N. Umehara and Y. Fuwa, *Proc. of The Third Asia Int. Conf. on Tribology*, 299 (2006)
13) H. Nishimura, N. Umehara, H. Kousaka, T. Tokoroyama, *Tribology International*, **93**, 660 (2016)
14) J. Halling, *Tribology International*, **12**(5), 203 (1979)
15) J. Robertson, *Materials Science and Engineering* **R37**, 129 (2002)
16) T. Hattori, N. Umehara, H. Kousaka, Y. Fuwa and M. Kishi, *Proc. ITC Tokyo*, 17aB-07 (2016)

第3章　電気的・光学的・化学的応用展開

1　DLCの電気特性と化学構造との関係

鷹林　将*

　DLCは周知のように，sp^2炭素・sp^3炭素・水素の三成分比に依存して，幅広い物性を発現する。本節ではDLCの電気特性に着目して，その化学組成との関係を明らかにする。ラマン分光解析と組み合わせることによって，最終的にDLCの化学構造モデルを提案する。

　サンプルDLC薄膜は，光電子制御プラズマCVD法を用いて，同グロー放電下で成膜した[1]。メタン/アルゴンガス流量を10/50 sccmに固定して，シリコン基板上に成膜圧力の異なるDLC薄膜を作製した。得られたDLC薄膜表面には，既存の半導体フォトリソグラフィープロセスを用いて，電気特性測定用の電極ならびに膜厚測定用のエッチング孔を作製した。

　まず，電気特性について考察していく。図1(a)，(b)にそれぞれ，DLC薄膜の比誘電率κおよび絶縁破壊電界*E_{BD}の成膜圧力依存性を示す。後者は正負両方向の分極について測定した。比誘電率は300 Paで最大値を示す凸型形状になり，絶縁破壊電界（負分極の場合はその絶対値）は逆に凹型形状になっていることがわかる。

　一般に，物質の比誘電率が大きくなると，分極によってもたらされる電場**（分極電場P）は強くなる。式(1)に示すLorentzの関係より，外部電場Eが弱くても，物質内の局所電場Fは結果的に強くなる[2]。

$$F = E + \frac{P}{3\varepsilon_0} \tag{1}$$

　ここで，ε_0は真空の誘電率である。さらにχを物質の電気感受率とすると，分極電場は$P \equiv \varepsilon_0 \chi F$で表されるから（ただし，$|P|$が非常に大きくなる強誘電体の場合を除く），式(1)は，

$$P = \varepsilon_0 \left(\frac{\chi}{1 - \frac{\chi}{3}} \right) E \tag{2}$$

と変形できる。ゆえに式(1)，(2)より，外部電場によって誘発される分極電場は，物質内の局所電場を強くし，これは再び分極電場を強くすることがわかる。最終的な局所電場は，自己無撞着的に得られる。式(1)はまた，比誘電率が大きくなると，局所電場が強くなるために絶縁破壊電界は

---

*, **電界と電場の意味するところは同じであるが，ここでは慣例的用法にしたがい，これらの単語を使い分けた。

---

　*　Susumu Takabayashi　㈱アドテックプラズマテクノロジー　開発部

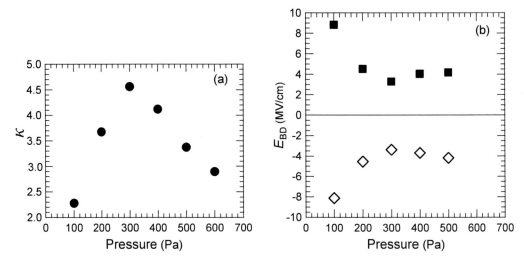

図1　DLC薄膜の(a)比誘電率および(b)絶縁破壊電界の成膜圧力依存性

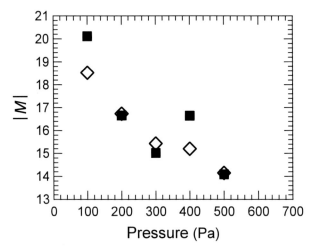

図2　指数Mの絶対値の成膜圧力依存性
絶縁破壊電界測定時の分極：■ 正，◇ 負

逆に小さくなることも示唆する。逆も然り。図1(a)，(b)の結果は一見，これにしたがっているように見える。

　詳しく両者の関係を調べるため，図2にその積の絶対値$|M|$（$\equiv |\kappa \cdot E_{BD}|$）の成膜圧力依存性を示す。正負の絶縁破壊電界分極のため，Mは絶対値をとった。図より$|M|$は，分極方向に関わらず，圧力に対して単調に減少していった。

　Lorentzの関係から，絶縁破壊電界が比誘電率の逆数に比例すると仮定すると，Mは一定となるだろう。しかしながら，Mが成膜圧力の関数となっている事実は，DLC薄膜の電気特性を決定

第3章　電気的・光学的・化学的応用展開

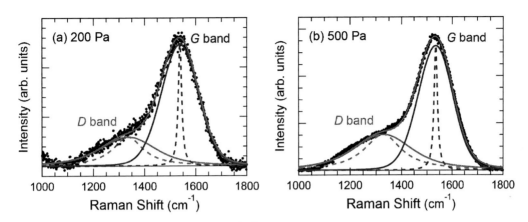

図3　DLC薄膜のラマンスペクトル
成膜圧力：(a) 200 Pa, (b) 500 Pa。ドットは実験値，実線は解析曲線，破線は解析曲線の内のLorentz関数成分

するためには，他の要素も考慮しなければならないことを示唆する。

次に，ラマンスペクトルを考察していく。炭素材料のラマン活性の是非は，最安定構造の一つである六員環（ベンゼン）のそれを基本とする。群論では六員環の対称性はD_{6h}点群に属し，そのA_{1g}モードがDバンド，E_{2g}モードがGバンドと呼ばれている。群論の仔細については文献[3]を参照されたい。

結晶性のグラファイトやグラフェンなどのラマンスペクトルでは，明確に独立したDならびにGバンドが観測される。これらはLorentz関数で良く解析できる。しかしながら，アモルファス性のDLCのスペクトルでは，これらのバンドが融合した形状を示し，ピーク分離解析が欠かせない。筆者らは，DLCのアモルファス性をGauss関数で代表させることで，式(3)に示す解析関数$T(\bar{\nu})$を提案している。

$$T(\bar{\nu}) = [(L_D + L_G) * G](\bar{\nu}) = \int_{-\infty}^{+\infty} [L_D(\bar{\nu}') + L_G(\bar{\nu}')] G(\bar{\nu} - \bar{\nu}') d\bar{\nu}' \tag{3}$$

ここで，$L_D(\bar{\nu})$および$L_G(\bar{\nu})$はそれぞれ，DバンドおよびGバンドのLorentz関数，$G(\bar{\nu})$は共通のGauss関数である。Γ_{LD}およびΓ_{LG}をそれぞれ，$L_D(\bar{\nu})$および$L_G(\bar{\nu})$の半値幅，Γ_Gを$G(\bar{\nu})$の半値幅とする。Γ_{LG}に高配向性グラファイト（HOPG）の値を用いることによって，ピーク分離解析を達成した。図3にピーク分離結果を示す。

図4 (a), (b), (c)それぞれに，Γ_{LD}, Γ_G, $A(D)/A(G)$の成膜圧力依存性を示す。$A(D)/A(G)$はDバンドとGバンドの面積比である。グラファイトの解析[4]にならって，その強度比（$I(D)/I(G)$）がDLCのラマン解析にも用いられている。しかしながら図4 (a), (b)から明らかなように，Γ_{LD}およびΓ_Gは共に一定ではない。互いに幅の異なるピークを比較するには，強度比では指標としては不十分であり，面積比で比較した方がより一般性が高い。

図より，Γ_{LD}および$A(D)/A(G)$は成膜圧力が500 Pa付近まで増大し，その後減少に転じてい

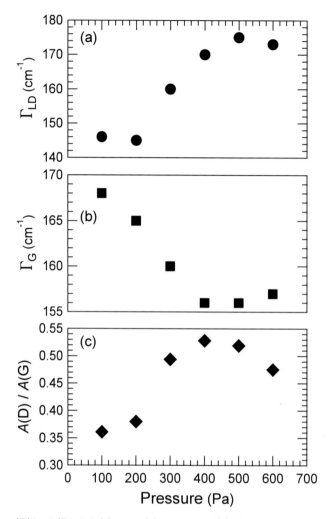

図4　ラマン解析から得られた(a) Γ_{LD}, (b) Γ_G, および(c) $A(D)/A(G)$値の成膜圧力依存性

ることがわかる．特に300 Paまでの増加が顕著である．一方Γ_Gについては，500 Paまで単調減少していき，600 Paで少し回復している．

　以上の結果から，筆者はDLCの化学構造について，「sp^2クラスターモデル」なるものを提案する．図5に同モデルを示す．同モデルでは，多数の導電性であるsp^2炭素のクラスター（sp^2クラスター）が，sp^2炭素/sp^3炭素/水素から成る誘電性（絶縁性）の媒体（matrix sea）に囲まれている，ないしその中に浮かんでいる．sp^2クラスターは，必ずしもグラフェンシートのような多環構造であるべきではなく，π共役した脂肪鎖でもよい．むしろ，両者が混在した石炭のような構造を考えれば遠くないだろう．他方のmatrix seaはsp^2炭素を含んでいてもよいが，それは共役しておらず，媒体全体として誘電性（絶縁性）でなければならない．

第3章　電気的・光学的・化学的応用展開

図5(a)に，300 Pa以下の成膜圧力が低いときのsp^2クラスターモデルを示す。低圧力のためにイオンの平均自由行程が長く，その運動エネルギーは大きい。十分に加速されたイオンは，成長中の薄膜に作用する（イオンアシスト）。圧力が低いためにメチルならびにそのフラグメントラジカルの絶対数は少ないものの，イオンアシストにより分散性の高いsp^2クラスター群が形成され，これが高いΓ_G値に表される。十分なイオンアシストにより成膜反応が促進され，低欠陥の膜となる。光電子制御グロー放電におけるイオンエネルギーは高々10 eV程度なので，スパッタ等の膜破壊現象は生じない。低欠陥はDバンドのフォノンの伝播距離を伸ばし，その寿命を長くする。Γ_{LD}の逆数はDバンドフォノンの寿命に比例することから，Γ_{LD}は小さくなる。さらにDバンド強度も弱くなるので，結果的に$A(D)/A(G)$は小さくなる。

圧力が次第に増加していくと，イオンアシストは弱められていく。sp^2クラスターは大きくなり，かつ個体差は小さくなっていく。そのためΓ_Gは減少していくことになる。欠陥は増加する方向に行き，結果的にΓ_{LD}と$A(D)/A(G)$は増大する。

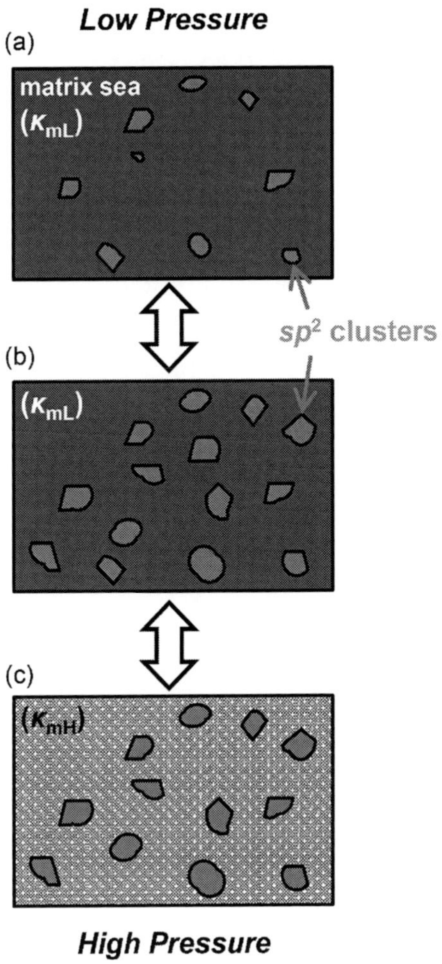

図5　DLC化学構造のsp^2クラスターモデル
成膜圧力：(a)低，(b)中，(c)高

さらに圧力が増加していくと，ソースとしてのメタン分子供給数は多くなるものの，その解離は不十分となるためにsp^2クラスター数は減少に転じる。欠陥は生じるものの，絶対数が減るために$A(D)/A(G)$は減少に転じ，Γ_Gはわずかに増加する。Dバンドフォノン寿命は若干延びるためにΓ_{LD}はわずかに減少する。

さて，matrix seaの比誘電率に視点を移してみよう。欠陥の少ない図5(a)の場合，matrix seaは密であり，その比誘電率κ_{mL}は比較的大きい。なお，sp^2クラスターの欠陥に関するDバンド強度が弱いことは，matrix seaの欠陥も同様に少ないことを示唆している。図5(b)の場合も比誘電率はほぼ変わらないとする。成膜圧力が高くて欠陥の多い図5(c)の場合，多数の欠陥はmatrix seaの密度を疎にする。このときのmatrix sea全体の静電容量は，空気とmatrix sea固有のものとの直列合成容量と見なせるので，その比誘電率κ_{mH}は，$\kappa_{mL} > \kappa_{mH}$の関係となる。

以上の考察から，DLC薄膜全体の静電容量C_{DLC}を考えてみる。図5(a)および(b)におけるC_{DLC}は，

$$C_{\mathrm{DLC}} = \kappa_{\mathrm{mL}}\, \varepsilon_0 \frac{S}{d - d_{sp2}} = \left(\frac{d}{d - d_{sp2}} \kappa_{\mathrm{mL}}\right) \varepsilon_0 \frac{S}{d} \tag{4}$$

と表される。ここで，Sおよびdはそれぞれ，電極面積およびDLC膜厚である。d_{sp2}は，sp^2クラスター群の電極法線方向の直径の総和である。DLC薄膜はアモルファス性のため，異方性はないと考える。式(4)は，平行平板コンデンサ内にある一定の厚さの金属板を挿入した場合と同様に考えることができる。式(4)より，図5(a)および(b)における比誘電率κ_{L}は，d_{sp2}のためにκ_{mL}よりも大きくなる。成膜圧力が高くなって（図5(a)から(b)へ），sp^2クラスターのサイズが大きくなると，κ_{L}は増大することがわかる。

ところが，さらに圧力が増大してmatrix sea中の欠陥が多くなると（図5(c)），前述のようにmatrix sea自体の比誘電率はκ_{mH}へと低下する。そのため，sp^2クラスターの支配割合がほとんど変わらないとすると，式(5)に示すように，このときの比誘電率κ_{H}はκ_{L}よりも小さくなる。

$$\kappa_{\mathrm{H}} = \frac{d}{d - d_{sp2}} \kappa_{\mathrm{mH}} < \frac{d}{d - d_{sp2}} \kappa_{\mathrm{mL}} = \kappa_{\mathrm{L}} \tag{5}$$

以上をまとめると，DLC薄膜の比誘電率κは，式(6)に示すように，matrix seaの比誘電率κ_{m}（κ_{mL}とκ_{mH}をまとめた）とd_{sp2}の関数となる。

$$\begin{cases} \kappa = \kappa(\kappa_{\mathrm{m}}, d_{sp2}) \\ E_{\mathrm{BD}} = E_{\mathrm{BD}}(d_{sp2}^{-1}) \\ M = M(\kappa_{\mathrm{m}}) = \kappa_{\mathrm{DLC}} \cdot E_{\mathrm{BD}} \end{cases} \tag{6}$$

絶縁破壊電界E_{BD}は，d_{sp2}が大きくなるとmatrix seaにかかる電界が強くなるので，第2行のようにd_{sp2}の逆数の関数となる。したがってMは，第3行に示すように先述の仮定とは異なって，κ_{m}の関数となる。すなわちsp^2クラスターモデルに対応して，成膜圧力が増大するにつれてmatrix seaの比誘電率が小さくなっていく（$\kappa_{\mathrm{mL}} \rightarrow \kappa_{\mathrm{mH}}$）ことが示される。

結論すると，DLC薄膜の比誘電率を高くしたい（high-κ）場合は，ラジカル供給とイオンアシストのバランスが取れる成膜圧力で成膜すればよい。ただし比誘電率を高くすると，絶縁破壊電界は小さくなる。逆に薄膜の比誘電率を小さくしたい（low-κ）場合は，成膜圧力を低くしてイオンアシストの効果を高めるか，非常に高くしてラジカル供給量を高めるかしなければならない。ただし後者の場合は，matrix seaにかかる電界が強くなるので，絶縁破壊電界はさほど高くならない。

以上，ラマンスペクトル解析結果をsp^2クラスターモデルで説明し，同モデルをもってDLC薄膜の電気特性を明らかにした。今回の解析に用いたDLC薄膜は光電子制御グロー放電で成膜したものであったが，今後は他の成膜法で作製したDLC薄膜にも適用し，構造に関する統一した知見を求めていきたい。

第 3 章　電気的・光学的・化学的応用展開

文　　献

1) S. Takabayashi, M. Yang, S. Ogawa, H. Hayashi, R. Ješko, T. Otsuji, Y. Takakuwa, *J. Appl. Phys.*, **116**, 093507（2014）
2) 高重正明，物質構造と誘電体入門，第 4 版，裳華房（2009）
3) 小野寺嘉孝，物性物理/物性化学のための群論入門，第 5 版，裳華房（2008）
4) F. Tuinstra, J. L. Koenig, *J. Chem. Phys.*, **53**, 1126（1970）

2　DLC膜のガスバリヤ性とその応用の最前線

白倉　昌[*1]，森　貴則[*2]，鈴木哲也[*3]

2.1　はじめに

　DLC（ダイヤモンドライクカーボン）膜が有する種々の機能の中でもガスバリヤ特性は，近年飲料用ポリエチレンテレフタレート（PET）ボトルの中味保存性に応用され，内面にDLCコーティングしたPETボトルの量産とともに世界的に普及が進んでいるユニークな機能といえよう。1987年にAngus[1]による硬質DLC膜中のアルゴンの拡散係数が$10^{-18} cm^2/s$以下であり，ポリエチレン中に比べて$1/10^{10}$であるというDLCのガス透過に関する最初の報告があったが，1990年代の初めまでは，DLCの成膜がハイテクを要する真空プロセスであったこともあり，シンチレーション検出器の窓，機械部品の腐食保護膜，光ファイバー，センサー，超伝導線材などの劣化防止用シール材としての利用可能性が検討されている程度であった[2~4]。DLCのガスバリヤ応用が大きく広がった契機は，1997年にDLC膜を飲料用PETボトル内面にコーティングする技術が発表されてからである[5,6]。日本国内では，当初加温されて販売される緑茶，紅茶などのPETボトル入り飲料の酸化劣化防止，ついで炭酸飲料のガス抜け防止，調味料などの酸化防止用として商品化され，現在では，ワイン，日本酒について2015年にはビールにも採用され，年間3億本に近いDLCコーティングPETボトルが使用されている（図1参照）。また世界では2000年にベルギーでビール用PETボトルとして最初に登場した。

　DLC膜のガスバリヤ応用で特徴的な点は，炭化水素ガスからプラズマ化学気相蒸着（CVD）によって水素化非晶質炭素（a-C:H）とも呼ばれる水素含量が高い膜を基材に成膜した場合にガスバリヤ向上効果を発揮する点である。水素含量が少ないと膜自体の内部応力や基材の変形によって膜構造に亀裂が生じガスバリヤ性がかえって低下することが知られている[7,8]。水素含量が高く柔軟性を有する薄膜であることから堅牢な無機材料と異なり，そのガスバリヤ性には現状では限界がある。図2に示すように，DLC膜のガスバリヤ特性を酸素バリヤ性と水蒸気バリヤ性の両面から産業界での応用範囲をみると，食品や薬品の包装容器のバリヤ要求特性を充たしているが，非常に高バリヤ性を要求される電子デバイスや有機液晶の保護には単独の膜としては十分ではない。

　ここでは最も普及が進んでいるPETボトル内面へのDLCコーティングとその応用展開の状況，新プロセスとして一部で実用が近い大気圧プラズマ法によるガスバリヤ性向上技術について紹介する。

[*1]　Akira Shirakura　オールテック㈱　代表取締役
[*2]　Takanori Mori　慶應義塾大学　大学院理工学研究科　開放環境科学専攻
[*3]　Tetsuya Suzuki　慶應義塾大学　理工学部　機械工学科　教授

第3章 電気的・光学的・化学的応用展開

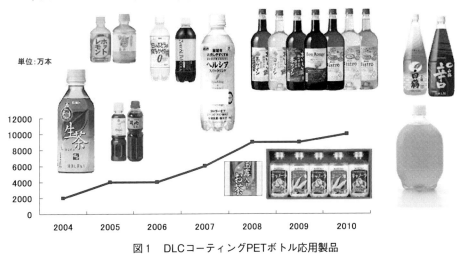

図1　DLCコーティングPETボトル応用製品

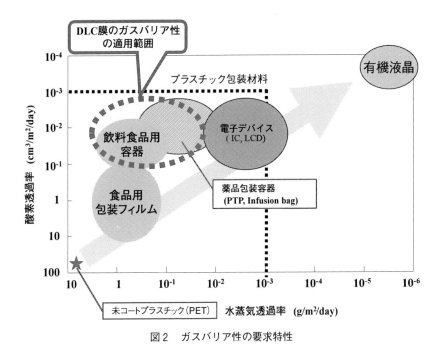

図2　ガスバリア性の要求特性

2.2　PETボトル内面へのDLCコーティングと改良開発の状況

　一般にプラスチック材料は高分子の鎖が絡み合って熱振動している柔軟な構造であるため，容器として使用すると気体が透過したり，匂いなどの有機成分を吸着したりする性質がある。その結果，短期間のうちに酸素が容器内に進入して内容物が酸化されて香味の劣化や外観の変色を引

183

き起こし，逆に炭酸飲料では二酸化炭素が容器を透過して放散し，いわゆる気抜け状態となる。特にPETボトルは，軽い，透明，割れない，再封できるなどの利点により，1990年代から世界的に使用量が急増し，現在飲料容器として最も広く使用されている[9]。500mlの標準的なPETボトルの酸素透過率は，室温23℃において0.03cc/bottle/day＝0.09ppm（v/v）/day程度である。例えば，ビールに許容される酸素混入量は1

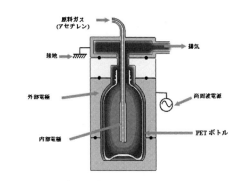

図3　PETボトル用DLCコーティング装置の模式図

ppm程度といわれており，品質が良好に保たれるのは12日程度となる。このような理由から，特に短時間で酸化劣化しやすいビール，ワイン，酒やホット販売のお茶などや，気抜けしやすい炭酸飲料などでのPETボトルの使用を可能にするために，1980年代からPETボトルのガスバリヤ性向上技術として特殊な樹脂材料を貼り合わせたり，ブレンドしたりする技術が開発されてきたが，コストやリサイクル（PETの回収再生）面で日用品としての普及には課題を抱えていた[10]。

　1997年，世界最初に発表されたPETボトル内面へのDLCコーティング技術は，キリンビール社とサムコ社との共同開発によるもので，低圧高周波プラズマCVD法によって厚み20〜40nmのDLC膜を成膜する。得られたDLC膜は，密度は1.2〜1.6g/cm^{3}であり，水素を25〜45at%含んでいるためプラスチック基材の変形に追従し亀裂を生じない柔軟性を有し，同時に高ガスバリヤ性を発揮する緻密性を持っているところに特徴がある[5]。さらに密着性の高い安全な膜であり，ボトルの壁厚の1万分の1程度の薄膜であるためリサイクルでも問題を生じないメリットがある。内面コーティングでは，緻密なDLC膜がボトル内面でガス分子の出入りをブロックすることでガスバリヤ性が向上するとともにPET樹脂と内容物の相互作用（成分吸着，溶出）を防止する効果があり，さらに生産面では，ボトル内部のみでプラズマ合成がなされるため電極が汚れにくく長時間運転が可能なメリットもある。図3に示す装置模式図において，ボトル内部にガス導入管を兼ねた接地電極を挿入し，外部の電極はボトル外壁に沿ってボトル形状に相似型の電極になっており，高周波が印加される。最初に電極内にPETボトルを設置してから内部を数Pa程度に真空引きし，原料ガス（反応性が高いアセチレンを用いる）を導入して，内圧を10Pa程度に維持しながら，外部電極に13.56MHzの高周波電力を10^2〜10^3Wの出力で印加する。これによりアセチレンがプラズマ化し，プラズマ中のイオンとラジカルが協奏的にPETボトル内面に引き寄せられて，ボトル内表面に一様で緻密なDLC膜が形成される。成膜速度は，10nm/sと速く，数秒で十分なガスバリヤ性を有するDLC薄膜が得られる。現在では毎時18,000本のスピードで成膜可能なロータリー式コーティング装置が稼動しており，その成膜プロセスと写真をそれぞれ図4，図5に示す[11]。

　表1にDLCコートボトルの酸素バリヤ性を示す。DLCコーティングを施したPETボトルは，

第3章　電気的・光学的・化学的応用展開

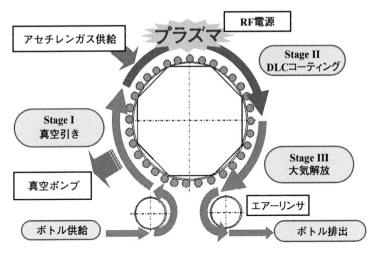

図4　ロータリー式コーティング装置の成膜プロセス

酸素バリヤ性が従来のPETボトルに比べ10〜20倍に改善され，ビールやワインなどの容器として十分使用できる程度の品質保持性が得られている。二酸化炭素のバリヤ性も酸素バリヤ性と同程度に向上している[12〜15]。

フランスのSIDEL社は，1999年，低圧マイクロ波プラズマを利用してPETボトルの内面に，非晶質炭素膜（DLCの中でも水素含量が高いためSIDEL社はポリマーライクカーボンを称する）をコーティングする量産システムを発表し，欧州でビール用

図5　PETボトル用高速DLCコーティング装置
三菱重工業社のパンフレットより引用

表1　DLCコートボトルの酸素バリア性

	未コートPETボトル	DLCコートPETボトル	BIF*
350mL耐熱ボトル	0.0244	0.0019	12.8
500mL炭酸ボトル	0.0360	0.0030	12.0
1500mL炭酸ボトル	0.0700	0.0034	20.5

測定：Mocon社製Oxtran2/20，20℃，60%RH
単位：酸素透過率，$cm^3/$(容器・日・0.21atm)
＊未コートボトルに対する改善倍率

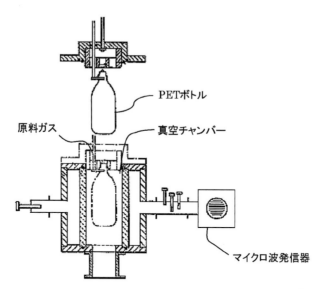

図6 マイクロ波プラズマDLCコーティング装置の模式図[14]

PETボトルに採用された。図6に示すようにチャンバ内にPETボトルを挿入し，マイクロ波（2.45GHz）によってボトル内部のアセチレンを励起し，内壁面にDLC膜をコーティングする。この時チャンバ内のボトル外部の空間はプラズマを生じないように数kPa以上の圧力に保たれ，ボトル内部の数Paに維持されたアセチレンのみがプラズマ励起するようにする。したがってPETボトルはボトル内外の圧力差でつぶれない程度の強度が要求される[16,17]。

一方低圧高周波プラズマCVD法では，内外の電極間で容量結合プラズマを発生させ，その時に外部電極に生じる自己バイアスを利用して緻密なDLC膜を形成するため，ボトル形状に相似形の外部電極が必要となり，異なる形状のボトルごとに電極チャンバを製作，交換が必要であった。また放電空間の狭い首部でプラズマ密度が高くなり，膜厚が不均一になる課題があったが，励起周波数を13.56MHzから低下させていくと6MHzで膜厚の均一性が最も向上してガスバリヤ性が最大となり，外部電極形状の自由度も増すことができている[18,19]。

ポリエチレン（PE）やポリプロピレン（PP）は包装材料として安価であり普及しているが，酸素の透過性がPETに比べて極めて高く，酸素ガスバリヤ性の改善が大きな課題である。しかしDLC膜や金属酸化膜などをコーティングしてもガスバリヤ性を大きく向上させる効果が得られなかった。その原因として，樹脂基材表面に膜の密着性に寄与する官能基が少ないことや，表面粗さがPET表面に比べて数十倍大きいことで密着性が低く欠陥の多い薄膜になることがわかってきた。最近の研究では，PP表面に官能基をグラフト重合したり，無機膜を塗布したりすることによってガスバリヤ性を飛躍的に向上させる技術が開発されている[20,21]。

DLCコーティングと同様にプラズマCVD法によって有機ケイ素化合物を原料として，酸化ケイ素系薄膜（SiOx）をボトル内面にコーティングする技術も開発され，DLCと競合して高バリ

第3章 電気的・光学的・化学的応用展開

ヤ性PETボトルとして商品化されている。SiOxコーティングは，DLCと同等のガスバリヤ性を発揮するが，特徴として，DLCが褐色の着色を膜厚の程度によって呈するのに対し，ガラスに近く透明であること，pH4.5を超える内容物では膜が剥がれたり，バリヤ性が低下したりする恐れがあること，酸化反応を伴い成膜速度がやや遅い点がある。最近ではSiO膜の上にトップコートとして，炭素を含む薄膜をコーティングしてpHが7付近の内容物にも対応できる技術が開発されている[22]。

2.3 PETボトルのリユース適性向上への利用

島村ら[5]は，PETボトル内面へのDLCコーティングによって典型的なかび臭の2,4,6,-trichloro-anisolと柑橘フレーバーのd-limoneneの吸着量が7，8割低減されていることを報告している。PETボトルは，高分子鎖の隙間に匂い，薬品などの化学成分が収着してしまい，使用後，回収して洗浄しても十分に吸着成分を除去できず，さらに洗浄剤が吸着してしまうことからリユース（再使用）は困難である。これに対し，内面にDLCコーティングしたPETボトルであればボトル内面への匂いや化学物質の吸着を防ぐことができ，ガラスびんのように洗浄・再使用できる可能性がある。2009年，関東経済産業局の事業としてDLCコーティングPETボトルのリユース実証実験が実施され，その有効性が確認された[23,24]。

この実証試験では，DLCとPET内表面との密着性を改善するためプラズマによる成膜の開始時に微量の酸素と窒素をアセチレン原料に混合し，非常に薄い中間層を形成させた。従来アルカリ洗剤での殺菌洗浄においてDLCとPETの界面にアルカリが侵入することによって，PET内面が加水分解してDLCが剥離してしまう現象が生じていたが，本手法によりこの現象を抑制することができた。その後，神奈川県庁職員など50名の協力を得て，3ヶ月にわたり，15回の充填，試飲，洗浄を繰り返した結果，試作DLCコーティングPETボトルは，15回のアルカリ洗浄に耐え，洗浄後の臭味異常も認められなかった。また消費者の誤用を想定した汚染物質保存試験においても高い吸着防止効果が得られた。この結果，コーティング，回収，洗浄に要する追加エネルギーを加味しても，リユース回収が10回以上であれば，エネルギー・環境負荷の低減に高い効果があることが確認できた。今後，社会システムの省資源，省エネルギー化に期待される技術である。

2.4 大気圧プラズマCVD法によるガスバリヤ性向上

DLC膜によるガスバリヤ性向上技術はPETボトルへでは成功を収めたが，低圧プラズマCVD法で必要となる真空装置を用いた場合，装置や運転に要するコストが高く，処理面積にも限界があるため，比較的安価なプラスチック材料を対象とするには経済性の面で実用化が困難である。広範に普及するためには真空設備を必要としない大気圧プラズマCVD法が有効である。大気圧プラズマ技術は1980年代に上智大の岡崎教授らによって報告され[25]，これまでに電極，パルス電源などを改良したDBD法（Dielectric Barrier Discharge：誘電体バリヤ放電）により，希ガス以

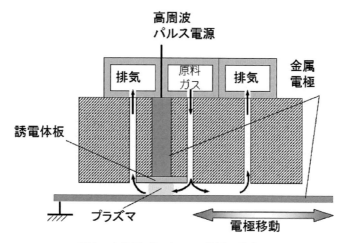

図7　大気圧プラズマCVD装置の模式図

外の窒素や空気でも安定したプラズマ放電が得られるようになった。DBD法とは，平行平板型金属電極の少なくとも一方に絶縁板（誘電体）を設置し，電極間にパルス状の高周波電圧を印加する方式である。慶應義塾大学鈴木哲也研究室では，キリンビールおよび積水化学との共同研究の結果，2005年に高圧パルス電源の波形，周波数，電極材質，ガス流れなどの工夫によって，大気圧下で始めてPETフィルム上にガスバリヤ性の高いDLC薄膜を作製することに成功した[26]。

DBD法を利用した大気圧高周波プラズマCVD装置の模式図を図7に示す。神奈川県産業技術センター内に，本研究成果をもとに製作したRoll-to-Roll式（図8）の500mm巾大気圧CVD装置を設置し，「公共試作開発ラボ」として事業化を支援する活動を行われている[27]。

図9に，大気圧プラズマCVD法でシリコン基板上に作製したDLC薄膜の断面高分解能電子顕微鏡写真を示すように，一様に非晶質の無機膜であることがみとめられる。大気圧プラズマCVD法で作製したDLC薄膜は低圧プラズマCVD法で作製した膜と比較すると，硬度，密度，厚み当りのバリヤ性ではまだ課題があるが，最近原料ガスの最適化とともに，放電形態をフィラメント状にしてプラズマ密度を局所に高めて制御する方法が開発され，低圧法と同性能の膜が得られており，実用化が進められている[28,29]。

図8　Roll-to-Roll式大気圧プラズマCVD装置

第3章　電気的・光学的・化学的応用展開

断面SEM像

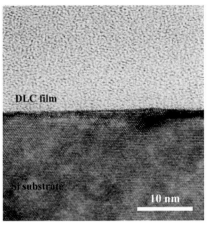
断面TEM像

図9　大気圧プラズマ法で作製したDLC膜の電子顕微鏡写真（Si単結晶基板）

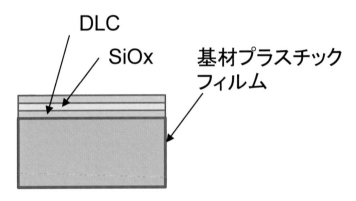

図10　積層ガスバリア膜の模式図

2．5　DLC膜と酸化ケイ素系膜の積層膜の大気圧プラズマによるコーティング

　慶応義塾大学鈴木研究室ではテトラパック社（本社スウェーデン）と共同し，DBD法によって大気圧中で成膜する技術を応用して，酸素ガスバリヤ性が極めて高い薄膜層をプラスチックフィルム基材（PET，ポリアミドなど）に連続成膜処理する方法の開発に最近成功した[30]。テトラパック社は，得られたフィルムは飲料用の紙パックやパウチなどの軟包装の材料として使用すると，高い内容物保存性を従来の材料に比べて低コストでできるとして実用化を目指している。

　薄膜の構造は図10に示すように，DLC膜と酸化ケイ素（SiOx）膜が積層された多層構造になっている。SiOx膜は，原料として，有機ケイ素化合物ガスと酸素を使用しており，厳密には，主成分のSi, Oの他にC, Hを含むSiO-CH膜である。大気圧中でDLC膜とSiOx膜を交互に成膜することによって密着性の高い構造で積層され，膜欠陥が減少して極めて高いガスバリヤ性を発揮する。さらに材料加工工程で受ける折り曲げ，引っ張りなどでも損傷を受けることがない柔軟性に

189

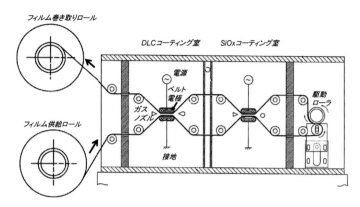

図11 Roll-to-Roll式大気圧プラズマ積層コーティング装置の模式図

富んでいる。慶應義塾大学ではテトラパック社と共同して，テスト用のベンチスケール連続成膜装置を開発した。成膜装置は図11に示すように新開発のベルト式移動電極を対向して配置する構造になっており，フィルムが向かい合って同時に成膜される。この結果電極にはプラズマが直接接触しない構造となり，電極に絶縁性の膜やダストも堆積しないためロール状のフィルムやシートに高速で連続して成膜することが可能である。

2.6 マイクロ波励起大気圧プラズマCVD法によるDLCコーティング

これまで述べてきたDBD法を利用した大気圧プラズマ技術は比較的容易に大面積化が可能であるが，平行平板電極の間隔が数mm程度と狭く，ガス流れも均一であることが要求されるため，基材の形状は平滑な平面状のフィルム，シート類に限られている[31]。そこで凹凸のある基材や3次元の複雑形状基材，さらにはPETボトルのような中空容器の内面への高ガスバリヤ性DLC膜の大気圧下でのコーティングを検討した。近年，マイクロ波によって，大気圧下で非平衡プラズマ（電子温度は高いが，イオンは低温に保たれている）を形成する技術の提案がされている[32,33]。これらの技術は，内部空間の気体に表面波プラズマを発生させて円筒状の空間領域にプラズマを発生させるものであり，具体的には，リング状共振器の内側の壁に設けられたスリットアンテナからマイクロ波を照射することによってマイクロ波閉じ込め室の内部にプラズマを発生させるものである。プラズマチャンバ内に高密度で高電子温度の希釈ガスプラズマを発生させ，圧力差を設けてノズルよりプラズマガスを噴出させ，吹き出しノズル部で原料のアセチレンを混合して活性種とし，ノズルより30mm離れて設置したPETフィルム上にDLC被膜をコーティングしたところ，未処理のPETと比べ約3倍ガスバリヤ性が向上した。またプラズマチャンバ内でPETボトルの内部にのみ大気圧プラズマを放電させ，ボトルの内面にDLC膜をコーティングするマイクロ波大気圧ダイレクトプラズマCVD装置を製作した。その模式図を図12に示す。PETボトルの内部には原料ガスの導入管と大気圧下でのプラズマ着火装置を入れてあり，大気圧下でプラズマが瞬時に着火放電し，原料ガス（アセチレン）が活性化してPETボトル内表面にDLC

第3章 電気的・光学的・化学的応用展開

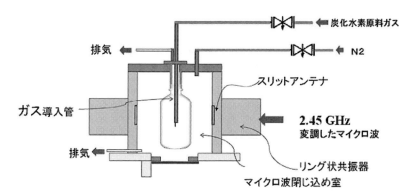

図12 マイクロ波大気圧ダイレクトプラズマCVD装置の模式図

膜が合成される。現在ガス種，周波数条件を変えて低圧高周波プラズマCVD法と同程度のバリヤ向上効果を得るための検討が進められている[34]。

2.7 大気圧プラズマCVD法によるコンクリート保護

鉄筋コンクリートは，内部の鉄筋が腐食すると錆の生成によって膨張してひび割れを生じ，ついには爆裂破壊のおそれがある。通常コンクリートはセメントの石灰分（水酸化カルシウム）によってアルカリ性に保たれ鉄筋の不動態皮膜を維持して腐食を防止しているが，時間とともに内

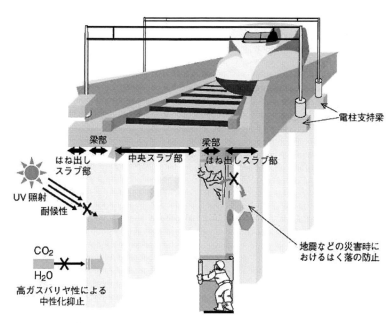

図13 大気圧プラズマCVD法DLCコーティングPETシートの新幹線高架橋への適用

部に空気中の二酸化炭素が侵入し中性化していき，鉄筋部までおよぶと鉄筋の腐食が始まりコンクリート構造物の寿命となるとされている。中性化防止には従来数年毎に塗装する方法がとられているが，塗料では紫外線，水分による劣化分解が早い，コンクリートの亀裂に追従できない，塗布時の足場組みが必要など，性能，コスト面で多くの課題がある。そこで完成後50年以上になる東海道新幹線の高架橋の中性化防止のためDLCコーティングしたPETシートを巻くプロジェクトが進められており，一部の区間で試験施工が行われている。DLCコートPETシートは，大気圧プラズマCVD法によって量産され，有機接着剤によって高架橋に貼り付ける工法がテストされている（図13参照）。とくにDLC薄膜はガスバリヤ性に加えて紫外線遮断性もあり，基材のPETシートや接着剤の劣化の防止効果も期待できる。このような屋外構造物や設備の保護は，低コストで大面積な保護部材が必要とされるため，大気圧プラズマCVD法を利用したDLCコーティングが広く普及する可能性を秘めている[35]。

2.8 おわりに

プラスチックフィルムやPETボトルへのDLCコーティングにおいては，基材の変形に耐えて，ピンホールや亀裂が入りにくく，かつ，透明性，着色の薄さがが求められる。このようなDLCは，水素含量が比較的高く，sp^3結合も少ないものが有効であるが，ガスバリヤ特性と硬さ（水素含量の少なさ）とはトレードオフの関係にあり，対象の基材の特性に合わせたDLCの設計が重要である。今後のDLCのガスバリヤ特性の応用分野としては，包装容器の分野以外に，プラスチック燃料タンクの揮発物質遮断膜，水素遮断膜[19]，液晶パネルや太陽電池パネルの水蒸気遮断膜など高レベルのバリヤ性能が求められる分野が考えられ，バリヤ性評価の進歩とともにさらに研究開発が加速するものと考えられる。

さらに大気圧プラズマCVD法の研究の進展に伴って，実用性のある高バリヤ性DLC膜を大気圧下で作製できるようになってきた。従来コストや処理面積などの点でバリヤ性コーティングの対象とならなかった日用品類，機械部品，建築構造物などへの利用のほか，紙などのような水分を含み真空プロセスが不適だった材料や，金属製品などライン上を高速生産される部材へのガスバリヤ性保護膜の付与も今後実用化が視野に入ってくるであろう。

文　　献

1) J. C. Angus, *EMRS Symp. Proc.*, **17**, 179 (1987)
2) "Diamond and Diamond-Like Coatings", Plenum Press, New York, 481 (1991)
3) A. Grill, B. S. Meyerson, and V. V. Patel, *IBM J. Res. Develop.*, **34**, 849 (1990)
4) "Diamondlike Hydrocarbon Coatings: Improving mechanical, optical, electronic

第3章 電気的・光学的・化学的応用展開

   properties", 69, Technical Insights Inc.(1989)
5) E. Shimamura, K. Nagashima, and A. Shirakura, *Proc. 10th IAPRI Conference*, November 3-5, Melbourne, Australia, 251 (1997)
6) A. Shirakura, M. Nakaya., Y. Koga, H. Kodama, T. Hasebe, and T. Shuzuki, *Thin Solid Films*, **494**, 84 (2006)
7) S, Vasquez-Borucki, W. Jacob, and C. A. Achete, *Diam. Relat. Mater.*, **9**, 1971 (2000)
8) D. S. Finch, J. Franks, N. X. Randall, A. Barnetson, J. Crouch, A. C. Evans, and B. Ralph, *Packaging Technol. & Science*, **9**, 73 (1996)
9) 2002年版 飲料市場の現状と展望, 矢野経済研究所 (2002)
10) 白倉昌, 最新バリヤ技術 (永井一清監修), シーエムシー出版, 218 (2011)
11) 上田敦士, 中地正明, 後藤征司, 山越英男, 白倉昌, 三菱重工技報, **42**, 42-43 (2005)
12) 鹿毛剛, *J. Vac. Soc. Jpn*, **58**, 330 (2015)
13) 白倉昌, 中谷正樹, 吉村憲保, 山崎照之, 包装技術, **43**, 62 (2005)
14) A. Shirakura, M. Nakaya, N. Yoshimura, and T. Yamasaki, *Proc. 13th IAPRI Conf.* Stockholm, Sweden, 29 (2004)
15) 白倉昌, 鈴木哲也, *NEW DIAMOND*, **26**, 40 (2010)
16) 山下裕二, 日本包装学会誌, **15**, 175 (2006)
17) N. Boutroy, Y. Pernel, J. M. Rius, F. Auger, H. J. Bardeleben, J. L. Cantin, F. Abel, A. Zainert, C. Casiraghi, A. C. Ferrari and J. Robertson, *Diam. Relat. Mater.*, **15**, 921-927 (2006)
18) M. Nakaya, M. Shimizu and A. Uedono, *Thin Solid Films*, **564**, 45-50 (2014)
19) M. Nakaya, A. Uedono and A. Hotta, *Coatings*, **5**, 987-1001 (2015)
20) H. Tashiro, M. Nakaya and A. Hotta, *Diam. Relat. Mater.*, **35**, 7-13 (2013)
21) J. Takahashi, M. Nakaya, E. Matsui and A. Hotta, *J. Appl. Polym. Sci.*, **129**, 2591-2597 (2013)
22) 黒岩孝, 包装技術, **52**, 1006 (2015)
23) A. Shirakura, Y. Yoshimoto, S. Nagashima, C. Kuroyanagi and T. Suzuki, *J. Appl. Pack. Res.*, **5**, 227 (2011)
24) 白倉昌, 鈴木哲也, におい・かおり環境学会誌, **43**, 257 (2012)
25) S. Kanazawa, M. Kogoma, T. Moriwaki and S. Okazak, *J. Phys. D. Appl. Phys.*, **21**, 838 (1988)
26) H. Kodama, S. Iizumi, M. Nakaya, A. Shirakura, A. Hotta. and T. Suzuki, *J. Photopolym. Sci. Technol.*, **19**, 673 (2006)
27) T. Watanabe, M. Morikawa and T. Suzuki, *Jpn. J. Appl. Phys.*, **51**, 090116 (2012)
28) T. Mori, Y. Futagami, E. Kishimoto, A. Shirakura and T. Suzuki, *J. Vac. Sci. Technol.*, **A33** 060607 (2015)
29) 日本経済新聞 2016年1月18日付朝刊15面
30) 日本経済新聞 2016年3月14日付朝刊13面
31) T. Suzuki, and H. Kodama, *Diam. Relat. Mater.*, **18**, 990 (2009)
32) H. Sung-Spitzl, *Kunstst. Plast. Eur.*, **91**(6), 46 (2001)
33) D. Werner, D. Korzec and J. Engemann, *Plasma Sources Sci. Technol.*, **3**, 473 (1994)

34) M. Noborisaka, T. Hirako, A. Shirakura, T. Watanabe, M. Morikawa, M. Seki and T. Suzuki, *Jpn. J. Appl. Phys.*, **51**, 090117 (2012)
35) 鈴木哲也, 登坂万結, 平子智章, 白倉昌, 渡邊敏行, 関雅樹, *NEW DIAMOND*, **29**, 35-39 (2013)

3　DLCの表面修飾法

中村挙子＊

3.1　はじめに

　ダイヤモンドライクカーボン（DLC）は前稿までに述べられた通り，高硬度性，低摩擦低摩耗特性，電気的特性，生体親和性を有するなど，種々の高機能特性を有することから注目を集めており，既に実用化されて多くの部材として利用されている材料である[1]。一般的にDLCはダイヤモンドと同様の性質を示しながら低温で成膜できることから，実用的にも非常に有用な炭素材料となっている。特に，自動車関連部材として実用的に利用されていることから，用途に応じた種々の成膜法が開発されている。

　DLCは化学的に安定であるという良好な性質を示すが，逆にその性質から通常の手法では材料改質が困難であるという問題点を有している。その表面化学構造に注目した場合，DLCは水素または酸素による終端構造，および炭素－炭素二重結合などの化学構造を有しており，その表面化学構造を足がかりとした化学的な表面修飾が期待できる。現在ではDLCの高機能特性のさらなる高度利用を促すために，DLC表面の機能特性付与および表面機能制御に関する研究が国内外で活発となっている。一般的にDLCを初めとするカーボン材料の表面修飾法としては，主にプラズマ処理[2]，反応性ガス[3]による手法などが用いられているが，本稿では主として簡便で安全な光化学修飾による各種官能基導入法を用いたDLC表面改質について述べるとともに（図1），他のDLC関連材料についての表面改質およびその応用についても述べる。

3.2　フッ素官能基化技術

　フッ素官能基を有する材料はフッ素特有の特異な性質を有し，生理活性・撥水性・撥油性などの機能を発現することから，医薬・農薬・機能性材料として有用である。筆者は，これまでにパーフルオロアルキルアゾ化合物の光分解反応を用いた，有機化合物へのフッ素官能基導入反応について開発を行ってきた[4]。パーフルオロアゾオクタン（化合物1）は常温常圧下では非常に安定であるが，紫外光照射下においては容易に脱窒素反応を起こしてパーフルオロアルキルラジカルを発生することを見出している。DLCへ本光化学反応を適用することにより，安全・簡便にDLC表面にフッ素官能基を導入することが可能である（図1）。本手法は溶媒を用いるウェットプロセス[5]，気相もしくは塗布法を用いるドライプロセス[6]の両条件を適用することが可能である。

　反応処理前後におけるDLC膜のXPS測定を行ったところ，処理後の試料においてはC-Fに由来するC1s（291.6 eV）およびF1s（689.1 eV）のピークが新たに観測され（図2），TOF-SIMS分析ではパーフルオロアルキル基由来のスペクトルが得られる。反応処理前後のDLC膜の接触角

＊　Takako Nakamura　（国研）産業技術総合研究所　先進コーティング技術研究センター
　　主任研究員

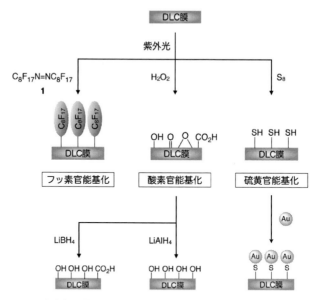

図1 光化学修飾による各種官能基導入法を用いたDLC表面改質

測定を行い,撥水および撥油特性について評価を行った。水に対する接触角測定において,未処理DLC膜は68°を示したのに対し,フッ素官能基修飾DLC膜はPTFEに匹敵する撥水性(108°)を示した(図3(a))。また,ウンデカンに対する接触角測定において,未処理DLC膜は2°と撥油性を示さないのに対し,フッ素官能基修飾DLC膜はPTFEに匹敵する撥油性(55°)を示したことから(図3(b)),本フッ素官能基化処理を行うことにより,高い撥水性および撥油性を付与できることが明らかとなった。また,両試料のラマン測定を行ったところ,反応前後でスペクトルに大きな変化はな

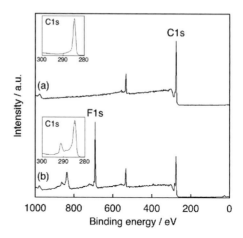

図2 フッ素官能基化反応 (a)処理前
(b)処理後のDLC膜のXPSスペクトル

く,本化学修飾は表面層のみで反応が起こっており,DLC基材本体には影響を与えないことが明らかである。また,DLC膜は大気中において非常に良好な摩擦特性を示すが,表面吸着物質が少ない真空中ではDLC膜の摩擦係数が非常に大きくなる挙動が知られている[7]。そこで,乾燥空気中および真空下($3-5\times10^{-5}$ Pa)において両試料の摩擦試験(相手材:SUS304ピン,荷重98 mN)を行った(図4)。空気中においては両試料ともに良好な摩擦特性を示したのに対し,真空中においては未処理DLC膜は実験開始直後に摩擦係数が急激に上昇し,表面フッ素官能基

化DLC膜は非常に良好な摩擦特性を維持した。フッ素化表面修飾DLC膜はパーフルオロアルキル基とDLC膜表面炭素が共有化学結合していることから安定性が高く，真空中でもフッ素官能基が除去されることなく存在し，摩擦環境下において重要な役割を果たすことが明らかである。

3.3 酸素官能基化技術

酸素系官能基を有する材料は親水性などの機能を発現することから機能性材料として有用である。筆者は過酸化水素水存在下においてDLC膜表面に紫外光反応処理を行うことにより，簡便な酸素終端DLC膜が作製できることを見出すとともに，さらに表面化学構造制御についても検討している（図1）[8]。

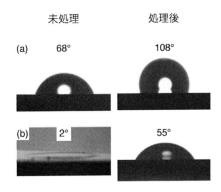

図3 フッ素官能基化処理前後の
(a)水に対する接触角
(b)ウンデカンに対する接触角

光反応処理前後のDLC膜のXPS測定を行ったところ，過酸化水素水処理後の試料においてはO1sピークの増大が観測され，C1s領域ではC-O（286.0 eV）およびC=O（288.3 eV）のピークが観測された（図5）。IR測定においてもカルボニル基および水酸基の存在が確認されたことから，過酸化水素水を用いた紫外光照射によってDLC膜が酸素終端されたことが確認された。また，反応処理前後においてRamanスペクトルに変化が観測されないことから，酸素終端化はDLC膜の表面のみで進行していることが示唆される。

表面特性評価として，接触角測定および摩擦試験を行った。光反応処理前後におけるDLC膜

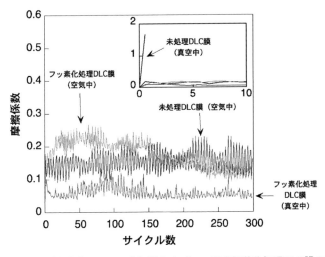

図4 空気中および真空中における未処理およびフッ素官能基化処理DLC膜の摩擦特性

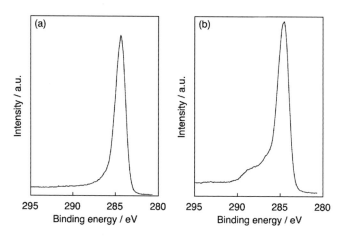

図5　酸素官能基化反応(a)処理前　(b)処理後におけるDLC膜のC1s XPSスペクトル

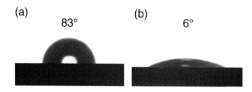

図6　酸素官能基化反応(a)処理前　(b)処理後におけるDLC膜の水に対する接触角

の水に対する接触角測定を行ったところ，未処理DLC膜は83°を示したのに対し，酸素終端DLC膜は高親水性（6°）を示した（図6）。また，光反応処理前後のDLC膜の水および空気中における摩擦試験（相手剤：SUS440C，荷重：0.2 N）を行ったところ，空気中においては両試料とも同様の傾向を示したのに対し，水中において酸素終端DLC膜は未処理膜と比較して摩擦試験開始直後より安定した低摩擦特性を示し，初期のなじみ過程が不要であることが明らかとなった（図7）。

　また，酸素終端DLC膜の表面化学構造制御として，還元能の異なる水素化剤（$LiBH_4$および$LiAlH_4$）を用いて表面水素化を行った。比較的弱い還元剤である$LiBH_4$処理の場合はケトン基およびエポキシ基が選択的に水酸基へ還元され，強力な還元剤である$LiAlH_4$の場合は全ての酸素系官能基が水酸基へ還元され，表面化学構造制御が可能であることを確認している（図1）。

3.4　硫黄官能基化技術

　硫黄含有化合物や硫黄官能基を有する材料は硫黄原子特有の特異な性質を有し，材料科学のみならず生体材料としても有用である。また，硫黄原子は金などの金属と選択的に反応し，自己組織化膜を構成することもよく知られている。従来方法と比較して非常に温和な条件下で，単体硫黄（S_8）存在下においてDLC膜に紫外光照射を行うことにより，表面への硫黄官能基導入が可能

第3章　電気的・光学的・化学的応用展開

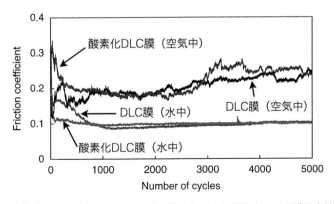

図7　空気中および水中における酸素官能基化反応処理前後のDLC膜の摩擦試験

であり，また硫黄官能基を利用した金ナノ粒子の担持について検討している（図1）[9]。

硫黄官能基化反応処理前後のDLC膜のXPS測定を行ったところ，未処理DLC膜と比較して新たにC-Sに由来するC1s（286.1 eV）およびS2p（163.7 eV）のピークが観測され，硫黄官能基導入が確認された（図8(a)，(b)）。さらに，RamanスペクトルのComparisonから，反応処理前後で変化が見られないことから，本表面化学修飾はDLC膜表面層のみで起こっていることが示唆される。

続いて硫黄官能基化DLC膜に金ナノ粒子含有水溶液（粒径5 nm）を作用させること

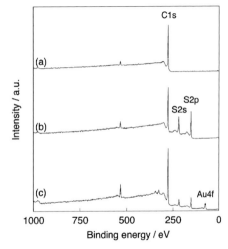

図8　(a)未処理　(b)硫黄官能基化
　　　(c)金ナノ粒子固定DLC膜のXPSスペクトル

により，自己組織化による金ナノ粒子担持に成功している（図8(c)）。さらに保護膜として再度DLC膜をコーティングすることにより，サンドイッチ型金ナノ粒子固定DLC膜を作製することが可能である。一方，Raman分光法においては，金属（金，銀，銅）表面で測定を行うことにより，大幅に感度が向上することが知られている。そこで，1％ピクリン酸のRaman測定を行ったところ，サンドイッチ型金ナノ粒子固定DLC膜を測定基板として用いた場合，表面増強Raman散乱挙動が確認された（図9）。また，金ナノ粒子担持DLC膜にチオール化DNAを作用させたところ，DNA固定が可能であることも明らかとなった。

3.5　他のカーボン材料への適用

上記のフッ素・酸素・硫黄官能基化手法はDLC以外のカーボン系材料（ダイヤモンド・カー

ボンナノチューブなど）へも適用が可能である。詳細については参考文献を参照頂きたい[10～12]。

3.6 化学修飾カーボン材料の医用応用

病院臨床上で非常に重要な診断法となっている核磁気共鳴画像法（Magnetic Resonance Imaging：MRI）は，癌や血管病変の描出に非常に有効であるが，既存のガドリニウム系MRI造影剤を用いた検査では検査ごとの頻回投与が必要であるため，副作用が一定の割合で生じる。このため，一定期間組織に停滞し，経過観察が可能であり，かつ生体適合性の高い新規MRI造影剤の開発が望まれている[13]。カーボン系材料であるナノダイヤモンド（ND）粒子は低細胞毒性・高生体適合性，さらに臓器特異性を有することが近年報告されており[14]，MRI造影能を有するND粒子作製が可能

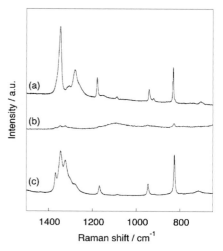

図9 (a) ピクリン酸（バルク）
(b) 1％ピクリン酸
(c) 1％ピクリン酸（サンドイッチ型金ナノ粒子固定DLC基板）のRamanスペクトル

となれば，これまでの問題点を一気に解決する新規MRI造影剤となることが大きく期待される。

図10に示したように，ND粒子（粒径5 nm）およびジエチレントリアミン五酢酸（DTPA）の脱水縮合反応を行い，さらに塩化ガドリニウム水溶液によりGd錯形成させた。本手法では，大型装置が不要であり，簡便な操作でND粒子から2ステップでGdイオン担持新規MRI造影剤の作製が可能である[15]。図11(a)～(c)に未処理およびDTPA化学修飾処理ND粒子のDRIFTスペクトルを示す。未処理ND粒子はその表面上に水酸基を多く有することが観察され（図11(a)），指紋領域（650～1300 cm^{-1}）における未処理ND粒子，DTPAのスペクトルとの比較から，DTPA部分がND粒子表面に導入されたことが示唆される（図11(b)，(c)）。また，図12に反応処理前後のND粒子のXPSスペクトルを示す。反応処理後の試料においては，未処理ND粒子と比較して，ND粒子由来のC1s（284.6 eV）およびO1s（531.2 eV）とともに，新たにDTPA分子由来のN1s（398.9 eV）のピークが観測された。

さらに，処理後試料およびDTPA分子のMSスペクトルの比較から，処理後試料にはDTPA部

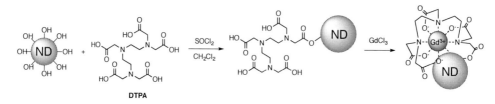

図10 化学修飾ナノダイヤモンド粒子MRI造影剤

第3章　電気的・光学的・化学的応用展開

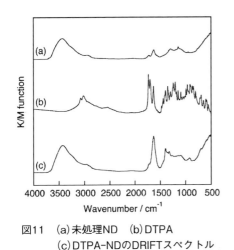

図11　(a)未処理ND　(b)DTPA
　　　(c)DTPA-NDのDRIFTスペクトル

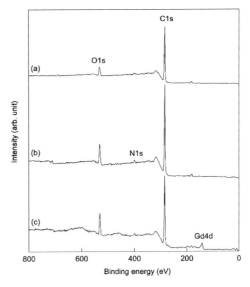

図12　(a)ND　(b)DTPA-ND
　　　(c)Gd-DTPA-NDのXPSスペクトル

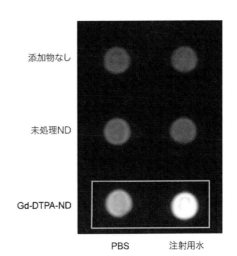

図13　未処理NDおよびGd-DTPA-NDの
　　　MRI T1強調画像

分に由来するフラグメントピークが観測された。以上のDRIFT，XPSおよびMS測定の結果から，ND粒子表面上の水酸基とDTPA分子のカルボン酸基が脱水縮合を起こすことによりND粒子表面にエステル結合を介してDTPA分子が化学的に固定されたことが明らかとなった。

上記DTPA修飾ND粒子に塩化ガドリニウム水溶液を作用させることにより錯形成処理を行った。処理後の試料についてXPS分析を行ったところ（図12(c)），Gd4d（141.3 eV）およびN1s（399.2 eV）ピークが観測されたことから，錯形成によりGd-DTPA-ND粒子が形成されたことを明らかにした。

本ND粒子についてMRI撮像のコントラストを観察するため，病院用1.5TMRI装置によるGd-DTPA-ND分散液のT1強調画像を撮影した。Gd-DTPA-NDのリン酸バッファー溶液（PBS）および注射用水の0.1w/v%分散液を調整して撮像を行った。コントロール実験の未処理ND分散液と比較して，Gd-DTPA-ND分散液のみが高い信号強度を示したことから，新規MRI造影剤開発へのさらなる検討が期待される（図13）。

3.7 まとめ

本稿では，化学的安定性を有するDLC膜において，パーフルオロアゾ化合物，過酸化水素および単体硫黄の光反応がフッ素，酸素および硫黄表面官能基化処理技術として非常に有効であることを紹介した。本官能基化処理は，表面層のみで官能基化が進行することから，DLC基材の特性を保持しつつ，表面撥水性・親水性および特殊環境下における低摩擦特性の発現，生体適合性，DNA固定など良好な特性が発現される。また，カーボン系材料であるND粒子について，表面化学修飾法を用いたガドリニウム錯体担持ND粒子の作製については，ND粒子から簡便な操作で作製が可能であり，MRI撮像結果によりGd^{3+}担持ND粒子のみが高信号を示すことが明らかとなり，新規MRI造影剤開発へのさらなる検討が期待される。表面化学修飾DLC膜およびカーボン系材料はその利用分野をさらに拡大させることが可能であり，今後もさらなる研究開発が期待される。

文　献

1) DLCの応用技術 ― 進化するダイヤモンドライクカーボンの産業応用と未来技術 ―，大竹尚登監修，シーエムシー出版（2007）
2) L. Valentini, E. Braca, J. M. Kenny, L. Lozzi, S. Santucci, *J. Vac. Sci. Technol. A.*, **19**, 2168 (2001)
3) C. P. Kealey, T. M. Klapotke, D. W. McComb, M. I. Robertson, J. M. Winfield, *J. Mater. Chem.*, **11**, 879 (2001)
4) T. Nakamura, A. Yabe, *J. Chem. Soc., Chem. Commun.*, 2027 (1995)
5) T. Nakamura, T. Ohana, M. Suzuki, M. Ishihara, A. Tanaka, Y. Koga, *Surf. Sci.*, **580**, 101 (2005)
6) T. Nakamura, T. Ohana, *Diamond Relat. Mater.*, **24**, 107 (2012)
7) 竹内貞雄，三好和寿，野口裕之，*NEW DIAMOND*, **71**, 13 (2003)
8) T. Nakamura, T. Ohana, *Diamond Relat. Mater.*, **33**, 16 (2013)
9) T. Nakamura, T. Tsuchiya, T. Ohana, *Appl. Surf. Sci.*, **317**, 443 (2014)
10) T. Nakamura, *Diamond Relat. Mater.*, **19**, 374 (2010)
11) T. Nakamura, T. Ohana, *Jpn. J. Appl. Phys.*, **51**, 085201 (2012)
12) T. Nakamura, T. Ohana, M. Ishihara, A. Tanaka, Y. Koga, *Chem. Lett.*, **35**, 742 (2006)
13) Z. Zhen, J. Xie, *Theranostics*, **2**, 45 (2012)
14) Y. Yuan, Y. Chen, J.-H. Liu, H. Wang, Y. Liu, *Diamond Relat. Mater.*, **18**, 95 (2009)
15) T. Nakamura, T. Ohana, H. Yabuno, R. Kasai, T. Suzuki, T. Hasebe, *Appl. Phys. Express*, **6**, 015001 (2013)

4　BドープDLCの生体親和性

稗田純子*

4.1　はじめに

　ダイヤモンド状炭素（Diamond like carbon；DLC）膜は，高硬さ，低摩擦，耐摩耗性等の優れた機械的特性を有するため，主に切削工具や金型等，工業分野での応用が盛んである[1]。これらの特性以外にも，その表面が化学的に不活性であることから，抗血栓性すなわち血液適合性等の生体適合性も有し，人工心臓，人工弁，カテーテルやステント等，血液と接触する医療器具のコーティングを中心とした医療分野への応用も進められている[2]。さらに，DLC膜に他元素をドープすることで，血液適合性の向上やインプラント等の長年体内に埋入する医療器具で問題となるDLC膜の剥離の抑制が試みられている[3]。血液適合性を向上させるには，血栓形成の原因となる血小板の材料表面への接着を低減させる必要がある。そのためには，材料表面への血小板の接着に先んじたフィブリノーゲンと呼ばれるタンパク質の吸着を抑制させる必要がある[4]。長谷部らは，DLC膜にフッ素をドープすることで材料表面の疎水性を増加させ，血小板の接着を減少させている。この場合，フッ素のドープ量に比例して，血小板の接着量が減少している[5]。その他にはSi，PやAgをドープすることにより，血小板の接着を抑制させた報告がある[6~8]。PあるいはAgをDLC膜にドープした報告では，いずれも材料表面の疎水性を上げることにより，血小板の接着を低減させている。一方，ホウ素をドープしたDLC膜の生体適合性に関する報告は少なく，特に血液適合性に関してはまだない。しかし，DLC膜の剥離に関する問題で，ホウ素を添加することで，DLC膜中の内部応力が低減し，膜の密着性が改善するという報告がある[9,10]。DLC膜の医療方面での応用では，長期間に渡るDLC膜の安定性は重要である。そのため，その血液適合性を含めた生体適合性について調査する必要がある。

　本稿では，BドープDLC膜の作製法からその表面特性および血液適合性について概説する。

4.2　BドープDLC膜の作製

　BドープDLC膜は，アセチレン（C_2H_2）を原料，トリメチルボロン（TMB）（$(CH_3)_3B$）をBのドープ源として，パルスプラズマ化学気相成長法により，超弾性・記憶形状合金であるTiNb（23at.%Nb）合金基材（ϕ10mm，t=1.5mm）上に作製した。TiNb合金は，Ni含有による金属アレルギーへの懸念からTiNi合金に代わるステントの素材として期待されているチタン合金である。なお，TiNb基材表面には鏡面研磨を施した。BドープDLC膜の作製条件を表1に示す。成膜前にはArプラズマによりTiNb基材表面のクリーニングを行った。印加したパルス周波数は14kHz，パルス幅は44.2μsである。BドープDLC膜とTiNb基材との密着性を向上させるため，トリメチルシラン（TMS）（$(CH_3)_3Si$）によるa-SiC中間層を基材とBドープDLC膜との間に形成した。TMBの流量を変えることで，B/C比の異なるBドープDLC膜を作製し，その構造や表面特

---

*　Junko Hieda　名古屋大学　大学院工学研究科　マテリアル理工学専攻　准教授

表1 BドープDLC膜および中間層の作製条件

Deposition parameter	TMS interlayer	DLC (B/C=0)	B/C=0.03	B/C=0.1	B/C=0.4
C_2H_2 gas flow rate (cm^3/min)	–	20	20	20	–
TMB gas flow rate (cm^3/min)	–	–	3	10	15
TMS gas flow rate (cm^3/min)	10	–	–	–	–
Pressure (Pa)	3	3	3	3	5
Bias voltage (kV)	−2.5	−3	−3	−3	−3
Deposition time (h)	0.2	3	3	3	3

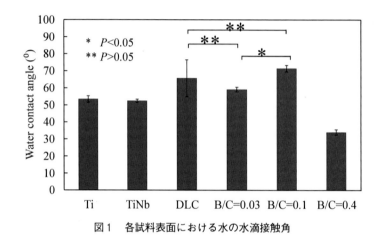

図1 各試料表面における水の水滴接触角

性,血液適合性の違いについて調査・検討を行った。

4.3 BドープDLC膜の表面構造と表面特性

　X線光電子分光法によるCとBの化学結合状態の調査から,作製したBドープDLC膜中のBの原子濃度は,TMBの流量が3,10,15cm^3/minの時,それぞれ2.6,9.2,25.8at.%であり,B/C比で0.03,0.1,0.4となることが分かっている[11,12]。さらに,未ドープDLC膜表面にはC-C,C-O結合が,BドープDLC膜表面にはC-C,C-O結合以外にC-B,B-O結合が存在する[12]。特に,B/C比0.4のBドープDLC膜では,他のB/C比のBドープDLC膜と異なり,B1sのXPSスペクトル中にB-C結合のピークが見られなかった。さらに,191eV付近だけでなく,193eV付近にも,B/C比0.03および0.1のBドープDLC膜にはないB-O結合のピークが認められた。このことから,B/C比0.4のBドープDLC膜表面には,Bの含有量がより少ないBドープDLC膜と比較して,多くのB酸化物が存在する。また,その表面には,直径約200nm程度,深さ数nm程度の細孔を有している[11]。

　図1にTi,TiNb,未ドープおよびBドープDLC膜(B/C比0.03,0.1,0.4)表面での水の水滴接触角を示す。基材であるTiおよびTiNb表面の水滴接触角はそれぞれ約54°および52°であり,

第3章 電気的・光学的・化学的応用展開

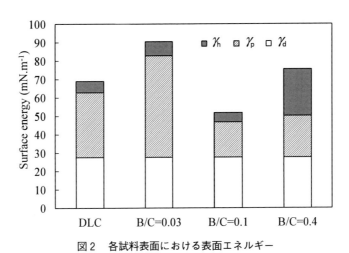

図2 各試料表面における表面エネルギー
(γ_h: hydrogen bond component, γ_p: polarity component, γ_d: dispersion force component)

未ドープおよびB/C比0.03および0.1のBドープDLC膜の水滴接触角はそれらより高い。B/C比0.4の時，水滴接触角は約34°であり，未ドープおよび他のB/C比のDLC膜と異なり，明らかに親水性を示す。さらに，水，ジヨードメタンおよびヘキサデカンの水滴接触角を用いて算出した未ドープおよびBドープDLC膜の表面エネルギーの値を図2に示す。未ドープおよびB/C比0.1のBドープDLC膜と比べて，B/C比が0.03および0.4のBドープDLC膜では表面エネルギーが高い。特に，B/C比が0.03のBドープDLC膜では極性項が，B/C比が0.4では水素結合項の割合が高くなっている。

4.4 BドープDLC膜の血液適合性
4.4.1 血液適合性について[4]

血液適合性表面とは抗血栓性を有する表面であり，血液と接触しても血液が凝固せず，血栓を形成しない。血液適合性がない場合，その表面で血液が凝固して血栓ができ，それが血管の閉塞あるいは脳梗塞や心筋梗塞の原因となる。

血液には赤血球，血小板の他に，フィブリノーゲン，アルブミンやグロブリン等のタンパク質が含まれ，まず初めに材料表面でタンパク質の吸着が起こる。材料表面にフィブリノーゲンが吸着すると，その上に血小板が吸着し，その後，血小板の活性化と進展，フィブリン網の形成が生じ，血栓ができる。材料表面での血栓の形成を抑制するには，フィブリノーゲンの吸着を阻止する必要がある。例えば，アルブミンが先に吸着し，その後フィブリノーゲンの吸着が生じない，あるいはタンパク質が吸着しにくい表面を作製する必要がある。血液適合性は材料表面への血小板の吸着量や進展状況，フィブリン網の形成の有無により判断する。

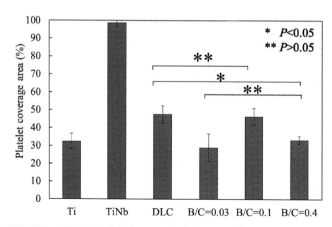

図3　各試料表面に吸着した血小板あるいは血小板とフィブリン網の凝集体による被覆率
（850 μm×550 μmの領域から算出）

4.4.2　血液適合性試験

本研究では，血液適合性試験を以下の方法で行った[13]。健常なヒトの血液から遠心分離によって赤血球を分離して除去し，血小板を$1×10^5/$μL含んだ溶液2 μLをエタノールで超音波洗浄した試料上に滴下し，37℃で5, 10, 15min間保持した。その後，リン酸緩衝生理食塩水で洗浄し，吸着していない血小板を除去した。試料上に吸着した血小板を2 wt.%グルタルアルデヒドで固定化し，30, 50, 70, 90, 99.5%および無水エタノールで洗浄および脱水を行った後，超臨界二酸化炭素を用いて乾燥させた。

4.4.3　BドープDLC膜の血液適合性

図3に，Ti, TiNb, TiNb基材上に成膜した未ドープおよびBドープDLC膜表面における吸着した血小板による被覆率を示す。これらの被覆率は，各試料表面における850 μm×550 μmの領域の光学顕微鏡写真から算出している。TiNbではほぼ全面に凝集したフィブリンと血小板が見られたのに対して，未ドープおよびBドープDLC膜では明らかに被覆率が減少した。特に，B/C比が0.03および0.4の場合，最も減少した。この結果より，TiNb上へBドープDLC膜を成膜することで，TiNb表面への血小板の吸着を抑制できることが分かった。

さらに，これら試料表面に吸着した血小板あるいは凝集したフィブリン・血小板の走査電子顕微鏡像を図4に示す。血小板が材料表面に吸着すると，その形状が球状から扁平な形状へと変化する（活性化）[14]。その後，表面に吸着したフィブリノーゲンがフィブリン網へと変化し，フィブリン網と血小板の凝集体となることで血栓が形成される。血小板を含んだ溶液を滴下してから5 min経過後，TiNb表面ではフィブリン網が見られ，15min経過後には凝集したフィブリンと血小板が存在した。血小板を含んだ溶液を滴下後15min経過した未ドープおよびBドープDLC膜表面には吸着した血小板が見られるが，B/C比0.03および0.4では図3に示したように被覆率は低い。特に，B/C比0.03では，活性化した血小板が少なく，球状の血小板が多い。一方，B/C比0.4のB

第3章　電気的・光学的・化学的応用展開

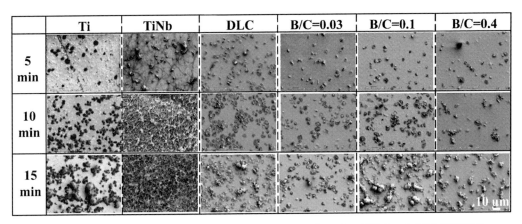

図4　各試料表面に吸着した血小板あるいは血小板とフィブリン網の凝集体の走査電子顕微鏡像

ープDLC膜では，B/C比0.03と同様に，未ドープおよびB/C比0.1のDLC膜表面と比較して血小板の吸着数は少ないが，多くの血小板が活性化し扁平な形状となっている。今後，Bが細胞におよぼす影響について明らかにする必要がある。これらの結果より，B/C比0.03のBドープDLC膜表面では血栓が形成されにくく，良好な血液適合性を示すと考えられる。

B/C比0.03および0.04のBドープDLC膜において，血小板の吸着数が減少した理由として，次のことが考えられる。B/C比が0.03のBドープDLC膜では，図2に示したように，表面エネルギーの極性項の値が高い。極性項の値が高い場合に，たんぱく質の吸着が減少したとの報告がある[7]。一方，図1に示したように，B/C比0.4のBドープDLC膜は親水性を示す。材料表面への血小板の吸着には，血漿中のフィブリノーゲンが吸着することが必要であるが，フィブリノーゲンはタンパク質であるため，疎水性相互作用により，疎水性表面に吸着しやすい。そのため，親水性を有するB/C比0.4のBドープDLC膜では，フィブリノーゲンおよび血小板の吸着が抑制されたと考えられる。ただし，表面エネルギーが低く，疎水性が強い場合，アルブミン／フィブリノーゲンの吸着数の比が高くなり，血小板の吸着数が減少するという報告もある[8]。したがって，材料表面の親水性および疎水性がある程度以上強い場合に，フィブリノーゲンの吸着が阻害されると考えられる。

4.5　おわりに

現在，DLC膜に良好な生体適合性を付与するため，様々な元素を添加したDLC膜が合成され，その生体適合性評価が行われている。その中で，ホウ素ドープDLC膜は，報告例はまだ少ないが，今後，そのホウ素添加濃度によっては良好な血液適合性膜としての応用が期待できる。本稿では，*in vitro*におけるホウ素ドープDLCの血液適合性について報告したが，*in vivo*における結果が*in vitro*と一致しないという研究報告もあり，今後，より正確な評価を行うためには，*in vivo*における血液適合性の評価も行う必要がある。

謝辞

本研究全般に渡り御指導くださいました東京工業大学 大学院理工学研究科 機械物理工学専攻の大竹尚登教授，赤坂大樹准教授ならびに実験を実施したシャヒラ リザ氏に心より感謝申し上げます。基材の提供等ご協力くださいました株式会社iMottの松尾誠様，岩本喜直様に深謝いたします。さらに，血液適合性試験の実施およびその結果についての議論で，東京医科歯科大学 生体材料研究所の塙隆夫教授および堤祐介准教授から多大なご教授をいただきました。ここに感謝の意を表します。

文献

1) 大竹尚登監修，DLCの応用技術 — 進化するダイヤモンドライクカーボンの産業応用と未来技術，シーエムシー出版 (2013)
2) R. Hauert, K. Thorwarth, G. Thorwarth, *Surf. Coat. Tech.*, **233**, 119-130 (2013)
3) X. S. Tang, H. J. Wang, L. Feng, L. X. Shao, C. W. Zou, *Appl. Surf. Sci.*, **311**, 758-62 (2014)
4) 塙隆夫編，医療用金属材料概論，日本金属学会 (2010)
5) T. Hasebe, S. Yohena, A. Kamijo, Y. Okazaki, A. Hotta, K. Takahashi, T. Suzuki, *J. Biomed. Mater. Res. A.*, **83A**, 1192-1199 (2007)
6) S. C. H Kwok, J. Wang, P. K. Chu, *Diamond Relat. Mater.*, **14**, 78-85 (2005)
7) S. C. H. Kwok, W. Zhang, G. J. Wan, D. R. McKenzie, M. M. M. Bilek, P. K. Chu, *Diamond Relat. Mater.*, **16**, 1353-1360 (2007)
8) H. W. Choi, R. H. Dauskardt, S. -C. Lee, K.-R. Lee, K. H. Oh, *Diamond Relat. Mater.*, **17**, 252-257 (2008)
9) M. Tan, J. Zhu, J. Han, X. Han, L. Niu, W. Chen, *Scr. Mater.*, **57**, 141-144 (2007)
10) X. -M He, K.C. Walter, M. Nastasi, *J. Phys., Condens Mater.*, **12**, 183-189 (2000)
11) S. Liza, N. Ohtake, H. Akasaka, J. M. Munoz-Guijosa, *Sci. Technol. Adv. Mater.*, **16**, 1-13 (2015)
12) S. Liza, 平成27年度博士論文，東京工業大学
13) Y. Tanaka, K. Kurashima, H. Saito, A. Nagai, Y. Tsutsumi, H. Doi, N. Nomura, T. Hanawa, *J. Artif. Organs.*, **12**, 182-186 (2009)
14) 杉本充彦, *J. Jpn. Coll. Angiol.*, **51**, 275-282 (2011)

5 アモルファス窒化炭素のガス応答性

青野祐美*

5.1 はじめに

アモルファス窒化炭素は,原料に水素を含む場合,例えばCH_4などの炭化窒素ガスを炭素源として作られたものではDLC:Nなどと表記されることもあり,その物性がDLCと比較されることも多い[1~3]。DLC:Nは,p型半導体的な性質や発光特性を有し,その多くは組成比x(=N/C)が0.3以下である。また,DLC同様,作製方法や装置によって大きく物性が異なる。

a-CN_xと表記される水素を含まないアモルファス窒化炭素は,主にグラファイトなどの固体炭素源を用いてスパッタ法やレーザーアブレーション法によって作製され[4],低誘電率[5],低摩擦係数[6]などの特性を有することが知られている。本節では,グラファイトとN_2ガスを原料とし,反応性高周波マグネトロンスパッタ法によって作製されたa-CN_xにおいて近年見つかった,抵抗値のガス応答性について述べる。

多くのa-CN_xにおいて,その抵抗率は試料の組成比xと炭素の結合状態により決定されており,xやsp^3結合比の増加に伴い抵抗率は高くなる。xとsp^3結合比は連動していることも多く,どちらか一方だけを変化させることが難しいため,a-CN_xにおける窒素の役割はまだ十分に理解されていない。組成比だけに着目すると,本研究のa-CN_xでは,xが0.6前後で抵抗率が$10^8 \Omega$cm以上となり,絶縁物のそれに匹敵する[7]。興味深いことに,絶縁性が高いa-CN_x薄膜は可視光照射下において形状が変化する[8]。これは光誘起体積変形と呼ばれる現象であり,光照射の有無により試料が伸び縮みするため,遠隔操作可能な光駆動型デバイスの動力源や,光スイッチなどに応用できる可能性がある。

一方,xが0.3前後の比較的グラファイトライクなa-CN_xは,半導体的な性質を有し,光電効果を示す[9]。このa-CN_xにおいて,図1に示すギャップ電極型試料を用いた光電効果測定の際に,真空容器内を大気開放している時,雰囲気圧力に応じて抵抗値が敏感に変わることを我々のグループは見出した[10]。また,a-CN_xの抵抗値は,雰囲気圧力だけでなく,雰囲気ガスの種類によっても小さいながら有意な差を示す[11]。このような,試料周辺の圧力やガス分子の種類によって抵抗値が変化するという現象は,圧力センサーやガスセンサーの基本である。

現在,半導体工場で使われる真空プロセスはもとより,様々な場面で,圧力センサーやガスセンサーは必要とされている。特に圧力センサーは,我々の身の回りにある家電製品の中にも用いられている。例えば,時計やスマートフォンなどに付いている高度を知るための気圧計,炊飯器やエアコンなどの圧力調整や家庭用血圧計などである。

圧力センサーには機械式と電気式があり,最もよく知られている機械式圧力センサーはダイヤフラムであろう[12]。ダイヤフラムは圧力の絶対値を測定できる上に,動作が確実で作製しやすいというメリットがある。その反面,小型化は難しい。半導体材料などを使った電気式圧力セン

---

* Masami Aono 防衛大学校 機能材料工学科 准教授

サーにはピエゾ効果を使った半導体素子や外圧によって可動極が変形することで生じる静電容量の変化を電気信号に変換する静電容量型などがある。これらのセンサーでは，MEMS（Micro Electro Mechanical Systems）などの微細技術を使った小型化が試みられている。

圧力センサーの小型化は，機器全体の小型化や高性能化にもつながる重要な課題であり，現在，様々な材料と構造が提案されている。炭素系材料では，カーボンナノチューブやグラフェンを使ったピエゾ型フレキシブル圧力センサー[13〜15]や静電容量型センサー[16〜18]などがある。

5.2 抵抗値の雰囲気依存性

a-CN_xの抵抗値が雰囲気圧力に対して変化する現象は，当初，光電効果測定時に電気測定しながら真空容器を大気開放したことによって見つかったことは先に述べた。そこで，大気を構成する主なガス分子である，N_2，O_2，Ar，CO_2の各ガス分子が抵抗値に与える影響について調べた。試料の形状は，図1に示すようなギャップ型電極をa-CN_x表面に蒸着した，極めて単純な構造をしている。ギャップ間距離は約20μm，ギャップ長は約30mmである。a-CN_xの膜厚は約1μmである。約19Paの圧力になるよう雰囲気ガスを測定容器内に導入し，その後，ロータリーポンプを用いて容器内のガスを排気した。そ

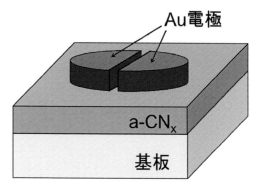

図1 ギャップ電極型a-CN_x試料の形状

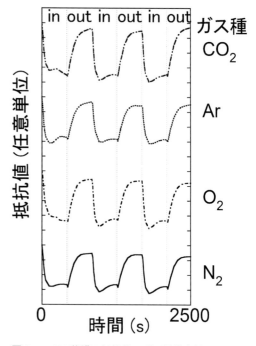

図2 a-CN_x薄膜の抵抗値のガス種依存性
測定容器内にガスを入れた状態をin，ガスを排気した状態をoutと表し，真空度はそれぞれ19Paと2Paである

の時の真空度は約2Paである。各プロセス時間は約7分である。測定時の試料の温度は，ヒーターを使って30℃に固定した。試料の構造および抵抗測定の条件は，本研究を通して同じである。

N_2，O_2，Ar，CO_2の各ガスを用いて，真空時とガス雰囲気中での抵抗値を測定したところ，図2に示すように，ガス分子の種類に関係なく，圧力に応じて可逆的に抵抗値が変化することが明らかとなった[11]。圧力に対する抵抗値の変化幅は，ガス分子によって異なるが，変化の挙動そ

第3章 電気的・光学的・化学的応用展開

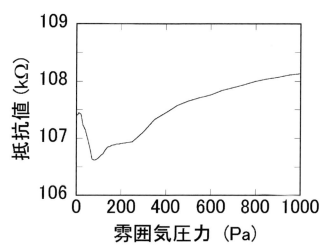

図3　N_2ガス中でのa-CN_x薄膜の抵抗値の雰囲気圧力依存性

のものは同じである。O_2ガスと不活性ガスのN_2ガスでその挙動が同じことから，酸化チタンや酸化亜鉛のガスセンサー機構[15]で見られるような，ガス分子とa-CN_xの間で化学反応が起こっているとは考え難い。また，a-CN_xの抵抗値の雰囲気依存性は，ガス分子の種類より圧力の影響が大きいと言える。

そこで次に，ガス種をN_2に固定し，雰囲気圧力が抵抗値に与える影響について調べた。図3は，測定時の雰囲気圧力とその時の抵抗値を表している。圧力が低い状態では，抵抗値は圧力の増加に伴い減少するが，ある圧力以上では，圧力の増加に伴い抵抗値が増加する。この変曲点の圧力値は，後に述べるa-CN_xの柱状構造によって決まる。

図2にも示したように，a-CN_xの抵抗値は，N_2ガスやArガスなどの不活性ガス雰囲気中でも変化することから，外圧または物理吸着によって電子の伝導経路が変化した結果，抵抗値が変化するものと考えられる。そこで次に，ガス分子の拡散について考察する。

a-CN_xの密度は，ダイヤモンド[19]の$3.51g/cm^3$，グラファイト[19]の$2.26g/cm^3$に対して約$1.4g/cm^3$程度と，DLCと比較しても低いことから，雰囲気ガス分子は，a-CN_x内部にも拡散しやすいものと思われる。そこで，X線回折を用いて，N_2ガスフローの状態でアモルファスの状態がどのように変化するかを調べたところ，アモルファス特有のブロードな回折ピークの低角度側へのわずかなシフトが見られた[11]。X線の侵入長を考慮すると，このピークシフトを引き起こす構造の変化は，試料全体で起こっているものと推察される。

5.3　雰囲気依存性の原因

雰囲気圧力が数十Paの時には，a-CN_xの抵抗値は減圧（ロータリーポンプでの排気）によって大きくなり，加圧（真空容器内へのガス導入）により小さくなる。反対に大気圧付近の高い圧力では，雰囲気圧力が高くなるに従い抵抗値が大きくなり，低くなるに従い抵抗値は小さくなる。

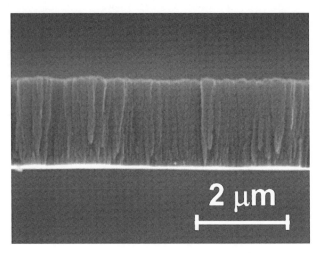

図4　a-CN$_x$薄膜の断面走査型電子顕微鏡像

しかしながら，どちらもガス圧に対して可逆的な現象であり，a-CN$_x$の電子の伝導経路の変化が原因であると思われる。そこで次に，内部に拡散したガス分子がどのように電子の伝導経路を変化させるのか考察してみたい。

a-CN$_x$の断面を走査型電子顕微鏡（SEM：Scanning Electron Microscopy）を用いて観察すると，図4に示すような柱状構造をしている[20]。これらの柱と柱の結合は弱く，強い衝撃が加わるとばらばらになる。ガス分子が拡散・吸着するには，このような柱と柱の界面が最も空間が多く，侵入しやすいと考え，組成比がほぼ等しい，柱状構造の異なる3つのa-CN$_x$を用いて，抵抗値のガス圧依存性実験を行った。各試料における，膜厚の半分の厚さでの柱の直径の平均値は，それぞれ30nm（試料A），74nm（試料B），123nm（試料C）である。雰囲気圧力150Pa以下の条件で抵抗値を測定した結果，図5に示すように，一本当たりの柱の直径が大きい，すなわち単位体積当たりに占める柱界面の割合が小さい試料Cにおいて，最も大きいガス感度が得られた。ここで，ガス感度Sは，真空時の抵抗値をR_0，ガス導入時の抵抗値をR_iとしたとき，

$$S = [(R_0 - R_i)/R_0] \times 100 \tag{1}$$

で与えられ，膜厚の影響は除去されている。

一般的に，柱状構造に限らず，結晶粒等の界面には欠陥が多く存在し，抵抗率増加の原因となることが知られている。a-CN$_x$においても，議論は多々あるものの，電子スピン共鳴法（ESR：Electron Spin Resonance）から見積もられるスピン密度N_sがダングリングボンドの密度に等しいと仮定すると，N_sの増加に伴い抵抗率は増加する。本研究に用いたa-CN$_x$では，N_sの増加に伴い抵抗率は高くなるものの，柱界面の割合が高くなるに従いN_sは小さくなる。このことから，本研究のa-CN$_x$のN_sは，柱界面より芯の部分に多く存在していると考えられる。

柱界面の割合が小さく，N_sが大きく，抵抗率が高い試料において，ガス感度Sが大きいという

第3章　電気的・光学的・化学的応用展開

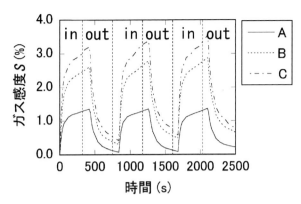

図5　異なる柱状構造を持つa-CN$_x$薄膜のN$_2$ガス応答性
測定容器内にガスを入れた状態をin, ガスを排気した状態をoutと表し, 真空度はそれぞれ19Paと2Paである

ことは, 雰囲気圧力による抵抗値の変化には, 芯の部分の関与が大きいことを表している。つまり, ガスの吸着サイトは柱状構造の芯の部分に多く存在するダングリングボンド近傍にある可能性が高い。

柱界面の割合が小さい試料では, 図3に示した, 抵抗値が減少から増加に転じる圧力（変曲点）が, より高圧力側に移行する。変曲点より低圧側での挙動が「ガス分子数＜吸着サイト数」, 高圧側での挙動が「ガス分子数＞吸着サイト数」であるならば, 本実験では測定温度一定でありガス圧はガス分子数に比例することを考慮すると, この変曲点の高圧側シフトは, 芯の割合に比例して吸着サイト数が増加していると考えられる。

なお, ESRのガス圧依存性測定を行った結果, ガス分子の有無そのものはN_sの増減には寄与しないことが確かめられた。このことからも, a-CN$_x$とガス分子の化学的な相互作用はないことがわかる。

では, 抵抗値変化の本質は何かということを調べるため, ガス雰囲気中での抵抗値の温度依存性測定を行い, アレニウスプロットからa-CN$_x$の活性化エネルギーE_aを算出した。測定温度範囲は, 窒素の脱離が起こらない60℃以下とした。その結果, 真空中（真空度は2Pa以下）で測定した時のE_aは約111meV, N$_2$ガス雰囲気中（真空度は19Pa）におけるE_aは約164meVであった。また, O$_2$, Ar, CO$_2$のいずれのガス中においても, 真空中よりも高いE_aが得られた。a-CN$_x$のこの温度領域におけるE_aは, ホッピング伝導の活性化エネルギーE_{ah}であり, 電気伝導度は1/4乗に比例する[7]。

エネルギーの異なる2つのサイト間を飛び移るときの振動数pは, 波動関数の重なりとサイト間のエネルギー差に相当するフォノンとの相互作用に関するボルツマン因子によって, 下記の式で表わすことができる[21,22]。

$$p = v_{ph}\,exp\left(-2aR - \frac{W}{kT}\right) \tag{2}$$

ここで，ν_{ph}はフォノンの振動数，aは波動関数の拡がりの逆数，Rはサイト間距離，Wは2つのサイト間のエネルギー差を表している。詳細は省略するが，フェルミ準位近傍における状態密度$N(E_F)$が一定であると仮定した時，活性化エネルギーE_aは以下の式で表わすことができる。

$$E_a = \frac{3}{4\pi R_D^3 N(E_F)} \tag{3}$$

ここでR_Dはサイト間の平均距離である。フェルミ準位での電子状態密度は雰囲気圧力によって変化しないと仮定すると，ガス雰囲気中においてE_aが大きくなる原因はR_D減少であると見積もることができる。実際の系では，雰囲気圧力による組成比やスピン密度の変化がないことから，飛び移るサイトが短くなる，つまり原子間距離が短くなると言える。

以上の結果から，a-CN$_x$の抵抗値の圧力依存性は，薄膜表面はもとより，薄膜内部，特に柱状構造の芯の部分に拡散・吸着したガス分子によって，原子間の結合角や結合距離が一時的に変化し，その結果，電子の伝導経路が変化したことで観測される現象であると結論付けられる。

このガス分子による一時的な原子間距離の変化を象徴していると思われる現象も見られている。図3は雰囲気圧力を連続的に上げた時の抵抗値の変化を表しているが，窒素ガス導入（吸気）とロータリーポンプによる排気を繰り返しながら，測定容器内の到達雰囲気圧力を段階的に増加させた場合には，図6に示すように，ガス感度Sがゼロになる圧力があり，それ以降の圧力では抵抗値の変化が見られない。その試料を，測定温度より数℃高い温度でアニールするとSは回復する。つまりこれは，低雰囲気圧力時は，吸着サイトに捕獲されたガス分子はロータリーポンプによって吸着サイトから引っ張り出されるが，ある圧力で押し込まれたときには，測定容器内の圧力が下がっても吸着サイトから出られなくなり，結合距離等の変化が起こらなくなることを表しており，熱エネルギーを得て押し込まれていたガス分子が吐き出されると，結合の伸縮性が戻り，再び雰囲気圧力に応答性を示すと考えられる。

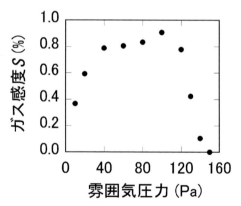

図6　N$_2$ガス導入と排気を繰り返した時のa-CN$_x$のガス感度の雰囲気圧力依存性

5.4　まとめ

本節では，DLCの一種であるアモルファス窒化炭素（a-CN$_x$）の電気抵抗値が雰囲気圧力によって変化する現象とその原因について述べた。抵抗測定に用いた試料の形状は，図1にも示した通り，a-CN$_x$の表面にプラチナ線を貼った円形マスクを使って金のギャップ電極を蒸着しただけの極めて単純な構造をしている。このような単純な構造の素子で，圧力応答性の指標となるガス感度Sが10Pa程度で0.5%以上というのは，比較的高感度な部類に入る。この時の消費電力は数

第3章 電気的・光学的・化学的応用展開

十nWと低いこともわかっている。a-CN$_x$には，圧力に対して抵抗値の変化が非線形であるなどの問題はあるものの，単純な素子構造と低消費電力であること，a-CN$_x$自体作製が容易であり原料が安価であることから，封止デバイスなどの真空状態をモニタリングする小型圧力センサーとして利用できるのではないかと期待している。

謝辞

電子スピン共鳴法はナノプラットフォーム試行的利用の支援を受けて分子科学研究所で行われました。X線回折は株式会社リガクのご協力を得て行われました。また本研究は，防衛大学校博士後期課程田村尚之氏の学位論文として行われました。関係各位に深く感謝申し上げます。

文　　献

1) S. J. Bull, *Diamond Relat. Mater.*, **2**, 1827 (1995)
2) R. Hauert, *Diamond Relat. Mater.*, **12**, 583 (2003)
3) S. R. P. Silva, Properties of amorphous carbon, emis datareviews series No. 29, INSPEC publication (2003)
4) S. Muhl and J. M. Me'ndez, *Diamond Relat. Mater.*, **8**, 1809 (1999)
5) M. Aono and S. Nitta, *Diamond Relat. Mater.*, **11**, 1219 (2002)
6) D. F. Wang and K. Kato, *Wear*, **217**, 307 (1998)
7) N. Tamura et al., *Jpn. J. Appl. Phys.*, **53**, 02BC03 (2014)
8) M. Aono et al., *Diamond Relat. Mater.*, **41**, 20 (2014)
9) M. Aono et al., *Diamond Relat. Mater.*, **20**, 1208 (2011)
10) N. Tamura et al., *Jpn. J. APpl. Phys.*, **53**, 11RA09 (2014)
11) N. Tamura et al., *Jpn. J. Appl. Phys.*, **54**, 041401 (2015)
12) 都甲清，宮城幸一郎，センサ工学，p.42，培風館 (1995)
13) R. V. Gelamo et al., *Chem. Phys. Lett.*, **482**, 302-306 (2009)
14) M. A. S. M. Haniff et al., *Scientific Reports*, **5**, 14751 (2015)
15) S. Chun et al., *Nanoscale*, **7**, 11652 (2015)
16) Y. Abdi et al., *Appl. Phys. Lett.*, **94**, 173507 (2009)
17) Y. M. Chen et al., *Nanoscale*, **8**, 3555 (2016)
18) A. Rothschild and Y. Komem, *J. Appl. Phys.*, **95**, 6374 (2004)
19) A. Krueger, Carbon Materials and Nanotechnology, p.22, Wiley-VCH (2010)
20) M. Aono et al., *Phys. Status Solidi C*, **7**, 797 (2010)
21) N. F. Mott and E. A. Davis, Electronic processes in non-crystalline materials, p.39, Oxford University Press (1979)
22) N. F. Mott, *Phil. Mag.*, **19**, 835 (1969)

6 DLCのフィルターへの応用

一ノ瀬泉*

6.1 はじめに

　耐熱性や耐薬品性に優れた高強度のDLC膜は，濾過フィルターとして魅力的な素材である。物材機構では，2012年，DLC膜があらゆる有機溶媒に対して安定であり，透過流束が著しく大きなナノ濾過膜（Nanofiltration膜 or NF膜）となることを発表した[1,2]。この研究に触発され，2013年には，科学技術振興機構の大型プロジェクト（COI-STREAM）で，硬質カーボン製水処理膜の社会実装に向けた研究開発が開始されている。DLC膜が着目されるのは，幾つかの理由がある。まず，プラズマCVDやスパッタなどの成膜技術は，プロセス化が容易であり，生産コストも低く抑えられるという期待がある。通常，濾過フィルターとして製品化するには，1000円／m^2程度にコストを抑える必要があるが，例えばプラズマCVD法では，安価な原料ガスを用いることで，このレベルの生産性が見込める。スパッタ法でも，原料となるカーボンターゲットの価格を抑えることで，コストの削減が可能であろう。DLC膜の基材には，今後の技術的な実証が必要であるが，海水淡水化用の支持膜が利用できるであろう。

　しかし，低コスト化のハードルは低くない。海水淡水化に用いられる逆浸透膜（RO膜）は，不織布の表面にエンジニアリングプラスチック（通称，エンプラ）の限外濾過膜（Ultrafiltration膜 or UF膜）を形成させ，これを支持膜として，表面に分離機能を担う架橋ポリアミドの超薄膜を形成させている。不織布の幅は，通常1mであり，4インチもしくは8インチの膜モジュールが量産され，既にコモディティー化している。近年，RO膜の価格は大幅に下がっており，DLC膜は，これと競合しなければならない。DLC膜の基材には，RO膜に用いられているエンプラの支持膜を利用するのがベストであろう。物材機構では，様々な不織布の表面にエンプラの非対称膜を形成し，耐圧性の優れた支持膜になることを実証してきた。即ち，汎用の基材を用いて，プラズマCVDやスパッタによりDLC膜を成膜すると，NF膜やRO膜を製造することができる。エンプラとしては，ポリスルホンやポリエーテルスルホンなどが利用できる。プラズマCVD法では，一般に基板温度の上昇が懸念されるが，成膜条件を選ぶことで，プラスチックの非対称膜にダメージを与えることなく，DLC膜を直接製造することができる。

　DLCのフィルターが注目されるもう一つの理由は，新しい用途への期待であろう。水処理膜では，これまでも様々な素材や技術が検討されてきたが，実用化されたものは限られている。しかし，DLCは，その強度や耐久性において他の素材とは全く異なる。RO膜の市場は，現在，架橋ポリアミド（一部は架橋ポリイミド）膜がほぼ独占している。ゼオライトやシリカを主成分とする無機膜でも優れた脱塩特性が実証されているが，製造コストの点で高分子系RO膜の優位性は大きい。しかし，2005年から2015年の間にオイル価格が高騰し，オイルサンドやシェールガスなどの非在来型資源が世界中で活発に開発されるようになった。これに関連して，石油随伴水な

---

* Izumi Ichinose　（国研）物質・材料研究機構　機能性材料研究拠点　副拠点長

第 3 章　電気的・光学的・化学的応用展開

どのオイルや無機塩を多く含んだ産業排水の処理の問題が認識されるようになり，有機溶媒耐性のカーボン系濾過フィルターが着目されるようになった。一方，耐熱性が低い従来のポリアミド系RO膜では対応できない水処理技術への要求も強まってきた。例えば，シェールオイルの開発では，地下に高温高圧の蒸気を注入し，重質油を流動化する必要があるが，このような高温蒸気の製造には，耐熱性の水処理膜が好ましい。現状のポリアミド系RO膜の耐熱性は40℃前後と言われているが，地底から回収される随伴水の温度は80℃を超える場合もある。このような熱水の再利用には，耐熱性でオイル耐性の濾過フィルターが重要となる。

　では，DLC製の濾過フィルターの実用化はいつ頃になるのであろうか？先のCOI-STERAMプロジェクトでは，社会実装に向けたパイロット試験が計画されている。このためには，実用的なレベルでの分離膜の製造技術，モジュール化技術を確立させておく必要があるが，未だ解決すべき課題も多い。まず，濾過フィルターとしての性能である。市販の海水淡水化用のRO膜では，NaClの除去率が99.5％程度であるが，DLC膜（又は硬質カーボン膜）では，95％程度の除去率に留まっている。透水性もポリアミド系のレベルに到達しておらず，性能比較では太刀打ちできない。このため，ポリアミド系RO膜が不得意な分野での実用化が模索されているが，市場の規模や安定性においては，海淡（脱塩事業）と比較にならない。このように考えると，DLCのフィルターへの応用は，やや長期的な観点から検討すべきであろう。

　さらに，実用化に向けて解決すべき問題として，DLC膜の品質の保障がある。物材機構では，量産化可能な高分子の支持膜を用いてDLC膜を製造し，NF膜としての優れた性能を確認しているが，量産化のためには，ロールツーロール法で連続的に生産する必要がある。大面積の高分子支持膜の品質を維持しながら，真空機器であるプラズマCVD装置に組み込み，ロールで搬送させるのは簡単ではない。また，モジュール化では，DLC膜をスパイラル状に巻き取り，樹脂でシールする必要があるが，この工程での品質の低下も予想される。最後に経時変化（劣化）の問題である。一般に高分子材料では，加工プロセスにおいて内部応力が発生し，これが徐々に緩和してくる。このようなゆっくりとした変化に最外層のDLC膜が適応でき，本来の性能を保持できるのか，未だ不明である。

　DLC製の濾過フィルターには，このような現状認識をもっており，直ぐに産業応用に結び付くとは考えられないが，濾過フィルターの使用環境が徐々に厳しくなっており，ロバストなNF膜やRO膜への期待が続く限り，研究が継続的に行われるであろうし，性能も徐々に向上していくものと考えられる。特に，プラズマCVD法は，製造コストの優位性が大きい「筋の良い」技術であり，これにより製造される濾過フィルターは，最初は特殊な用途から，徐々にその応用範囲を拡大させていくものと考えられる。

6.2　研究動向

　2000年以降，カーボンナノチューブを素材とする水処理膜が世界的にも活発に研究されている[3,4]。ナノチューブの内部では，水の拡散係数が大きくなると考えられ，同時に内壁との水の

抵抗が小さくなり，片側から圧力をかけると内部の水がスリップすると言われている。このため，透水性が著しく大きな濾過フィルターが得られると期待された。しかし，ナノチューブ膜の製造プロセスには多くの問題があり，未だ大面積化が達成されていない。一方，2012年，グラフェンの超薄膜が高透過性かつ高選択性のガスフィルターとして利用できることが報告された[5]。同日，厚みが約35nmの多孔性DLC膜が，有機溶媒耐性の高性能NF膜として優れた特性を示すことが物材機構から報告された[1]。ナノチューブとグラフェンは，その後も夥しい数の研究報告が行われ，欧米の有力誌を賑わせている。しかし，水処理膜としての性能や再現性には，問題があるものが多い。特に，グラフェンでは，ナノスケールの孔を形成する技術が確立しておらず，グラフェン及びその分散液の品質が，フィルター性能のバラツキに繋がっているように思われる。その点，DLC膜などのドライプロセスで製造される硬質カーボン膜は，分離膜としての性能に優れ，品質も比較的安定している。

　DLC製の濾過フィルターを議論する場合，1970年代のプラズマ重合膜の研究を紹介すべきであろう[6,7]。このころ，アリルアミンなどのモノマーをプラズマで活性化することで，RO膜としての性質を示す架橋高分子膜が数多く報告されている。特に，Yasudaらは，プラズマ重合膜のモノマーと成膜条件を幅広く研究し，耐圧性と透水性が大きなRO膜を得ている[8,9]。その後，プラズマ重合膜の親水化や透水性の向上を目指して研究が進められた[10]。しかしながら，1980年代には，ポリアミド系RO膜が濾過性能で圧倒するようになり，プラズマ重合膜の研究は減少した。70年代から80年代に行われた研究は，必ずしもキャラクタリゼーションが十分でなく，推定の領域を出ないが，XPSによる原子組成や成膜条件から判断すると，比較的柔らかいカーボン膜であると考えられる[9]。その後，カーボン膜の研究対象は，ガス分離膜が中心となり，NF膜やRO膜を目指した研究報告は急速に減少した。

　一方，DLC製の濾過フィルターは，乾燥状態での強度が少なくともエンプラ（弾性率：約5GPa）と同等又はそれ以上の硬質カーボン膜と考えられる。例えば，アセチレンから製造したDLC膜のヤング率は170GPaと見積もられており，ダイヤモンドの7分の1程度である。ピリジンやHMDS（ヘキサメチレンジシロキサン）から製造されたDLC膜は，100GPa程度のヤング率と報告されている[1]。但し，プラズマCVD法で得られるDLC膜の強度は，成膜条件により大きく異なる。例えば，成膜時の原料ガスの分圧を高く，RFパワーを低く設定すると，モノマー構造を残した柔らかいカーボン膜が得られ，逆に原料ガスの分圧を低く，RFパワーを高く設定すると，硬いカーボン膜が得られる。NaClの脱塩性能を高めるには，エンプラに近い比較的柔らかなカーボン膜が適しているが，耐久性が低下する傾向がある。極薄で耐有機溶媒性の濾過フィルターを得るには，一定の硬さが必要であろう。なお，塩の阻止率は，一般には，DLC膜の膜厚を厚くすると高くなるが，水の透過速度が落ちてしまう。我々の経験では，20〜50nm程度の膜厚が，塩の阻止率と水の透過速度を満足するバランスの良い厚みであるように思われる。

第3章 電気的・光学的・化学的応用展開

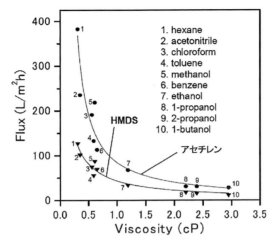

図1　DLC製ナノ濾過膜における有機溶媒の粘度と透過流束の関係[1]
HMDS：ヘキサメチレンジシロキサン

6.3　DLC製の濾過フィルターの特徴

　DLC膜の最大の特徴は，細孔の安定性であろう。物材機構で開発された初期のDLC製の濾過フィルターは，多孔性アルミナを支持膜として利用したため，多くの有機溶媒に対して安定であった。図1には，有機溶媒として，ヘキサン，アセトニトリル，クロロホルム，トルエン，メタノール，ベンゼン，エタノール，1-プロパノール，2-プロパノール，1-ブタノールを選び，これらの有機溶媒の粘度に対して，濾過フィルターを介した透過流束をプロットしてある。実験は，-80kPaの減圧濾過で行われた。この結果から，粘度と流束が反比例の関係にあることが明らかである。アセチレンから製造したDLC膜は，HMDSから製造したDLC膜より流束が大きいが，流束が粘度に反比例することは同じである。最も粘度が小さいヘキサンの場合，アセチレン由来のDLC膜の流束は，$380L/m^2h$を越えている。このような著しく大きな流束は，NF膜ではかつて観察されたことがない。様々な有機溶媒に対して粘度と流束が反比例することは，DLC膜の内部の細孔が，膨潤や収縮を起こさないことを示している。図2には，DLC膜の内部に形成されたサブナノメートルの流路をトルエンが透過し，アゾベンゼンが阻止される様子を模式的に示している。初期に開発したDLC膜は，数nmのクラスターから形成されていると推定されており，このクラスターの隙間にサブナノメートルの流路が形成

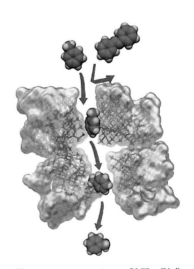

図2　DLCクラスターの隙間に形成されたサブナノメートルの流路
（トルエンは透過し，アゾベンゼンは阻止される）

219

表1 DLCフィルターの分離特性（流束は，−80kPaの減圧濾過の値）

原料ガス（パワー）	エタノールの流束	水の流束	$K_3[Fe(CN)_6]$／水 (size：0.95nm)
アセチレン（50W）	21.0L/m²h	9.8L/m²h	5.7L/m²h 阻止率：100%
ピリジン（50W）	37.8L/m²h	75.6L/m²h	18.9L/m²h 阻止率：100%

されているのであろう。アゾベンゼンとトルエンは，分子の幅が同じであるが，その長さが異なる。アゾベンゼン分子が高速で自由回転しているならば，サブナノメートルの細孔に阻止されるのが理解できる。

アセチレンから製造したDLC膜は，疎水性の細孔を有し，有機溶媒の分離に適している。表1には，50WのRF Powerで成膜したDLCフィルターの分離特性を示す。アセチレン由来の膜が，エタノールを21.0L/m²hの流束で透過させるのに対し，水の流束は，9.8L/m²hに過ぎない。一方，ピリジンから製造したDLC膜では，エタノールの流束（37.8L/m²h）よりも水の流束（75.6L/m²h）が大きく，親水的になっている。いずれの場合も，フェリシアン化カリウムの阻止率が100%であり，欠陥は少ない。これらの実験は，−80kPaの減圧濾過により行われている。

耐圧性がある高分子の非対称膜を支持膜として用いると，5MPa以上の加圧下で実験を行うことが可能である。高分子の非対称膜では，基材に由来する欠陥が少なくなり，例えば，エタノールに溶かしたアゾベンゼンを100%除去することもできる。さらに，有機溶媒耐性の非対称膜を支持膜として用いると，トルエン中のアゾベンゼンを分離することも可能である。高分子の支持膜は，架橋反応を行うことで，耐溶媒性が更に向上するものと考えられ，多角的な研究が進められている。図3には，高分子の非対称膜の上に成膜したDLC膜の写真を示す。リング状に見えるのは，蒸着の際に用いた枠に由来する。この膜は，パワーを上げて成膜したため，やや茶色になっているが，水処理膜として性能が高いDLC膜は，通常，無色透明である場合が多い。

図3 高分子の支持膜（非対称膜）上に形成されたDLC膜

DLC膜中の含水量は中性子反射率（散乱長密度）の測定やエリプソメトリーの解析から明らかになりつつある。透水性の高いDLC膜は，10〜30%の含水率を有すると考えられる。一方，DLC膜の内部の細孔サイズは，PALS（Positron Annihilation Lifetime Spectroscopy）法により解析されており，脱塩性能の高い膜では，0.5〜0.6nm程度の細孔が形成されているようである。但し，PALS法では，解析できる細孔径の範囲が限られており，測定値の評価は慎重に行う必要

第3章　電気的・光学的・化学的応用展開

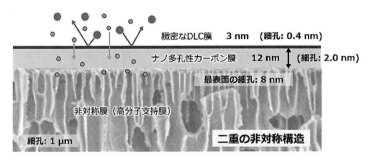

図4　理想的な硬質カーボン製RO膜の構造
（高分子の非対称膜の上にカーボンの非対称膜が形成されている）

がある。

最近の研究から，プラズマCVDに用いる原料ガスの窒素含有量を大幅に増やすことで，親水性が一層向上することが分かってきた。このような膜では，100L/m^{2}hの流束（2MPaの加圧濾過）で$MgCl_2$を98％除去することも可能である。NaClの除去も95％程度に達することが確認されているが，透水性はかなり低下する。どのような場合でも，DLC膜の基材となる高分子の非対称膜の品質が重要である。その最表面は，均質な細孔が形成されていること，即ち，大きな細孔がなく，ダストなどが極力付着していないことが求められる。非対称膜の最表面の細孔が5～10nmに制御できれば，DLC膜の厚みは，10～20nmに薄膜化できる。事実，品質の良い非対称膜を用いると，DLC膜の膜厚が20nm以下であっても，溶存イオンの十分な阻止性能が確認されている。

ハーゲン・ポアズイユの式から明らかなように，膜を介した液体の透過流束は，膜厚に反比例する。このため，極薄のDLC膜を製造することが一つの目標とされてきた。しかしながら，既に幾つかのDLC膜では，膜厚が15nm程度に達しており，これ以上の薄膜化が困難となってきた。成膜条件を変えることで，5nm程度の厚みに設定することは可能である。しかし，あまりに薄くすると，膜の強度が低下し，耐圧性が問題になる。膜厚としては，15nm程度が限界であろう。分離膜としての性能をさらに向上させるには，最外層のDLC膜を非対称膜にすることが重要と考えている。図4に示すように，高分子の非対称膜を高品質化すると，最表面の細孔を8nm程度に制御できるであろう。この上に15nmのカーボン膜を製造する場合，下層の細孔を2nmとし，その上に緻密なDLC膜を形成できれば，透過性能は，数倍向上すると考えられる。プラズマCVD法では，原理的には多層化が容易であるが，カーボン膜の孔径の制御や非対称膜化は，今後の課題である。

DLC製の濾過フィルターは，有機溶媒耐性のNF膜，耐熱性のNF膜など，従来のRO膜やNF膜が不可能な分野から応用範囲が徐々に広まっていくものと考えられる。有機溶媒耐性の膜は，高分子系では，幅広い研究が行われてきた[11]。必ずしも大きな市場が形成されている訳ではないが，石油精製におけるワックスの分離などで実用化が広まりつつある。DLC製の濾過フィルターは，

モジュールの高品質化を進めつつ,新しい用途を探索することが何より大切である。特に,資源開発の現場では,ロバストなNF膜への要求が高まっており,分離性能に応じた用途を見つけることが比較的容易と考えられる。

謝辞

物材機構での研究の一部は,JSTのCOIプログラムの支援によって行われている。

文　　献

1) S. Karan, S. Samitsu, X. Peng, K. Kurashima, I. Ichinose, *Science*, **335**, 444-447 (2012)
2) Y. Fujii, S. Samitsu, I. Ichinose, *Membrane*, **38**, 200-206 (2013)
3) J. K. Holt *et al.*, *Science*, **312**, 1034-1037 (2006)
4) F. Fornasiero *et al.*, *Proc. Natl. Acad. Sci. U.S.A.*, **105**, 17250-17255 (2008)
5) R. R. Nair, H. A. Wu, P. N. Jayaram, I. V. Grigorieva, A. K. Geim, *Science*, **335**, 442-444 (2012)
6) K. R. Buck, V. K. Davar, *Br. Polym. J.*, **2**, 238-239 (1970)
7) J. R. Hollahan, T. Wydeven, *Science*, **179**, 500-501 (1973)
8) H. Yasuda, C. E. Lamaze, *J. Appl. Polym. Sci.*, **17**, 201-222 (1973)
9) H. Yasuda, *Plasma Polymerization*, Academic Press INC., London (1985)
10) K. Hozumi, K. Kitamura, H. Mano, *Nippon Kagaku Kaishi* 1984, 1567-1574 (1984)
11) P. Silva, L. G. Peeva, A. G. Livingston, *Nanofiltration in Organic Solvents, in Advanced Membrane Technology and Applications*, John Wiley and Sons, Hoboken, New Jersey (2008)

7　DLC膜の耐エッチング性

赤坂大樹*

　一般に，DLC膜は化学的に安定で耐腐食性に優れているとされ，各種酸及びアルカリ溶液に対して優れた耐腐食性を示す[1]。これはDLC膜の炭素からなる骨格構造に化学的に極めて安定なsp^3結合性炭素が多く含まれ，さらに水素がこれら骨格構造を終端し，不活性なC-H結合を形成していることに起因すると考えられている。このためDLC膜は多くの反応性環境下で用いられている。例えば，化学産業用圧力センサは高温雰囲気中や腐食性ガス雰囲気中でのセンシングが求められ，DLC膜をセンサ面の保護膜として用いることで腐食性ガス，液体等の特殊環境下でも動作可能な圧力センサが開発されている[2]。また，冬場の路面の凍結防止剤の塩化カルシウムによる腐食を防ぐために自動車のホイールにも応用が検討されている[3]。更には，海洋中用の巨大な構造用鋼の防食被膜としてDLC膜の適用や[4]，極小領域では微細加工技術により作製される微小化学反応容器であるマイクロ流路デバイス内壁面へ，次世代の保護膜として検討されている[5]。この様にDLC膜は各種反応性化学試薬に対する消耗の少なさの度合いである"耐エッチング性能"が高いことが経験的に知られている。

　DLC膜の耐エッチング性能は他の特性同様，sp^2/sp^3結合比及び水素含有量に依存して変化する。sp^3結合はσ結合から構成されるため化学的に安定で，sp^2結合はσとπの両結合から構成され，π結合は結合電子の軌道の広がりが大きく，結合エネルギーも低い。電子軌道の広がりが大きいため，他の電子欠乏分子により化学的な求電子攻撃を受けやすく，一般にπ結合は反応性に富み，sp^2結合はsp^3結合よりも耐エッチング性が低い。例えば硝酸中では，sp^3結合の結晶であるダイヤモンドは酸化剤である硝酸ナトリウムに対して約400℃まで反応しないがsp^2結合の結晶であるグラファイトは常温でも硝酸により浸食される[6,7]。実際にCF$_4$プラズマ等の半導体プロセス向けハロゲンに対する耐エッチング性のDLC膜の構造の依存性が報告されている。sp^2/sp^3結合比の異なるDLC膜のCF$_4$プラズマに対する耐腐食性の違いを腐食試験後のエリプソメータによるDLC膜の厚さの減少量の測定から評価し，sp^2結合が多いほど膜の減少量が大きいと報告している[8]。更に，SF$_6$プラズマに対する耐エッチング性能に及ぼす影響を評価し，水素量が多いとエッチング速度が速いことをエッチング前後の原子間力顕微鏡（AFM）による表面観察から報告し，フッ素による水素の引き抜きが起きたことが原因であるとしている[9]。このようにDLC膜の耐エッチング性能は膜の構造に依存して変化する。

　これまでに大きくDLC膜の耐エッチング性能や耐腐食性は大きく分けて2種類の手法により評価されてきた。1つはエッチング試験後のDLC膜を取り出してAFMや電子顕微鏡で観察，測定する浸漬腐食試験等である。もう一方はエッチング試験中のDLC膜の腐食挙動をその場で検出評価する電気化学測定法等で，作用電極にDLC膜を堆積させた試料を取り付け，電流を流し，

---

*　Hiroki Akasaka　東京工業大学　工学院　機械系　准教授

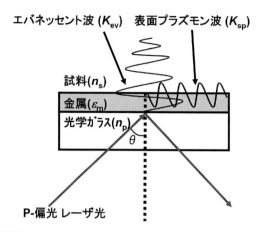

図1　金属へ光照射時に発生するエバネッセント波と誘起される表面プラズモン波の関係

DLC膜のエッチングを促進する環境下で電圧と電流を測定し，DLC膜の耐エッチング性を評価している。特に後者の手法では孔食に起因するDLC膜の基板からの剥離の進行を評価している研究が多い[10～13]。これまでの事後評価法ではエッチングレートを評価できず，もう一方の電気化学測定法はリアルタイム測定できるが，DLC膜の化学反応のみによる通常のエッチング環境下での試験ではなく，DLC膜中の空孔から反応液が侵入する孔食に伴って発生する剥離の進行を評価することになる。そのため，DLC膜の純粋な耐エッチング性能のポテンシャルの評価にはエッチング挙動をリアルタイムに評価する必要がある。そこで本稿では表面プラズモン共鳴（SPR）現象を利用した分析法によるエッチングレートを評価する手法を用いてDLC膜の構造と耐エッチング性能の関係を評価した結果について解説する[14～16]。

　SPR現象とは金属中の電子が光と相互作用を起こす現象で，光によって誘起される電磁波であるエバネッセント波と金属表面のプラズモン波が相互作用を起こす現象である[17～19]。屈折率の異なる界面では光の入射角度と屈折率の関係を示すスネルの法則が成立する。光学ガラス上に極めて薄い金属膜が積層されている場合，光学ガラスの屈折率n_p，試料の屈折率n_s，光の入射角度θ及び屈折角θ_rにおいて

$$n_p \sin\theta = n_s \sin\theta_r \tag{1}$$

が成立し，光学ガラスの屈折率がサンプルの屈折率より大きい時，$\theta < \theta_r$が常に成立し，その臨界角θ_cは

$$\sin\theta_c = \frac{n_s}{n_p} \tag{2}$$

となる。式(2)から試料の屈折率が大きいほど臨界角は高角度側になることを示す。この臨界角より高角度で光が入射する時，光は光学ガラスと金属膜の界面で全反射を起こす。この時，図1に示すように光学ガラスから金属膜表面側にエバネッセント波が染み出す[20]。p偏光したレーザ

第3章　電気的・光学的・化学的応用展開

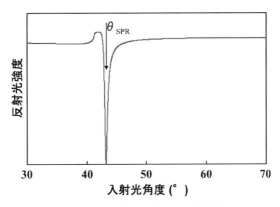

図2　金属膜への光入射における反射光強度と入射角の関係（金属膜厚さ：40nm，λ＝635nm，n_s＝1.00）

光入射時，エバネッセント波のp偏光の界面に垂直な波数K_{ev}と金属膜表面の表面プラズモン波の波数K_{sp}は光の角振動数ω rad/s，真空中の光速c，入射光の入射角θ，金属の誘電率ε_mから

$$K_{ev} = \frac{\omega}{c} n_p \sin\theta \tag{3}$$

$$K_{sp} = \frac{\omega}{c} \sqrt{\frac{\varepsilon_m n_s^2}{\varepsilon_m + n_s^2}} \tag{4}$$

と表される[20]。式(3)，(4)から，使用する光学ガラスが一定の時，エバネッセント波の波数は光の入射角度，表面プラズモン波の波数はサンプルの屈折率にのみ依存する。このK_{ev}とK_{sp}が一致すると共鳴"SPR"が生じる。SPRが生じると図2のように反射光強度が急激に減衰する。この時の条件は$K_{ev} = K_{sp}$より次の様に表される。

$$\sin\theta_{spr} = \frac{1}{n_p} \sqrt{\frac{\varepsilon_m n_s^2}{\varepsilon_m + n_s^2}} \tag{5}$$

このとき，n_pとε_mを一定とすると，共鳴条件はθとn_sのみに依存する。つまり図2に示す共鳴の生じる角度θ_{SPR}を測定することで，金属膜上の試料の屈折率を捉えることができ，金属膜上をセンシングできる。つまり，エバネッセント波の到達領域内である金属膜上100〜150nmをセンシング領域として利用し，このセンシング層内に図3のようにDLC膜とエッチング媒体を配置することで，例えばエッチング液中での腐食に伴うDLC膜の厚さの変化をSPRの発生条件の変化から評価できる。この素子においてDLC膜が反応試薬によりエッチングされるとDLC膜の厚さは減少し，センシング層内のDLC

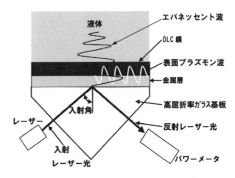

図3　DLC膜の表面でのエッチングの検出のための積層型SPR素子

膜とエッチング液の占める割合が変化する。一般に，液体の誘電率は固体の誘電率より小さく，センシング領域内の誘電率は減少する。このセンシング領域の誘電率の減少により，SPR角が低角側にシフトし，このシフト量から，DLC膜の厚さの減少量を評価できる。

ここでは実際に光学ガラス状に金属膜を形成し，その上に水素を含むDLC膜，sp^2/sp^3の異なる2つのDLC膜を積層した場合DLC膜厚さの変化を検出した結果からDLC膜の耐エッチング性能の膜構造依存性について示す。光学ガラス（S-TIH11）上にAuもしくはAgからなる金属層を約40nm堆積させ，その上に其々のDLC膜を数十nm堆積させてSPR測定用素子を作製した。これらDLC膜上に液体導入用のセルを配置して，エッチング用の液体として0.3～2.0Mの硝酸水溶液をセル内に導入し，SPR角を測定する。

図4は比較的sp^3結合比率の高い非水素化DLC膜上のセル内へ0.3Mの硝酸水溶液を導入し，その後の各時間における金属膜裏面からの反射強度に対する素子への光入射角度の関係である。反射光強度の減衰が全てのプロファイルで観測され，SPR角が時間と共に変化している。つまり金属膜上のDLC膜の厚さが硝酸水溶液によりエッチングされ減少し，金属膜上の誘電率が減少している。硝酸水溶液の導入時に50.51degであったSPR角は，30分後に50.49degへ減少し，60分後に50.45degへ減少しており，DLC膜がエッチングされ，厚さが減少していると考えられる。これらを

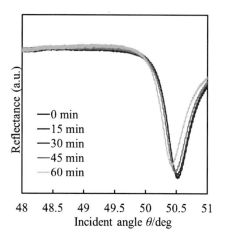

図4　比較的sp^3結合比率の高い非水素化DLC膜上へ0.3Mの硝酸水溶液の導入後の各時間における金属膜裏面からの反射強度に対する素子への光入射角度の関係

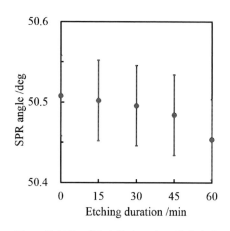

図5　比較的sp^3結合比率の高い非水素化DLC膜上への硝酸水溶液の導入後の各時間におけるSPR角

各時間におけるSPR角についてまとめると図5の様になる。更にDLC膜の厚さの変化を評価するために図4の反射光の強度プロファイルをフレネルの関係式をベースとした均一積層モデルを用いてフィッティングし，各時間のエッチングされた膜の厚さについて図6にまとめた。この結果，DLC膜の厚さの減少量と時間から濃度0.3Mの硝酸水溶液によるDLC膜の腐食速度は0.75nm/hと求めることができる。同様にフィッティングから求めたDLC膜の厚さの減少量と硝酸導入後の経過時間の関係とこれらの測定値から最小二乗法より算出した直線より，0.3Mの硝酸水溶液

第 3 章　電気的・光学的・化学的応用展開

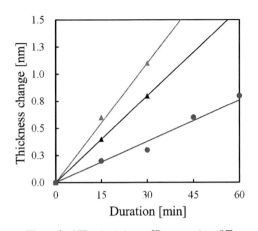

図 6　各時間におけるDLC膜のエッチング量
▲水素化DLC膜　△sp^2結合比率の高い非水素化DLC膜上　●sp^3結合比率の高い非水素化DLC膜上

に対して，比較的sp^3結合比率の低い非水素化DLC膜では2.2nm/h，水素化DLC膜では1.6nm/hと算出され，比較的sp^3結合比率の高い非水素化DLC膜がエッチングレートが最も低い。上記より構造とエッチングレートの関係を示す。耐食性が最も高いDLCは比較的sp^3結合比率の高い非水素化DLC膜であり，次いで水素化DLC膜である。この差はsp^2/sp^3結合比の大きさが最も影響していると考えられ，実際に図7のsp^2/sp^3結合比とエッチングレートの関係からもsp^2/sp^3結合比の影響が大きいことが分かるといえる。

ここで示したのは硝酸に対する耐エッチング性能であるがNaOH等のこの他の試薬に対する耐エッチング性能は極めて高い。ただし，DLC膜自体の耐エッチング性能は高いが，DLC膜には

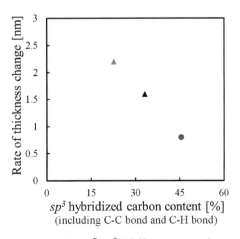

図 7　DLC膜のsp^2/sp^3結合比とエッチングレートの関係

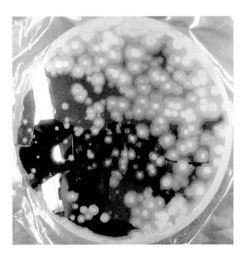

図 8　ピンホールから基材のエッチングが進行したDLC/Si試料　白色部が剥離している

ピンホールがあることが知られている[21, 22]。Si上にDLC膜を形成し，これをNaOH飽和溶液中に浸漬すると図8に示すようにDLC膜自体ではなく，ピンホールを通して溶液がSiO_x層をエッチングすることで膜が剥がれる。このため，DLC膜の耐エッチングコートとしての展開には，本ピンホールを覆うように膜を厚くするか，現在手法は確立されていないが，ピンホールを生じないDLC膜の使用が求められる。

　DLC膜の耐エッチング性能は非常に高く，多くの試薬に対して耐性がある。一方でsp^2成分を含むことからDLC膜は硝酸に対しては，エッチングが進むことが示されているが，エッチングレートは2 nm/hと低い。このため，耐エッチングコートとしての使用には耐えうるが，根本的な問題としては最後に述べたピンホールの問題が残る。これをクリアすることでDLC膜の新たな応用先として耐エッチング膜が本格的に期待できると考えられる。

文　　　献

1) 高井治, *NEW DIAMOND*, **59**, 15 (2000)
2) 松永崇, ダイヤモンドライクカーボン薄膜の耐食性皮膜としての応用, 大阪府立産業技術総合研究所　平成15年度研究発表会, http://www.tri.pref.osaka.jp/poster/2003/c-39
3) 福田匠, 耐食性に優れたDLC複合膜に関する研究, やまぐち産業振興財団　やまぐち地域資源活用研究者シーズ集, http://www.ymg-ssz.jp/chiikiseeds/mydbusers/view/20097/9
4) 川口雅弘, 清水綾, 梶山哲人, 渡邊禎之, 森河和雅, 湯川泰之, 東京都立産業技術研究センター研究報告, **4**, 44 (2009)
5) M. Ban, T. Yuhara, *Surf. Coat. Technol.*, **203**, 2587 (2003)
6) 炭素材料学会編, 新・炭素材料入門, リアライズ (1996)
7) W. C. Forsman, F. L. Vogel, D. E. Carl, *J. Hoffman, Carbon*, **16**, 269 (1978)
8) J. H. Know, S. Y. L. Park, K. C. Seo, W. J. Ban, G. O. Park, D. D. Lee, *Thin Solid Films*, **531**, 328 (2013)
9) C. Vivensang, G. Turban, E. Anger, A. Gicquel, *Diamond and Related Material*, **3**, 645 (1994)
10) H. G. kim, S. H. Ahn, J. G. Kim, S. J. Park, K. R. Lee, *Diamond and Related Material*, **14**, 35 (2005)
11) J. H. Sui, W. Cai, *Surface and Coatings Technology*, **201**, 5121 (2007)
12) A. Dorner, B. Weilage, C. Schürer, *Thin Solid Films*, **355-356**, 214 (1999)
13) F. Sittner, W. Ensinger, *Thin Solid Films*, **518**, 4559 (2007)
14) H. Akasaka, N. Gawazawa, S. Kishimoto, S. Ohshio, H. Saitoh, *Appl. Surf. Sci.*, **256** 1236 (2009)
15) Y. Sasaki, A. Takeda, K. Ii, S. Ohshio, H. Akasaka, M. Nakano, H. Saitoh, *Diamond and Related Materials*, **24**, 104 (2012)

16) A. Takarada, T. Suzuki, K. Kanda, M. N., M. Nakano, N. Ohtake, H. Akasaka, *Diamond and Related Materials* **51**, 49 (2015)
17) E. Kretschmenn, *Z. Phys.*, **241**, 313 (1971)
18) B. Liedberg, C. Nylander, I. Lundstrom, *Sensor Actuator* **4**, 299 (1983)
19) M. Konishi, N. Gawazawa, S. Kishimoto, S. Ohshio, H. Akasaka, H. Saitoh, *Jpn J.Appl. Phys.*, **48**, 86502 (2009)
20) E. Kretschmenn and H. Raether, *Z. Naturforsch.*, **23A**, 2153 (1968)
21) A. Herrera-Gomez, F. S. Aguirre-Tostado, Y. Sun, R. Contreras-Guerrero, R. M. Wallace, Y. Hisao and E. Flint, *Surf. Interface Anal.*, **39**, 904 (2007)
22) M. Yatsuzuka, J. Tateiwa, H. Uchida, *Vacuum*, **80**, 1351 (2006)

第4章 次世代DLC応用のためのキー技術

1 大電力パルススパッタリングによるDLC成膜技術

平塚傑工*

1.1 はじめに

大電力パルススパッタリング（High Power Impulse Magnetron Sputtering：HiPIMS）法は，従来のスパッタリング法よりも大電力を印加し膜質改善効果が期待され注目が集まっている。大電力パルススパッタリング用の電源は，平均電力が従来の電源と同等でありながら100kWの瞬時電力を出力可能である。本パルス電源は高圧直流安定化電源の出力をコンデンサ（C）に充電し，そのエネルギーを絶縁ゲートバイポーラトランジスタ（Insulated Gate Bipolar Transistor：IGBT）によってパルス状に変換して時間的に圧縮された大電力パルス出力を負荷へ供給する電源である[1]。電源の外観を図1に，電源の主要回路図を図2に示す。

通常のマグネトロンスパッタ法におけるプラズマ密度は，$10^{10}cm^{-3}$程度であるのに対し，HiPIMS法により生成されるプラズマ密度は10^{11}～$10^{12}cm^{-3}$であり，高密度プラズマを生成可能である[1]。また，パルス幅の制御を行うことで，成膜される膜質の制御が可能である。さらに瞬時電力の高い高密度プラズマにより従来スパッタではできなかった大幅な膜質改善が見込める。HiPIMS法を用いて炭素ターゲット上に大電力パルスを印加した際の放電状態を図3に示す。ターゲット表面の放電は，青白く輝度の高い状態が観測できる。

HiPIMS法では，気体のイオン化や金属のスパッタリングを行うことができ，ピーク時の電力密度は，従来の直流（DC）マグネトロンスパッタリング法で得られる電力密度の100倍である1kW/cm^2以上となり，電流密度は1A/cm^2を超える[2~5]。材料加工におけるHiPIMSグロープラズマ技術の利点として，(1)優れた密着性[6]，(2)均一な成膜[7]，(3)耐腐食性[8]，(4)比較的平滑な表面と高密度な内部構造[9]，等があげられる。

HiPIMS法は，金属スパッタリング[10]や反応性スパッタリング[11]の研究の報告が多数あり，膜質改善に効果があることが示されているがカーボンに関しての研究はまだ少ない。例えば，B. M. DeKovenらの研究では，φ6インチのカーボンターゲットを用いてDLC成膜のパルス幅が100μs（デューティ比1.4％），周波数140Hz，ターゲット電圧が−700V，基板電圧−175Vで実験を行い，ナノインデンテーション硬さが6.9GPaと報告されている[12]。K. Sarakinosらの研究は，DLC成膜のターゲット電圧のパルス幅が50μs（デューティ比5％と1.25％），周波数250Hzと1000Hz，基板電圧−150～0Vで成膜されたDLC膜密度が2.2g/cm^3と報告がされている[13]。これらの従来の研究では，高硬度化が達成できておらずHiPIMSを利用したDLC膜の高硬度化が求め

---

*　Masanori Hiratsuka　ナノテック㈱　研究開発セクター　取締役

第4章　次世代DLC応用のためのキー技術

られていた。

また，W. D. SproulらはDCパルススパッタリングとHiPIMS法との比較結果として成膜速度が20〜30％程度低下することが報告されている[14]。これは，スパッタリングによりターゲット材料がスパッタされる基板側へ到達する前にイオン化されて再度ターゲットに戻ってしまう現象によることを指摘している[15]。この現象は自己スパッタリングと呼ばれており，HiPIMSの成膜速度の低下の要因と考えられている[16]。

本稿では，これら従来のHiPIMS法では困難であったDLC膜の高硬度化と高速成膜の2つの課題を解決し新たなHiPIMS技術を開発した結果を示す。また，その将来の用途展開に関しても記載する。

1.2　高硬度化

DLC膜は，高硬度な薄膜として金型や工具・部品の長寿命化に利用されてきた。これらの用途において高温で成型されるガラス用レンズ金型や工具・部品の長寿命化のために，高硬度なDLC膜が適していることが知られている[17]。

図1　HiPIMS電源

高硬度の水素を含有しないDLC膜の成膜方法は，アーク法とフィルタードアーク法がある。しかし，アーク法はドロップレットが多いという問題があり，フィルタードアーク法により平滑で高硬度な成膜が可能となった[18]。しかし，成膜面積の大型化が困難で工業的な利用が制限されている。市場のニーズとして，平滑で高硬度なDLC膜を大面積で生産可能な成膜装置が望まれている。

従来のスパッタリング法では，高周波や直流電源が一般的に使用されているが，カーボンのイ

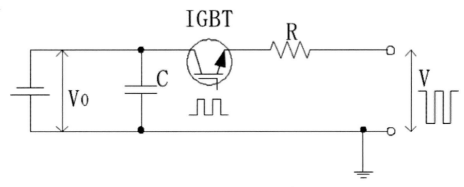

図2　主回路の簡易構成[1]

図3　φ6インチのカーボンターゲット上での放電状況

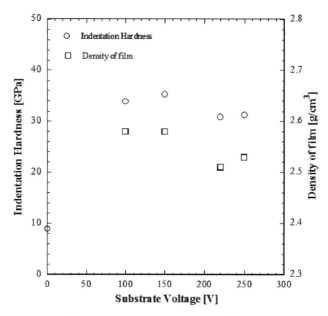

図4　基板電圧を変化させた時の硬さと膜密度の測定結果

オン化率が低いため[19]，ターゲットからスパッタリングされた中性カーボンのみが堆積することにより，低硬度のカーボン膜しか成膜できないという課題がある[20]。

本研究では，HiPIMS法を利用して高密度プラズマを生成し，カーボンイオンの衝突エネルギーを制御することでDLC膜の高硬度化が可能か検討した[21]。

ナノインデンテーション硬さ30GPa（膜密度2.4g/cm^3）以上の膜を成膜するためには，カーボンイオンが成膜されるDLC膜の主体となるようにターゲット電圧とそのパルス条件を設定する必要がある。さらに基板電圧によりカーボン原子1つ当たりのイオン衝撃エネルギーが100eV程度に制御することでsp^3混成軌道の比率を最大化させることが必要であり[18]，カーボンイオンの

第4章　次世代DLC応用のためのキー技術

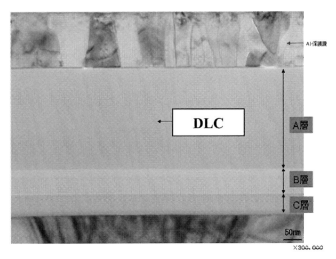

図5　HiPIMSにより成膜したDLCのTEM像[21]

生成と基板へのイオンの衝突エネルギーの制御が重要となる。

　ターゲット電圧を－1200V，周波数は1.5kHzに固定し，基板電圧を－100，－150，－220，－250Vまで変化させ実験を行った。図4に基板電圧を変化させた時の硬さとX線反射率法（X-ray reflectivity：XRR）により膜密度の測定を示す。本結果により，基板電圧により水素フリーDLCの硬さを制御できることを確認した。－150Vを最大値として減少していく傾向が示された。基板電圧が0Vの時は8.9GPaであった。膜密度は，2.5～2.6g/cm^{3}となり，従来のDLC膜が2.1g/cm^{3}であるのに対して高密度のDLC膜を形成できた。そのため硬さも高くなったと考えられる。基板電圧を－100～－150V印加することで，カーボンイオンが基板に引き込まれ，イオン衝撃が100eVに近づいていると考えられる。また，－220V以上では，硬さと膜密度が少し低下した。硬さと膜密度は比例した関係にあり，イオン衝撃が大きくなるとそれらが低下することが分かった。図5にHiPIMSにより成膜したDLC膜の透過型電子顕微鏡像（Transmission Electron Microscope：TEM）像を示す。A層は水素を含有しないDLC層であり，B層が中間層とDLC層との傾斜層，C層が中間層である。均質でドロップレットのないDLC膜が成膜できていることが観察できる。

1.3　高速成膜

　近年，電極材料の保護膜として耐久性が高く，電気抵抗が低い緻密な薄膜が求められており，従来は直流マグネトロンスパッタリング（DC-MS）法によるカーボン膜が利用されてきた[22,23]。しかし，カーボンは他の元素に比べてスパッタ収率が低く，DC-MS法では成膜速度が2～16nm/min程度であり生産性に問題があった[24,25]。そこで平滑なDLC膜を大面積に高速に成膜する方法が望まれている。

233

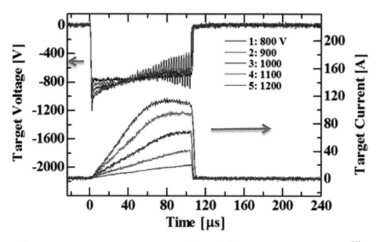

図6 −800から−1200Vターゲット電圧を変化させた時の電圧電流波形[33]

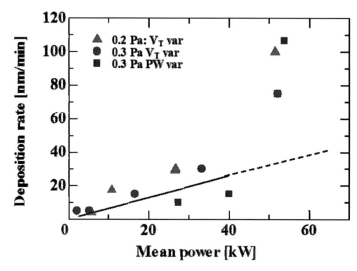

図7 各種成膜条件と成膜速度の関係[33]

しかし,カーボンターゲットにおいては,HiPMS法で400μsのパルス幅で800Vを印加するとアーク放電に移行することが報告されており,大電力を印加することが困難である[26]。パルス幅を65μsに設定しターゲット電圧が1000Vで平均電流が1Aの時成膜速度が2.4nm/minとなるとの報告もあるが,これも平均電力としては1kW以下の電力しか印加できていない[27]。HiPIMSに共通の課題として,スパッタされたターゲット原子がイオン化され再度ターゲット表面に戻ってくる自己スパッタリングと言われる現象があり,成膜速度が低下の要因となっている[28, 29]。現状では,HiPIMS法によるカーボン薄膜の成膜速度は2〜8nm/minと報告されている[30〜32]。

本研究では,HiPIMS法を用いて1kW以上の大電力をカーボンターゲットへ印加させ,従来

第4章　次世代DLC応用のためのキー技術

の課題である成膜速度を大幅に向上させることを検討した。また，耐久性の向上のため硬度と成膜速度の両立する成膜条件の検討を行った。

カーボンターゲットにおけるHiPIMS法による放電特性を検証するため，ターゲット電圧電流波形測定を行った。

放電電圧が高くなることでターゲット電流が増加しており，Arイオンとカーボンイオンの生成量が増加していることを示していると考えている。

ターゲット電圧の変化（－800Vから－1400V）に対する，平均電力と成膜速度との関係を図7に示す。平均電力は，1パルスあたりの消費エネルギーを基に算出した。基板は無接地である。40kW以下の平均電力に対して，成膜速度

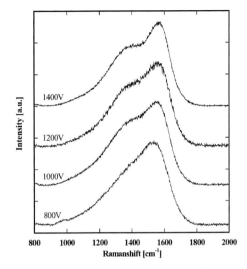

図8　ターゲット電圧を変化させて成膜したDLC膜のラマン測定結果[34]

は比例的に増加する。平均電力が55kWになると，成膜速度はこの比例関係から外れ，比例関係による推定値の2～2.6倍に増加する。成膜速度の急激な増加は，通常のスパッタリングによるスパッタされたカーボン以外のカーボンの供給があることが想定される。得られた結果から考察すると電力及び周波数が高い領域では，カーボンターゲットの温度上昇による蒸発したカーボンによる寄与が想定される。

放電条件を制御し基板の距離をさらに近づけることで，最大で660nm/minの成膜速度となりアモルファスカーボン膜の成膜の高速化が可能となった[34]。ターゲットと基板間の距離による成膜速度への影響が非常に大きいことが示された。

ターゲット電圧が－800～－1400Vの顕微ラマン分光分析による測定結果を図8に示す。DLC膜に特徴的なブロードなピークが得られ，この波形を2成分分離法により，崩れた（Disordered）グラファイトに起因する1380cm^{-1}付近のDピーク，グラファイト構造に起因する1550cm^{-1}付近のGピークの2波形に分離した。各ピーク位置は固定せずにGピーク位置のシフトを計測し，DピークとGピークのピーク強度比I(D)/I(G)及びGバンドの半値幅（Full width at half maximum, FWHM）を算出した[35]。ピーク強度比I(D)/I(G)及びGバンドの半値幅は，sp^2構造のクラスターサイズに対比していると言われており，これによりDLC膜の構造を推定した[21]。

表1にターゲット電圧と成膜速度，硬さ，ラマン分光分析，膜密度測定結果の比較を示す。XRRの結果から，基板電圧が高くなるにつれて成膜速度が向上し，膜密度が低くなることが示された。このことは，DLC膜の硬さや抵抗率とも比例しており膜構造と密度が密接に関係していることが示されている。

カソード電圧の増加により硬度が低下しており，抵抗率と膜密度も低下している。よって，

表1 ターゲット電圧と成膜速度,硬さ,ラマン分光分析,膜密度測定結果の比較[34]

Target Voltage [V]	Deposition rate [nm/min]	Hardness [GPa]	G Peak FWHM [cm^{-1}]	G Peak Position [cm^{-1}]	I(D)/I(G) Peak ratio	Density [g/cm^3]	Volume resistivity [Ω·cm]
−800	5	12.9	183.6	1549	0.97	2.12	5.6×10^1
−1000	15	9.61	150	1568	1.32	1.9	2.9×10^{-1}
−1200	30	10.9	147.7	1575	1.23	1.8	2.0×10^{-1}
−1400	75	7.3	132.6	1577	1.17	1.78	3.8×10^{-1}

ターゲット材であるカーボンの蒸発による膜形成が進むとイオン衝撃が低いカーボン膜が堆積される。つまり,膜密度として低い膜が形成される。I(D)/I(G)比率においては,明確な傾向が見られなかった。Gピーク位置からターゲット電圧が−1400Vに増加するとsp^3が減少していると推察できる。また,ラマン分光分析のGピーク半値幅の減少からはsp^2クラスターサイズの増加が示唆され,このことが抵抗率の低下に寄与したと推察できる。

1.4 HiPIMS技術の今後の展開

新規素材が利用されるためには,その機能が各用途におけるコスト対比に見合うかどうかが重要である。大まかに3つに区分して下記に示すが,実際の利用においては,あくまでコスト試算した時に利用が可能かどうかで判断される。

高硬度・低生産性:長期間利用できる機能性が必要で,コストが高くても良い部材

中硬度・中生産性:生産分野で利用される金型や部品・工具等で,一定期間の耐久性や機能があることで費用対効果がある部材

低硬度・高生産性:コンシューマー製品に利用されている汎用部品等で,徹底的な低コストが要求される部材

HiPIMS法によるDLC膜は,その硬度と成膜速度において反比例の関係にあった。そのため用途に応じてそれらを使い分けることが可能であり,生産性を活かした用途としては,図9の写真に示すようなRoll to Roll型成膜装置を製作した。今後,HiPIMS法によるDLC成膜技術がその特性を活かし,従来のDLC用途よりも幅広い分野で応用され発展すると考えている。高硬度・低生産性の用途としては,レンズ金型の保護膜をはじめ,特殊な機械装置の各種部品を中心として取り扱われているものがある。また,中生産性の市場としては,半導体分野等があり,HDD保護膜や電極保護膜や帯電防止膜の用途も拡大していくと考えられる。

さらに,高生産性の分野としては高機能性フィルム市場において,ガスバリア性を活かした食品用包装や医療用包装,電極材料等が有望であり,今後はさらに生産性を向上させることでこれらに適用されると考えている。

第4章 次世代DLC応用のためのキー技術

図9　HiPIMSを利用したRoll to Roll成膜装置

文　献

1) 横田達也, 坂本哲也, 林剛, 豊田光廣, 坪井仁美, 平塚傑工, 中森秀樹, 行村健, 電気学会研究会資料. PST, プラズマ研究会, **53**, 95-98 (2009)
2) J. T. Gudmundsson, J. Alami and U. Helmersson, *Surf. Coat. Technol.*, **161**, 249-256 (2002)
3) A. P. Ehiasarian, R. New, W. D. Munz, L. Hultman, U. Helmersson and I. Petrov, *Vacuum*, **65**, 121-140 (2002)
4) V. Kouznetsov, K. Macák, J. M. Schneider, U. Helmersson and I. Petrov, *Surf. Coat. Technol.*, **122**, 290-293 (1999)
5) J. Bohlmark, J. T. Gudmundsson, J. Alami, M. Latteman, and U. Helmersson, *IEEE Transactions on Plasma Science*, **33**, 346-347 (2005)
6) I. K. Fetisov, A. A. Filippov, G. V. Khodachenko, D. V. Mozgrin, A. A. Pisarev, *Vacuum*, **53**, 133-136 (1999)
7) C. Reinhard, A. P. Ehiasarian, P. Eh. Hovsepian, *Thin Solid Films*, **515**, 3685-3692 (2007)
8) J. Alami, P. Eklund, J. M. Andersson, M. Lattemann, E. Wallin, J. Bohlmark, P. Persson, U. Helmersson, *Thin Solid Films*, **515**, 3434-3438 (2007)
9) J. Alami, P. Eklund, J. Emmerlich, O. Wilhelmsson, U. Jansson, H. Högberg, L. Hultman, U. Helmersson, *Thin Solid Films*, **515**, 1731-1736 (2006)
10) J. Bohlmarka, M.Lattemanna, J. T. Gudmundssonc, A. P. Ehiasariane, Y. Aranda Gonzalvof, N. Brenningg, U. Helmerssona, *Thin Solid Films*, **515**(4), 1522-1526 (2006)
11) D. A. Glocker, M. M. Romach, D. J. Christie, W. D. Sproul, Society of Vacuum Coaters, 47th Annual Technical Conference Proceedings, 183-186 (2004)
12) B. M. DeKoven, P. R. Ward, R. E. Weis, D. J. Christie, R. A. Scholl, W. D. Sproul, F. Tomasel, A. Anders, 46th Annual Technical Conference Proceedings, *Society of Vacuum Coaters*, 158-165 (2003)
13) K. Sarakinos, A. Braun, C. Zilkens, S. Mráz, J. M. Schneider, H. Zoubos, P. Patsalas, *Surface*

& *Coatings Technology*, **206**, 2706-2710 (2012)
14) W. D. Sproul, D. J. Christie, and D. C. Carter, 47th Annual Technical Conference Proceedings, *2004 Society of Vacuum Coaters*, 96-100 (2004)
15) A. Andersa, J. Andersson, A. Ehiasarian, *JOURNAL OF APPLIED PHYSICS* **102**, 113303 (2007)
16) Z. Insepov, J. Norem, S. Veitzer, *Nuclear Instruments and Methods in Physics Research* B, **268**, 642-650 (2010)
17) 滝川浩史, 月刊トライボロジー, **305**, 38-40 (2012)
18) K. Yamamoto, T. Watanabe, K. Wazumi, F. Kokai, Y, Koga and S. Fujiwara, *Diamond Relat. Mater*, **10**, 895 (2001)
19) Kostas Sarakinos, A. Braun, C. Zilkens, S Mraz, J M Schneider, H Zoubos, and Patsalas, *Surface & Coatings Technology*, **206**(10), 2706-2710 (2012)
20) Meidong Huanga, Xueqian Zhanga, b, Peiling Keb, Aiying Wang, *Applied Surface Science*, **283**, 321-326 (2013)
21) 平塚傑工, 中森秀樹, 小林啓悟, ナノテック株式会社, トーカロ株式会社, 特許5839318 (2011)
22) 山本啓介, 津田聡彦, 宮澤篤史, 姫野友克, 日産自動車株式会社, 特開2010-287542(2010)
23) 伊藤弘高, 山本兼司, 株式会社神戸製鋼所, 特開2011-149897 (2011)
24) J. ROTH, J. B. ROBERTO, K. L. WILSON, *Journal of Nuclear Materials* **122 & 123**, 1447-1452 (1984)
25) J. ROTH, J. BOHDANSKY, W. OTTENBERGER, *Journal of Nuclear Materials* **165**, 193-198 (1989)
26) A. Anders, *Journal of Vacuum Science & Technology* **28**(4), 783-790 (2010)
27) A. Andersa, J. Andersson, A.Ehiasarian, *JOURNAL OF APPLIED PHYSICS* **102**, 113303 (2007)
28) W. D. Sproul, D. J. Christie, D. C. Carter, 47th Annual Technical Conference Proceedings, Society of Vacuum Coaters, 96-100 (2004)
29) U. Helmersson, M. Lattemann, J. Bohlmark, A. P. Ehiasarian, J. T. Gudmundsson, *Thin Solid Films*, **513**, 1-24 (2006)
30) B. M. DeKoven, P. R. Ward, R. E. Weis, D. J. Christie, R. A. Scholl, W. D. Sproul, F. Tomasel, A. Anders, 46th Annual Technical Conference Proceedings, Society of Vacuum Coaters, 158 (2003)
31) K. Sarakinos, A. Braun, C. Zilkens, S. Mráz, J. M. Schneider, H. Zoubos, P. Patsalas, *Surf. Coat. Technol.*, **206**, 2706-2710 (2012)
32) M. Lattemann, B. Abendroth, A. Moafi, D. G. McCulloch, D. R. McKenzie, *Diamond and Related Materials*, **20**, 68-74 (2011)
33) M. Hiratsuka, A. Azuma, H. Nakamori, Y. Kogo, K. Yukimura, *Surface and Coatings Technology*, **229**, 46-49 (2013)
34) 平塚傑工, 中森秀樹, ナノテック株式会社, 特許5900754 (2013)
35) C. Casiraghi, A. C. Ferrari, J. Robertson, *PHYSICAL REVIEW* **B 72**, 085401-1-14 (2005)

2 高sp³比DLC膜の成膜

滝川浩史*

2.1 はじめに

他章項でも記述があろうが,まず,DLC膜の種類を簡単に説明しておく。DLC膜を大別すると,①水素（H）を含まず,sp³構造リッチなta-C（tetrahedral amorphous carbon）,②Hを含まず,sp²構造リッチなa-C（amorphous carbon）,③Hを含み,sp³構造リッチなta-C:H（hydrogenated tetrahedral amorphous carbon）,④Hを含み,sp²構造リッチなa-C:H（hydrogenated amorphous carbon）の4種である。なぜ,このような分類をするかと言うと,一般的な形成法であるプラズマCVD法では原料ガスとして炭化水素ガスを用いるため,最も手軽に形成できる膜は自ずと水素成分を含んだa-C:Hであり,これとほかとを区別するためである。なお,H以外の元素,例えば,シリコン（Si）,フッ素（F）,窒素（N）,タングステン（W）などを含んだDLC膜もある。これらを考慮すれば,実に多様なDLCが存在する。本稿で取り上げる高sp³比DLC膜とは,Hやほかの元素といった不純物を含まず,かつ,高密度（およそ3 g/cm³超）なものである。その成膜法について概説する。もちろん,高sp³比DLC膜とは言わずもがなta-C膜のことである。

2.2 成膜方法

成膜法をまとめたものを図1に示す[1,2]。大別すれば,湿式法（ウェットプロセス）と乾式法（ドライプロセス）に分かれるが,DLC膜の成膜法はほぼすべてドライプロセスである。ウェットプロセスもトライされているが,際立った成果は得られていないようである。ドライプロセスは,化学蒸着法（CVD：chemical vapor deposition）と物理蒸着法（PVD：physical vapor deposition）とに分類できる。どちらの分類が適切かが曖昧なものや,ハイブリッド的な方法もあるが,通常の分類に従った。しかしながら,DLC膜の成膜に限って言えば,実はCVD法とPVD法とで分類するよりは,炭素源に何を用いるかで分類した方がよい。炭素源からの分類で見ると,CVD法のすべて,およびイオンビーム支援PVD法やイオンプレーティング法の一部では,原料が炭化水素ガスである。これに対し,PVD法の残りは,基本的に黒鉛の固体を原料として用いる。現在のところ,DLC膜形成の工業的主流は,各種プラズマCVD法,イオン化蒸着法,各種スパッタリング法,プラズマイオン注入成膜法（PBIID；Plasma based ion implantation and deposition）法,および真空アーク蒸着法である。

水素フリーのDLC（ta-C,a-C）を形成する手法としては,真空アーク蒸着法と各種スパッタリング法がある。パルスレーザーアブレーション蒸着（PLD：pulsed laser deposition）法も利用可能であるが,工業的生産には向かない。また,C_{60}の蒸着膜にアルゴン（Ar）クラスタービームを照射する方法（GCIB：gas cluster ion beam）も提案されている[3]。さて,スパッタリング法やGCIBの場合,スパッタリングガスあるいは照射ガスとしてArを利用するため,そのAr

---

* Hirofumi Takikawa　豊橋技術科学大学　電気・電子情報工学系　教授

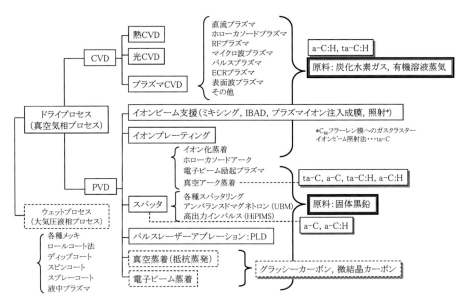

図1　一般的成膜方法とDLC膜形成方法の分類

がDLC膜中に残存し，sp^{3}リッチ化を阻害する。アンバランスマグネトロン（UBM：unbalanced magnetron）スパッタリング[4]や高出力インパルスマグネトロンスパッタリング（HiPIMS：high power impulse magnetron sputtering）は，通常のスパッタリングと比べイオン化率が高く，また，高いエネルギーイオンが得られるため，ta-C膜が形成できるかもしれないと考えられたが，真空アーク程の高イオンエネルギーやイオンフラックスが得られず，Arの残存とも相まって，高密度ta-Cの形成に至っていない[5]。

2.3　真空アーク蒸着[6, 7]

　前項までに述べた背景から，高sp^{3}DLC膜（ta-C膜）の工業的形成法は真空アーク蒸着法が主手法ということになる。真空アーク蒸着法は，業界では，アークイオンプレーティング法（AIP：arc ion plating），アークPVD法などと呼ばれている。学術的には，陰極アーク（カソーディックアーク）蒸着法（CAD：cathodic arc deposition），陰極真空アーク法（CVA：cathodic vacuum arc）と呼ばれることもある。同法は，従来，窒化チタン（TiN），窒化クロム（CrN），窒化チタンアルミ（TiAlN）膜など，窒化物系の硬質保護膜の形成が主体であった。最近では，水素フリーのダイヤモンドライクカーボン（DLC）膜を工業的に形成できる唯一の手法としても知られ，利用されるようになっている。

　真空アーク蒸着法は，真空中で発生させたアーク放電を利用するものである。真空アークでは，陰極表面に陰極点が形成され，そこから大量の熱電子の放出と陰極材料の蒸発とが生じる。陰極点は形成と消滅を連続的に繰り返す。一般に，陽極は不活性である。陰極蒸発物は陰極点か

第 4 章　次世代DLC応用のためのキー技術

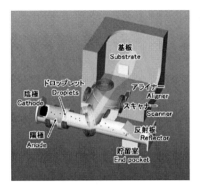

図 2　T字状フィルタードアーク蒸着装置T-FAD　(a)イラスト，(b)実機の一例

らの放出熱電子との衝突によってイオン化し，陰極点近傍にイオン雲として集積する。イオン雲は高いポテンシャルハンプを形成する。イオン雲内のイオンは双方向にドリフトし，陰極へ向かうものは陰極表面を加熱し，新しい陰極点すなわち蒸発点の形成に寄与する。陰極から遠ざかる方向へ向かうものは，ポテンシャルハンプの電界によって放電電圧（約30V）以上に加速され，そのエネルギーは高いもので150eVにもなる。DLC膜形成には高いエネルギーのイオンが必要であり，同法はまさにうってつけの手法であるということになる。なお，真空アークにおける電子エネルギーは高々2eV程度であり，電子エネルギーよりイオンエネルギーの方が高いと言う，特異なプラズマである。

　真空アーク蒸着では固体蒸発源を用い，チャンバ自体を対電極として利用できるため，複数の蒸発源を自在に配置できるということもあり，一般に，多数蒸発源を配置すれば，高速成膜が可能となるという利点がある。しかし，陰極点からドロップレットと呼ばれる陰極材料のマクロ微粒子が副次的に放出され，このドロップレットが生成膜に付着すると，膜の平坦性，均一性，均質性を損なうほか，膜剥離や性能劣化を誘引する起点となる可能性があるという欠点がある。

2.4　フィルタードアーク蒸着[6, 7]

　ドロップレットを生成膜に付着させないようにする手法として，フィルタードアーク蒸着（FAD）法がある。Aksenov[8]により，Ti陰極のドロップレットを基板に付着することを防止したトーラスフィルタが提案されて以来，多くのフィルタ形状が提案されている。金属陰極の場合，ドロップレットは溶融状態にあるため，フィルタ壁に固着する。しかし，DLC形成に用いる黒鉛陰極のドロップレットは固体状であるため，ダクト壁で反射され，ダクト自体がガイドになってしまう。そこで考案されたのがT字形状のフィルタを持つT字状フィルタードアーク蒸着装置（T-FAD）である。そのメージ図と実機を図2に示す。

　T-FADでは，電磁石を用いて形成した磁界とフィルタダクトに印加した電界とによって，陰極から発生した真空アークプラズマを成膜室へ導く。ダクト形状がT型であり，プラズマはT字

部で90°屈曲される。ドロップレットは陰極から正面方向に設けた捕集部で回収される。従って，プラズマの進行方向とドロップレットの進行方向とを分離することによって，成膜室方向に向けてクリーンプラズマビームが得られる。なお，ビーム状プラズマを用いて広い範囲を成膜するため，電磁コイルを用いたビームスキャナやビームアライナが併設される。

2.5　高sp^{3}比DLC膜の作り方

真空アーク蒸着法でDLC膜を形成する場合，重要な制御パラメータは，陰極黒鉛材料，運転圧力・雰囲気，アーク電流，基板印加バイアス，成膜プロセスレシピ，ダクト印加磁界・バイアスなどである。電極材料はものによっては，陰極点が電極表面を運動せず潜り込んでしまって陰極の均一消耗が困難であったり，ドロップレットの発生量が多かったり，アーク放電の自己消弧が頻繁に発生したりする。このような点を踏まえて適切なものを利用する必要がある。圧力は低ければ低いほど発生したイオンのエネルギーを損失しないし，不純物の混入がなくなるため，硬く純度の高い高sp^{3}比のta-Cが形成できる。また，チャンバ壁面に水分が付着していると水素含有DLC膜になりかねないので注意が必要である。アーク電流が大きいほど，イオンフラックスが高くなり，成膜速度が速くなるが，ドロップレット発生量も増える。基板印加バイアスは，DLCの膜密度を制御できる。ダクト印加磁界・バイアスは，輸送するイオンフラックスを制御する。イオンフラックスはイオン電流としてダクト出口で計測する場合が多い。

高sp^{3}比DLC膜の作り方のポイントは上記のほかに，膜温度，基板バイアス，および基板表面状態の三つである。まず，温度についてであるが，ヒーター付基板固定台を用い，基板加熱温度を変えてT-FADで成膜したDLC膜の抵抗を計測した結果を図3に示す。基板にはSiウエハを用いた。ガスは導入しておらず，バイアスは印加していない。膜厚は200～400nmである。この結果から次のことがわかる。基板加熱温度が100℃を超えると，シート抵抗が急激に減少する。200℃を超えると，ほぼ導通DLC膜となる。このことは，sp^{3}リッチのta-Cを形成するには，成膜温度が100℃を超えないようにした方がよく，温度が高くなるとsp^{2}リッチになるということを示している。この情報は極めて重要である。実は，基板加熱をしなくても，DLC膜が形成する際に自己発熱し，成膜中に膜温度が上昇する。これを回避するため，膜自体の温度が上昇しないような成膜レシピを設定する必要がある。特に，高いバイアスを印加する場合には，自己発熱量も多い。生産現場では成膜到達温度をモニタして管理されているが，論文などでは明記されていない場合もあり，注意が必要である。

基板バイアスは－100V前後を印加するの

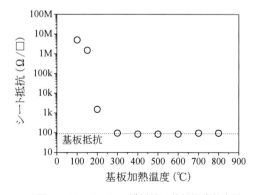

図3　HフリーDLC膜抵抗の基板温度依存性

第4章　次世代DLC応用のためのキー技術

が適切である。バイアス電圧をこれ以上に負に高くすると，sp^{3}比は減少し，膜が柔らかくなる。図4にDCバイアス電圧を変えた場合の膜密度およびナノインデンテーション硬さの変化を示す。膜温度は100℃以下で形成したものである。ともに，バイアス電圧を負に高くするほど，減少していることがわかる。なお，DCバイアスの場合，基板のエッジ効果が強くなり膜の均一性が得られない場合がある。そのような場合は，パルスバイアスを用いる。

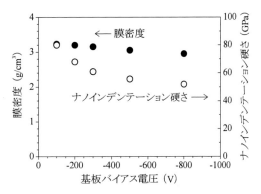

図4　膜密度と基板バイアス電圧との関係

もうひとつポイントは基板の表面状態である。まず，酸化層が表面にあるとta-Cは密着しにくい。適切にエッチングし，酸化層を除去する必要がある。また，基板の表面状態として，表面粗さも重要である。表面粗さ20nm以下には研磨されていることが望ましい。

2.6　高sp^{3}比DLC膜の応用[9~11]

DLC膜の応用は数多いが，中でも高sp^{3}比DLC膜（ta-C膜）の現時点での有効な実用的応用は，主に次の四つである。
(1) バルブリフタ，ピストンリングなど自動車部品への高摺動性保護膜
(2) 切削工具への保護膜
(3) 非鉄材料（アルミ，銅，リードフレーム材など）の冷間金型[12]の保護膜
(4) ガラスレンズモールドプレス用金型への保護膜・離型膜

これらについて簡単に紹介する。

バルブリフタやピストンリングなどの自動車部品へのコーティングは，主にコスト面と生産速度の点から，今のところ，フィルタードアークでなく従来の通常アーク蒸着が用いられ，ドロップレットをラッピングによって除去した後，利用されている。

切削加工はできるだけ冷却や潤滑のための油を使いたくない。被加工物の後処理や切削油自体の後処理が必要になるからである。その意味で，今日ではアルミ合金のドライ切削にはta-Cコーティングが欠かせない。なお，ta-C膜は銅系材料のドライ加工にも有効である。

電気・電子部品の小型多機能化に伴い，金型の高精度化，長寿命化，被成形品の表面品質向上の要求が高まっている。精密金型の場合，耐摩耗性，耐凝着性，耐久性を向上させる必要があり，特に非鉄性材料の溶着がないta-C膜が冷間金型用保護膜として利用されている。

ガラスレンズは従来，研削・研磨工程で製造されてきた。しかし，最近では，レンズ組数を少なくできる非球面レンズの量産のため，高温でプレス成型するモールドプレス法で製造されるようになってきた。同法では，ガラスレンズが金型に付着するのを防ぎ，つまり離型を容易にし，

かつ，金型表面の傷つきを防ぐため，ta-C膜がコーティングされている。レンズは超精密部品であることから，工具応用時よりも高レベルの品質が要求される。現在のところ，ta-C膜の使用推奨上限は650℃程度であるが，より高い温度での利用も要求されるようになるかもしれない。

2.7 おわりに

　高sp^3比DLC膜（ta-C膜）を形成するには真空アーク蒸着装置が必要で，プラズマCVD装置と比較すると，装置自体が複雑で高価であり，また，運転ノウハウも熟練が必要である。更にドロップレットフリーの高品質な膜を生産するにはFADが必要であり，更に高価であり，入手しづらく，高度な運転ノウハウが要求される。しかしながら，徐々に普及が進んできているようである。今後，成膜装置の更なる普及に伴い，ta-C膜の特性・特徴の更なる把握・理解や，ta-C膜をベースにした新機能膜開発などが進み，これまで以上の広範な分野における魅力的な応用が展開されると期待できる。

文　　献

1) 滝川浩史，表面技術，**58**，572-577（2007）
2) 滝川浩史，真空，**51**，20-25（2008）
3) T. Kitagawa, *et al.*, *Nucl. Instr. and Meth. B.*, **210**, 405（2003）
4) 黒川好徳ほか，神戸製作技報，**52**，31（2002）
5) 上坂裕之，プラズマ・核融合学会誌，**90**，76（2014）
6) R. L. Boxman, D. M. Sanders, and P. J. Martin (Eds.), Handbook of Vacuum Arc Science and Technology -Fundamentals and Applications-, Noyes Publications（1995）
7) 滝川浩史，金属，**79**，106-111（2009）
8) I. I. Aksenov, V. A. Belous, V. G. Padalka, and V. M. Khoroshikh, *Sov. J. Plasma Phys.*, **4**, 425-428（1978）
9) 滝川浩史，機能材料，**34**，106-109（2014）
10) 滝川浩史，最新高機能コーティングの技術・材料・評価，第5章スーパーDLC膜，シーエムシー出版（2015）
11) 滝川浩史，プラズマ・核融合学会，92，6月号（2016）
12) 日立金属技報，**31**，64（2015）

3 準大気圧・大気圧DLC成膜と円管内壁へのDLC成膜

大竹尚登[*1]，井上雅貴[*2]，髙村瞭太[*3]

3.1 ナノパルスプラズマCVDと準大気圧下でのDLC成膜

　DLCは，炭化水素イオンを前駆体としたイオンプロセスで成長すると考えられており，実用化されているCVDによるDLC成膜では，1～50Pa程度の低圧力下のプラズマが利用される[1]。もちろん中性活性種も成膜に寄与しているが[2]，DLC成膜にイオンが必須なのは明らかであり，ダイヤモンドの合成が主にCH_3ラジカルと原子状水素を前駆体として進行するのとは対照的である。決してダイヤモンドのなり損ないがDLCの訳ではなく，両者の生成プロセスは異なると言える。大気圧下での合成の難易度から言えば，ダイヤモンドは容易だが，DLCはイオンを扱うために，平均自由行程が0.1μmの大気圧下では極めて困難なプロセスとなる。

　一方，大気圧下でDLCの成膜が可能になれば，真空装置が不要になるので装置の小型化や生産性が向上し，真空容器の大きさによる制限がなくなり，大面積処理が可能になるといった多くの利点があり，幅広いプロセスに適用できる。

　大気圧下でのDLC成膜については，これまでにSIサイリスタを用いたナノパルスプラズマCVD法により成膜が実現されている[3,4]。ナノパルスとは，直流単パルスの半値幅が1μs以下の極めて短時間のパルスを意味する。図1に示す静電誘導（SI）サイリスタからのナノパルス電圧・電流を印加する図2の成膜装置を作製し，DLC成膜が行われている。電極には，陽極にプラズマの広がりを小さくし，プラズマへの投入電力密度を高めるため，直径10mmの円柱状の電極を用い，陰極に直径50mmの円柱状の電極を用い両電極間の距離を20mmとしている。原料ガスにはCH_4＋Heを用いている。これは，Heガスによるペニング効果を利用することにより，準大気圧下においても安定的にCH_4の電離を促進することを目的としている。また，電圧については，一般的に負電圧に比べて正電圧の方が放電し易く，高い解離度を得られることが知られているので，低圧下での成膜とは逆に，陽極に正のナノパルス高電圧を印加し，接地した陰極上のSiウエハにDLCの成膜を行っている。

　成膜条件を表1に示す。図3に準大気圧下（26.7kPa）における成膜時の放電状態を示す。直径10mmのステンレス製の陽極とその下方10mmに陰極があり，陰極上にSiウエハ（Si（100），比抵抗0.01Ω·cm）が設置されている。プロセスガスは右斜め45度方向にある供給ノズルを通してプラズマ部近傍に直接より吹き付けており，左斜め45度方向にある排気ノズルより排気されている。

　パルス幅20μsのマイクロパルスプラズマCVD法では，通常グロー放電が観察されるが，ナノパルスプラズマCVD法では，図のように電極間にストリーマ放電が発生しており，さらに陰極側の

[*1] Naoto Ohtake　東京工業大学　工学院　教授
[*2] Masaki Inoue　東京工業大学　大学院理工学研究科
[*3] Ryota Takamura　東京工業大学　大学院理工学研究科

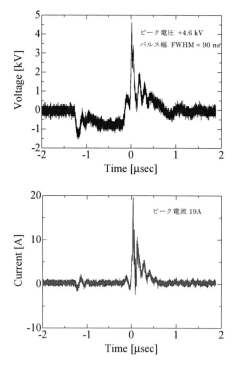

図1 ナノパルス電源の電圧および電流の波形

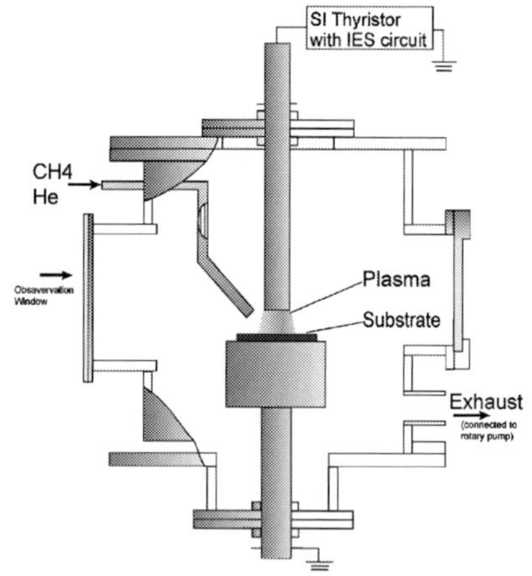

図2 準大気圧DLC成膜装置の概略図

表1 準大気圧DLC成膜の条件

電源	SI Thyristor
ピーク電圧	+4.6kV
ピーク電流	19A
パルス幅	FWHM=90ns
周波数	1 kHz
ステンレス棒状電極形状	直径10mm,長さ40mm
基板	Si (100)
成膜時チャンバ圧力	200Torr (26.7kPa)
電極間距離	20mm
ガス	CH_4 3slm, He 30slm
成膜時間	60min

放電部の直径は約20mm程度であるのが観察できる。図4に生成された膜のラマンスペクトルを示す。このスペクトルは1,580cm^{-1}付近のG (Graphitic) ピークと1,350cm^{-1}付近のD (Disordered) ピークとからなっていることから,堆積膜がDLC膜であることがわかる。生成した膜の外観写真を図5 (a)に,SEM写真を図5 (b)に示す。成膜されたDLCは少なくとも直径15mmの範囲に渡って干渉縞がなく,ほぼ均一な膜厚が得られている。ここでSiウエハ上に成膜されたDLC膜の

第4章　次世代DLC応用のためのキー技術

図3　DLC成膜時のようす（圧力200Torr）

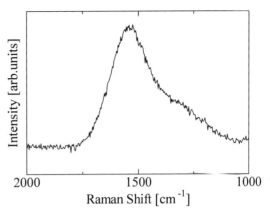

図4　膜のラマンスペクトル

直径は約20mmとストリーマ放電の生成領域とほぼ一致している。また，SEM観察および段差計測より膜厚は約1.6μmであった。以上の結果より，準大気圧条件下でのDLC成膜レートは1.6μm/hである。一方，低圧条件下[5)]での成膜レートは，同じ1kHzの周波数で0.21μm/hであることから，約8倍の成膜速度が得られていることがわかる。DLC膜のAFM観察の結果より，表面粗さは通常のDLC膜と同等の0.07nmRaであり，きわめて平滑な膜である。ナノインデンターによる硬さおよび弾性率の測定結果を図6に示す。図より，硬さは20.8GPaと高硬さであることがわかる。750nmより深い位置の硬度が低下しているのは徐々にSi基板の硬度に近づいているためである。また，弾性率は170GPaであり，一般的なDLC膜と同程度の値が得られていることがわかる。

(a) 膜の外観

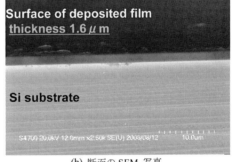

(b) 断面のSEM写真

図5　準大気圧成膜されたDLCの表面(a)と断面(b)

3.2　準大気圧下でのDLC膜の厚膜化

　膜厚の観点からさらに検討が進められている。ナノパルスプラズマCVDの13.3kPa（100Torr）下での実験では，DLC成膜時間を2hまで延長しても膜厚1.0μm以上になることはなかった。ま

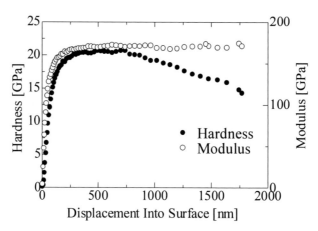

図6　準大気圧成膜されたDLCのナノインデンテーション硬さとヤング率

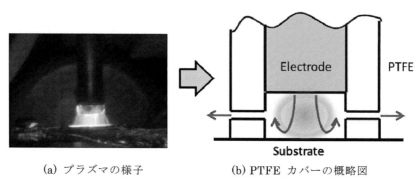

(a) プラズマの様子　　　(b) PTFE カバーの概略図

図7　ナノパルス印加によるストリーマ放電と，PTFEカバーの概略図

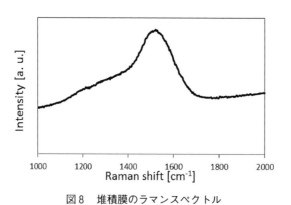

図8　堆積膜のラマンスペクトル

た，過去に行われた大気開放でのDLC成膜実験では10～100L/minもの流量のHeを用いている。しかしこの大流量のすべてがプラズマ発生に寄与するとは考え難く，この中においてプラズマ安定化・成膜に寄与しないHeやCH_4も存在したはずである。そこで，図7に示すように絶縁体

第4章 次世代DLC応用のためのキー技術

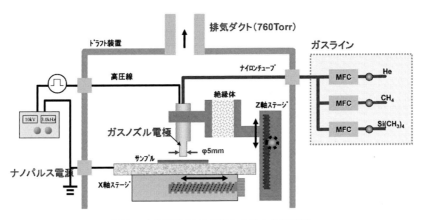

図9　大気開放DLC成膜システムの概略図

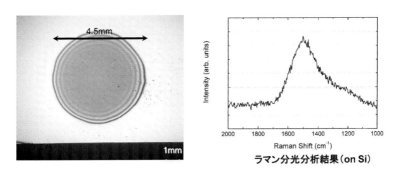

図10　大気圧DLC膜の表面とラマンスペクトル

(PTFE)でプラズマを閉じ込め，He，CH_4ガスは細孔から排気することでプラズマを安定に発生させ，成膜速度を向上させることが試みられている。

φ10mm電極にPTFE製カバーを製作し，鏡面研磨したSUS304基板に対し成膜実験を行っている。圧力は13.3kPa（100Torr）であり，CH_4流量は0.1L/min，He流量は1L/minである。堆積膜のラマンスペクトルを図8に示す。

この実験で得られた膜厚は1時間の成膜で2.2μmであり，絶縁体カバーを電極につけていない時と比べ，僅か1L/minのHe流量で1.3倍以上の成膜速度が得られている。これはCH_4とHeの混合ガスがカバー内で滞留し，効率良くプラズマによって原子が活性されたためと考えられる。

3.3　大気圧下でのDLC成膜

大気開放下での成膜装置の概略を図9に示す。一般的な真空プロセスと異なり真空ポンプや真空チャンバを必要とせず，ドラフト内にプラズマ生成用電極と2次元的に移動可能な基板台が設置されていることが大きな特徴である。プロセスガス（CH_4）およびキャリアガス（He）の供給にはφ5mmの円筒パイプを用い，成膜中はこの円筒パイプが正のパルス電圧を印加する電極と

なる。He流量は6 L/min，CH_4流量は80cc/minとし，成膜基材として0.1Ωcmのシリコンウエハを用いる。電極側に電圧＋2.5kV，パルス幅800nsec，パルス周期3.0kHzの正ナノパルス電圧を3 min印加する。排出したキャリアガスおよびプロセスガスはドラフト排気により自然放出される。堆積した膜の写真を図10に示す。写真より均一な薄膜が得られていることがわかる。またラマン分光分析結果から堆積膜はDLCであることがわかる。膜厚は約1.1μmで硬さ約20GPaであった。

以上の実験結果より，均一なDLCが再現性良く成膜出来ることが確認された。特に，大気開放下でのDLC成膜に特徴的な事象として，0.37μm/min（22μm/h）と一般的な成膜速度である1μm/hの20倍もの高い速度が得られている。これは，成膜面に対して大量の原料ガスを供給し，パルスエネルギを局所的に集中して印加した結果であると考えられる。

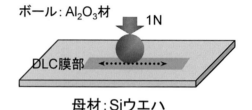

	大気圧DLC	真空DLC
圧力	760Torr	10mTorr
キャリアガス	He：6L	-----
主ガス	CH_4：80cc	C_2H_2
基材	シリコンウエハ	
膜厚	0.4μm	1.0μm

往復摺動試験（移動速度 45 mm/s）
荷重1N、φ10mm（Al_2O_3）

図11　摩擦摩耗試験の使用材料と方法

大気圧DLC膜の耐摩耗性を評価するために，ピンオンディスク試験を行った。供試材料および試験条件を図11に示す。アルミナボールを用い，1Nの垂直荷重を加えながら移動速度45mm/sで大気圧DLC膜および通常の真空DLC膜上を摺動させた。試験結果を図12に示す。大気圧DLC膜の摩擦係数はおよそ$\mu=0.1$で，真空DLC膜と同等の低摩擦係数で安定しており，大気圧下で

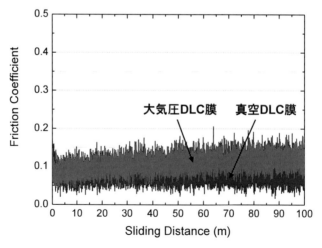

図12　ピンオンディスク試験結果

第4章　次世代DLC応用のためのキー技術

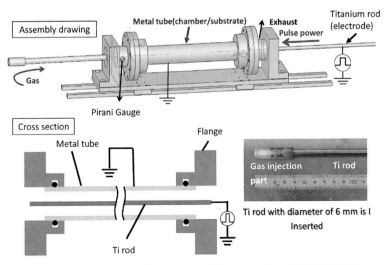

図13　ナノパルスプラズマCVDによる円管内へのDLC成膜法の概略図

成膜されたDLCは従来のDLCと遜色ない摩擦摩耗特性を有していることが確認された。さらに，準大気圧下で鉄鋼材料上にDLCを成膜することも可能になっている，この場合，中間層としてa-Si-C:H層を形成し，その上にDLCを積層させている。この膜は20GPa以上のナノインデンテーション硬さと40N以上の耐スクラッチ性を有している。本プロセスはインラインでの高速DLCコーティングや，短時間で限られた部分のDLC膜を補修する場合に有効であると考えられる。

3．4　ナノパルスプラズマCVDによる円管内へのDLC成膜

プラズマ中でそれを構成する荷電粒子が動いて電場を遮蔽する現象（デバイ遮蔽）においてその遮蔽が有効になる長さのスケール，デバイ長λ_dは以下の式で表現される。

$$\lambda_d \equiv \left(\frac{\varepsilon_0 \kappa T_e}{e^2 n_0}\right)^{1/2} = 7.43 \times 10^3 \left(\frac{T_e}{n_0}\right)^{1/2}$$

ここでT_e：電子温度 [eV]，n_0：プラズマ密度 [m^{-3}]，ε_0：真空誘電率，κ：ボルツマン定数，e：電荷素量である。電子温度T_eは [K] ではなく [eV] で与えている。プラズマが集団的にふるまい，電気的中性を保つためには，プラズマの寸法Lがデバイ長λ_dよりも十分大きくなければならない。また，プラズマが固体と接する際に発生する電圧が集中する厚さ，すなわちシース厚dはデバイ長λ_dを用いて以下の式で表される。

$$d \cong \lambda_d \left(\frac{eV_0}{\kappa T_e}\right)^{3/4} = \left(\frac{\varepsilon_0^2 V_0^3}{n_0^2 e \kappa T_e}\right)^{1/4}$$

イオンフラックスを考慮すれば，

$$d = 0.606\, \lambda_d \left(\frac{2V_0}{T_e}\right)^{3/4}$$

図14　成膜後の円管断面の写真

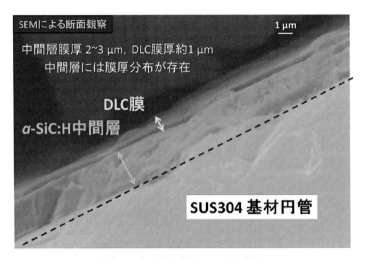

図15　生成膜の断面SEM観察結果

となる。準大気圧プラズマではプラズマ密度n_0が大きくなるため、デバイ長、シース厚ともに減少する。0.1〜50Paではシース厚1〜数10cmであるが、100Torrでは1mm以下となる。すなわち、理論上は100Torr以上の圧力であれば内径2〜3mm以下の円管内部にも局所的にプラズマを発生させることが可能であり、ナノパルスプラズマを用いれば、細径の円管内壁にDLCを成膜出来ると期待される。

　試作された金属円管内面へのDLC成膜装置の概略を図13に示す。基材となる円管両端を密閉し、金属円管自身に真空チャンバとアースの機能を持たせることで、円管長の影響を受けることなくプラズマCVDを行うことが出来るようになっている。円管内にTi電極を挿入し、この電極に正のナノパルスを印加する構造である。この装置を用いて、500Paにおいて内径14mm、長さ300mmのSUS304円管に対し、DLC成膜を試みている。TMSを用いたa-SiC:H中間層の堆積に続き、He流量10sccm、CH_4流量40cc/minの条件で成膜を行った結果、円管の切断面を図14に示すように円管内面に均質な黒色の膜が得られている[6]。

　次に、同条件で堆積した膜のSEM観察、ラマン散乱分光分析、硬さ測定の結果について紹介する。走査型電子顕微鏡（Scanning Electron Microscope, SEM）によって膜断面を観察した結

第4章 次世代DLC応用のためのキー技術

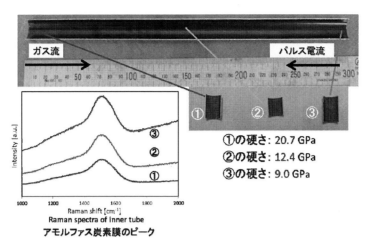

図16 堆積膜のラマンスペクトルとナノインデンテーション硬さ

果を図15に示す。中間層の膜厚は約4μm（成膜時間5min），DLCの膜厚は約1μm（成膜時間120min）であることがわかる。中間層の成膜速度は従来と比較して高速だが，DLCの成膜速度は，低圧力下のナノパルスプラズマCVDの結果と同程度である。

円管内面に堆積した膜の右端，左端，中央部を切り出し，ラマン散乱分光分析を行った結果を図16に示す。ラマンスペクトルからは右端，左端，中央部全てからアモルファス炭素膜特有のピークが観察されている。しかし，中央部では1580cm^{-1}周辺のGピークの強度が大きいことからsp^{2}結合の連続性が高く，両端部ではGピークが中央部と比較して弱く，sp^{2}結合の連続性が低いと判断される。

円管内面に堆積した膜の硬さを直接測定することは出来ない。そこで，成膜前に基材となる円管をフライス盤で切削し，10mm×15mmの穴を3カ所に開け，真空用接着剤（2液性エポキシ接着剤Hysol 0151）で鏡面研磨してあるSUS304平板を接着している。成膜後，樹脂をエアカッターで切断し，SUS304平板に堆積した炭素膜を硬さ測定に用いている。3サンプルのうち2つはプラズマの乱れや樹脂の影響などを受けて膜が剥離したため，剥離しないで残ったサンプルを硬さ測定に用いている。その結果を図16に示す。①はガス導入口に近い端部，②は中心部，③電圧導入部に近い端部である。①の平均硬さは20.7GPa，②の平均硬さは12.4GPa，③の平均硬さは9.0GPaである。ほぼ全ての部分で10GPa以上の硬さを有していることから，内径14mmの円管内にDLCが成膜されていると言え，ナノパルスプラズマCVD法により，500Paの高圧力下で金属円管内面にDLC膜をコーティング出来ることが示されている。

3.5 まとめ

ナノパルス電源を用いることにより，これまで困難であったDLCの大気圧下での成膜が可能になった。今後は，大気圧DLC膜の実用化のために，膜の特性が従来のDLCと比較して異なる

のかどうかを詳細に検討して高速かつ大面積に安定して成膜する方法を開発し，さらには大気圧下でのDLCの成長機構について検討を重ねてゆく必要があろう．補修以外の実用化時は，安全性の観点から準大気圧での成膜プロセスを採用するのが望ましいと思われる．また，ナノパルスプラズマのシース長を短く出来る特徴を生かして円管内へのコーティングに適用するのは興味深い試みである．ECRを用いた方法[7]，ホローカソードを用いた方法[8]，マイクロ波を用いた方法[9]等と並んで，今後の展開が楽しみである．

最後に，本研究で提案したナノパルスプラズマCVD法は，イオンプロセスを大気圧下で用い，薄膜を堆積できることを示した点で，薄膜形成の適用範囲，すなわち成膜材料と成膜環境を広める意義があると感じている．大気圧イオンプロセスがDLC成膜を契機にさらに進展することを期待したい．

文　　献

1) 大竹尚登監修，DLCの応用技術，シーエムシー出版（2007）
2) S. Fujimoto, H. Akasaka, T. Suzuki, N. Ohtake, O. Takai, Structure and Mechanical Properties of Diamond-Like Carbon Films Prepared from C_2H_2 and H_2 Mixtures by Pulse Plasma Chemical Vapor Deposition, *Jpn. J. Appl. Phys.*, **49**, 075501（2010）
3) N. Ohtake, T. Saito, Y. Kondo, S. Hosono, Y. Nakamura, Y. Imanishi, Synthesis of Diamond-like Carbon Films by Nanopulse Plasma Chemical Vapor Deposition at Subatmospheric Pressure, *Jpn. J. Appl. Phys.*, **43**, L1406（2004）
4) Y. Kondo, T. Saito, T. Terazawa, M. Saito, N. Ohtake, Synthesis of Diamond-Like Carbon Films by Nanopulse Plasma Chemical Vapor Deposition in Open Air, *Jpn. J. Appl. Phys.*, **44**, L1573（2005）
5) 近藤好正，齊藤隆雄，寺澤達矢，大竹尚登，SIサイリスタを用いたナノパルス電源によるダイヤモンド状炭素膜成膜，電学論（A），**124**(6)，527（2005）
6) Ryota Takamura, Masaki Inoue, Hiroki Akasaka, Naoto Ohtake: Deposition of DLC Films on Inner Face of Metal Tubes by Nanopulse Plasma CVD, *Proc. ISPlasma 2015*, D3-O-10（2015）
7) 森崎英一郎，長野哲平，藤山寛，細管内壁コーティング用走査磁界型同軸ECRプラズマの特性，電学論（A），**117**(12)，1207（1997）
8) 神港精機株式会社，内面コーティング方法および内面コーティング装置，特開2006-199980
9) H. Kousaka, N. Umehara, K. Ono, J. Xu, Microwave-excited high-density plasma column sustained along metal rod at negative voltage, *Jpn. J. Appl. Phys.*, **44**, L1154（2005）

4 ナノ材料試験システムによるDLC膜の力学特性評価

葛巻　徹*

4.1　緒言

　平成26年6月24日に閣議決定された科学技術イノベーション戦略2014では，「新たな機能を実現する材料の開発」の中で，ナノカーボン素材の材料応用技術が我が国の産業界を支えるコアテクノロジーの一つとして挙げられている[1]。ナノカーボン素材の一つであるダイヤモンドライクカーボン（DLC）膜[2]は低圧気相法で合成され，耐摩耗性・機能性材料として構造用材料から医療用材料に至るまで幅広い領域での実用化を見据えた研究[3~5]が精力的に行われている。DLC膜などの薄膜系材料の構造および力学特性評価は，基板となる材料上に形成されるため，主にラマン散乱分光法，軟X線吸収分光法や摩擦摩耗試験，ナノインデンテーション試験が行われてきた。しかしながら，DLC膜の材料応用をさらに展開するためには構造と物性との関係を詳細に検討する新たな評価技術の確立が望まれる。これまでにナノカーボン素材の構造と各種物性評価には透過型電子顕微鏡（TEM）内で動作する原子間力顕微鏡（AFM）[6]，また走査型電子顕微鏡（SEM）内に設置したマニピュレータ機構[7,8]など新規性の高い評価技術が提案されてきた。筆者らのグループもこれまでにTEM内でのナノプローブ操作によりカーボンナノチューブ（CNT）の構造と機械的・電気的性質との関係について報告してきた[9~13]。そこで筆者らはCNTの評価・計測で培った技術を進化させ，ナノ物質から薄膜試料までを対象とする材料試験機を設計・製作し，これをSEM，TEMなどの各種顕微鏡や，集束イオンビーム加工装置（FIB）などと用途に合わせて組み合わせ，多面的な解析を可能とするナノ材料試験システムの構築に取り組んでいる。本稿では，非晶質炭素膜の応力誘起変態に関する検討を前提として行った，DLC膜単体を試料とするSEM内での引張試験について述べる。特に，破断過程のその場観察と応力−歪み曲線の計測結果と，既存の計測機器で取得したデータとを比較しながら本試験システムの有効性について議論した。また最後に，薄膜試料の機械的性質の評価に特化した試験システムの開発についても紹介する。

4.2　実験方法
4.2.1　ナノ材料試験システム

　本研究で使用したナノ材料試験機を図1に示す。この試験機は試料ホルダー先端部に固定ステージとモーターおよび圧電素子駆動による可動ステージで構成されており，両ステージ間は電気的に絶縁されている。また，可動ステージ側には歪みゲージを貼り付けた板バネを装着し，試料に負荷を与えた時に生じる板バネの歪を電気的な信号として検出する機構を備えており，これにより荷重測定を行う。最大測定荷重は約200g，荷重測定分解能は10^{-5}Nである。本実験ではナノ材料試験機をSEM（JSM-5600LV, JEOL）と組み合わせ，ナノ材料試験システムとして試料

＊　Toru Kuzumaki　東海大学　工学部　材料科学科　教授

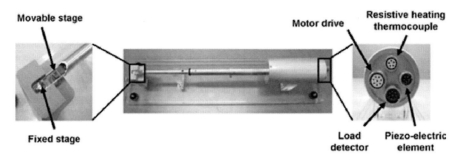

図1　ナノ材料試験機の外観写真
固定ステージと可動ステージで構成されるマニピュレーションユニットが
電子顕微鏡用の試料ホルダー内に組み込まれている

図2　ナノ材料試験システムの構成概略図

の変形・破壊挙動の観察，および応力-歪み（S-S）曲線などの物性計測を行った。ナノ材料試験システムの概略図を図2に示す。

4.2.2　試料作製

　DLC膜はタングステン箔（純度99.95%，厚さ35μm）を基板としてパルスプラズマ化学気相成長法により成膜を行った[14]。表1にDLC膜の成膜条件を示す。今回はパルス電源の周波数を変えることで条件を分け，2種類の試料を膜厚1μmとして作製した。成膜したDLC膜の構造解析はラマン散乱分光分析法（NSR-1000，JASCO）によって行った。図3(a)にタングステン箔上に成膜したDLC膜を示す。またその試料を機械的に曲げることによって剥片化させたものを図3(b)に示す。剥片化させたDLC膜はナノ材料試験機の試料支持板にエポキシ系接着剤と導電性ペーストで固定した。その後，試験機本体を独自に製作したアタッチメントポートからSEMの

第4章　次世代DLC応用のためのキー技術

表1　パルスプラズマCVD法で合成したDLC膜の堆積条件

	Sample A	Sample B
Source gas	C_2H_2	
Flow rate	20sccm	
Pressure	3Pa	
Bias voltage	−5.0kV	
Frequency	2kHz	14kHz
Deposition time	90min	45min

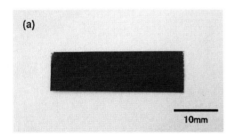

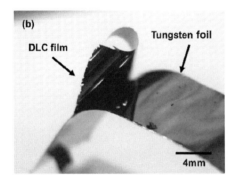

図3　タングステン基板上に堆積させたDLC膜(a)と試料の曲げによって基板から剥離させたDLC膜の写真(b)

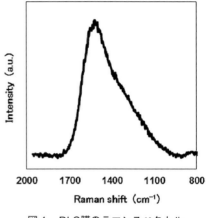

図4　DLC膜のラマンスペクトル

試料チャンバー内に導入した。

4.2.3　引張試験

DLC膜の引張試験は引張速度を約30μm/sとしてSEM内で行った。SEM観察時の加速電圧は15keVとした。引張試験によるS-S曲線は歪みゲージアンプ（PCD-300B，共和電業）を介して得られた荷重-変位曲線から算出した。

4.2.4　ナノインデンテーション試験

ナノインデンテーション試験（PICODENTER HM-500, Fischer Instruments K.K.）によって硬さとヤング率について測定を行った。最大荷重を0.1mN，付加時間を10sec，除荷時間を10sec，試験回数は80回と条件を設定し試験を行った。

4.3 実験結果および考察
4.3.1 ナノ材料試験システムによるDLC膜の引張試験

本実験で合成した薄膜はラマン測定により，1550cm^{-1}付近にブロードなピークを持ち，1400cm^{-1}付近にわずかなショルダーのある非対称なスペクトルを示した（図4）。このスペクトルは硬さや耐摩耗性などで特性評価されたDLC膜[15]のそれと良い一致を示した。図5(a)，(b)にSample Aの引張試験の試験前，試験後のSEM像を示す。図5(a)に矢印で示したクラックが観察された。引張応力を試料に印加した際，DLC膜はクラックの先端を起点として脆性的に破壊した。図6にDLC膜の引張試験によって得られたS－S曲線を示す。S－S曲線から，引張強度と歪みはそれぞれ約420MPa，約0.6%と求められた。DLC膜のS－S曲線において引張試験初期の段階でゆるやかな立ち上がりが見られた。これは，ナノ材料試験機のモーター駆動部のバックラッシュや試料ステージの剛性などによるものと考えられる。このため，実質的なDLC膜のS－S線図としては図6中の点線で示した挙動をとると考えられる。この補正により実質的な歪み量は約0.4%と考えられる。さらに直線の傾きからDLC膜のヤング率は約110GPaと見積った。この値はDLC膜のヤング率としてこれまでに報告されている値と近い値である[16]。本実験において考慮すべき点は剥片化させたDLC膜の機械的な特性が基板上に成膜された時のものと異なる可能性があることである。基板上に合成されたDLC膜には残留応力が生じており，残留応力が硬さに寄与していることが報告されている[17]。本実験では，基板上に成膜したDLC膜に対してナノインデンテーション試験を行った。ナノインデンテーション試験で得られた試料Aの硬さとヤング率をそれぞれ図7(a)，(b)に示す。硬さとヤング率の値

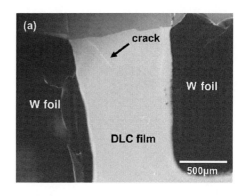
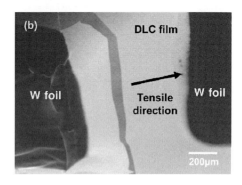

図5　DLC膜のSEM像
(a)引張試験前，(b)引張試験後

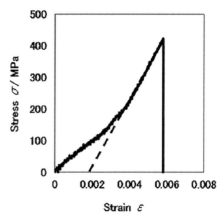

図6　DLC膜の応力－歪み（S－S）曲線
破線は修正したS－S曲線を示している

第4章 次世代DLC応用のためのキー技術

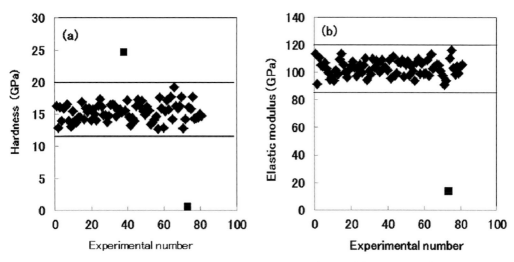

図7 インデンテーション試験によって計測されたDLC膜の硬さ(a)とヤング率(b)の結果

は，それぞれ約12～20GPa，約85～120GPaであった。これらの実験結果から引張試験とナノインデンテーション試験によるヤング率の値がほぼ一致しており，タングステン基板からの膜の剥離が容易であったことを考慮すると，残留応力の影響はほとんどなく引張試験においてDLC膜本来の機械的性質の計測が行えたと判断された。DLC膜の合成条件のうち電極周波数を2kHzから14kHzへと変化させて作製したDLC薄膜の代表的なS-S曲線を図8に示した。試料Bでは，破壊強度は約400MPa，歪は約0.23％であり，S-S曲線から求められるヤング率は約160GPaであった。電極周波数2kHzで作製した場合と比較して，ヤング率

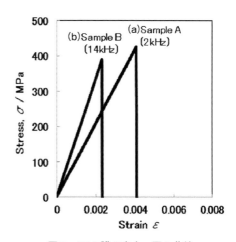

図8 DLC膜の応力ー歪み曲線
(a)試料A（2kHz），(b)試料B（14kHz）

が高くなっている。一般にDLC膜合成時の電極周波数を高くすると膜質が硬くなる傾向にあることが報告されている[15]。本実験で得られた結果は，その傾向を支持するものであると考えられる。しかしながら，現時点では各試料の測定データ数が2～3点と少なく，得られたデータがDLC膜の機械的性質の本質的な違いを示すものであるか否かについては今後，統計的データを基に検討する必要がある。一方，クラックがみられないDLC膜について行った引張試験前後のSEM像を図9(a)～(c)に示す。この場合の破断は図9(c)に示されるように複雑な破壊組織を示しており，破断面周辺部には多数のクラックが存在している。この時のS-S曲線は適正なデータとして計測できなかった。DLC膜など，脆性的な破壊挙動を示す素材の引張試験ではFIBを利

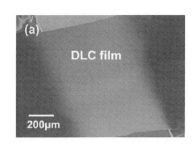
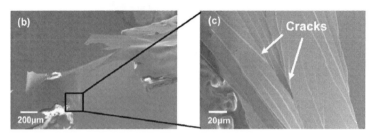

図9　DLC膜のSEM像
(a)引張試験前，(b)引張試験後，(c)(b)の拡大像

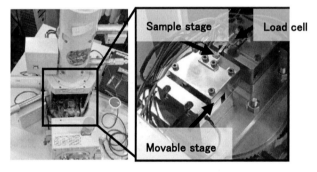

図10　ピエゾ駆動ステージを使用した薄膜用試験システムの外観写真

用してノッチを入れるなどの試料形状の調整が不可欠である。

4.3.2　ピエゾ駆動型微少引張試験機の開発

　本研究で作製したナノ材料試験機は，TEM観察用試料ホルダーをベースにした設計であるため，引張試験時のストロークが短い。また，ステージ間の段差に配慮して試料の設置を行う必要があるため，脆弱な薄膜試料を固定するには技術的な習熟が必要となる。そこで，薄膜試料の力学的性質の評価に特化した試験機として，3軸ピエゾ駆動型ステージ（M-3917，MESS-TEK）をベースに，ナノ材料試験機用に製作した板バネをロードセルとしてステージ上に取り付けた微少容量引張試験装置を作製し，SEM内で動作させるシステムの開発に取り組んでいる。図10にその外観写真を示した。この装置のステージは，ピエゾ素子で駆動し，ストロークは8 mm（XY軸），6.5 mm（Z軸）である。また，本装置を走査型電子顕微鏡（SEM，JSM-5600LV）内で動

第 4 章　次世代DLC応用のためのキー技術

作させるため,SEMのフランジを加工してロードセルと歪み計測用アンプとを接続できるようにした。本試験装置では引張速度の制御,すなわち,ピエゾ素子の変位速度の制御は周波数だけでなく電圧も変化させることで行う。しかしながら,引張速度を遅く設定する場合,電圧を低くするとトルクも低下してしまうため,試料を破断させるための十分な張力が得られない。引張速度の下限値と試料サイズの最適化を今後検討する必要がある。予備実験では厚さ数μm程度の金属薄膜の引張試験に成功している。

4.4　まとめ

本実験では,独自に開発したナノ材料試験システムによりDLC膜の引張試験を試みた。DLC膜のS-S曲線から引張強度は約420MPa,歪みは約0.4%という結果が得られ,ヤング率は約110GPaと見積もられた。本試験システムで計測されたヤング率はナノインデンテーション試験で得られたデータと良い一致を示した。また,本手法では,DLC膜の合成条件の違いに起因する機械的性質の差についても計測可能であることを示した。以上のことから本実験で使用した試験システムが薄膜の力学物性評価装置として正常に機能していると考えられる。今後は本研究の実施に適した薄膜形成条件の最適化と薄膜試料の力学物性評価に特化した試験機を用いて,応力や熱の印加によるDLC膜の構造変化と各種物性計測に向けた検討を行う予定である。

文　　献

1) 科学技術イノベーション総合戦略2014, p.52（2014）
2) J. Robertson, *Surf. Coat. Technol.*, **50**, 185（1992）
3) J. Robertson, *Mater. Sci. Eng. R.*, **37**, 129（2002）
4) 太刀川英男,森広行,中西和之,長谷川英雄,舟木義行,まてりあ **44**, p.245（2005）
5) T. Hasebe, K. Murakami, S. Nagashima, Y. Yoshimoto, A. Ihara, M. Otake, R. Kasai, S. Kasuya, N. Kitamura, A. Kamijo, H. Terada, A. Hotta, K. Takahashi, T. Suzuki, *Diam & Relat. Mater.*, **20**, 902（2011）
6) T. Kizuka, K. Saito and K. Miyazawa, *Diam & Relat. Mater.*, **17**, 972（2008）
7) M. F. Yu, O. Lourie, M. J. Dyer, K. Moloni, T. F. Kelly, R. Roff, *Science*, **287**, 637（2000）
8) S. Akita, M. Nishio and Y. Nakayama, *Jpn. J. Appl. Phys.*, **45**, 5586-5589（2006）
9) T. Kuzumaki, H. Sawada, H. Ichinose, Y. Horiike and T. Kizuka, *Appl. Phys. Lett.*, **79**, 4580（2001）
10) T. Kuzumaki and Y. Mitsuda, *Appl. Phys. Lett.*, **85**, 1250（2004）
11) T. Kuzumaki, Y. Horiike, T Kizuka, T. Kona, C. Ohshima and Y. Mitsuda, *Diam & Relat. Mater.*, **13**, 1907（2004）
12) T. Kuzumaki and Y. Mitsuda, *Jpn. J.Appl. Phys.*, **45**, 364（2006）

13) K. Enomoto, S. Kitakata, T. Yasuhara, N. Ohtake, T. Kuzumaki and Y. Mitsuda, *Appl. Phys. Lett.*, **88**, 153115 (2006)
14) N. Ohtake, T. Saito, Y. Kondo, S. Hosono, Y. Nakamura and Y. Imanishi, *Jpn. J. Appl. Phys.*, **43**, 1406 (2008)
15) S. Fujimoto, H. Akasaka, T. Suzuki, N. Ohtake and O. Takai, *J. Appl. Phys.*, **49**, 075501 (2010)
16) A. Grill, *Diam & Relat. Mater.*, **8**, 428 (1999)
17) S. Zhang, H. Xie, X. Zeng and P. Hing, *Surf. Coat. Technol.*, **122**, 219 (1999)

第5章　DLCとその応用の未来

大竹尚登*

　本書では，DLCの応用とそれを支える基礎技術について述べた。

　DLCの今後を展望すれば，まず成膜技術として，PVD，CVDを問わず高信頼性のDLCコーティングを1バッチで大量に，高速に行うプロセスが，さらに進化すると思われる。PVD法では，発展著しいHiPIMSだけでなく，AIPの進化も楽しみである。CVD法では，特に複雑形状部材，管状部材にどの程度対応できるかで，用途の裾野をどの程度拡大できるかが決まる。DLCの密着力，離型性などをインプロセスで確認するシステムも開発されるであろう。さらにRoll to Rollに代表される連続的に成膜するプロセスも重要で，準大気圧成膜法の導入も考えられる。

　機能性向上については各企業，研究機関がユニークなアイディアを多く出しており，シリコンをDLC膜内に導入することにより，耐熱性と水中の潤滑特性を向上させたり，潤滑油との組み合わせを検討することで超低摩擦・高耐摩耗性を発現するトライボコーティングを開発したりしている。今後はさらに多様な基材へのコーティングと過酷環境下でのDLC応用の検討が進むだろう。アルミ合金にWCのショットピーニングを施すことで付着力を大幅に向上させる方法はユニークである。また，「表面デザイン」の観点を重視する潮流から，機械工学的デザインによりDLCの表面形態を変化させたり，用途により化学的視点から表面官能基を変化させたりする工夫が進む。さらに，絶縁性・導電性コーティング，生体親和性の高いコーティングなども既に利用されるようになっており，今後ますます需要が増加すると思われる。この際には，広義の意味でのアダマント薄膜（B-C-N系）で適切な組成を選択するようなプロセスも考えられる。

　最後に，DLCの構造解明について言及する。ナノレベルではsp^2サブドメイン（黒鉛の小さい塊）とsp^3サブドメイン（ダイヤモンドの小さい塊）があるのか，あるならどのように分布しているのか興味のあるところである。メゾレベルのヒントとしては，DLCを用いたナノフィルターがつくられている。これは，DLCがナノレベルの細孔を有することを示していて興味深い。マクロレベルとしては，スクラッチ試験を行った場合の不安定性や，粉体付着の不安定・不均一性などの解明は重要であり，ナノからマクロまでを総合した事象として，バンド構造の解明と制御がある。

　DLC技術は，機械部材としての摩擦損失の低減および製品寿命延長の役割と，新規の医療機器，電気・電子素子の役割を担うものとして，大きい期待を受けている。今後のさらなる発展に期待したい。

＊　Naoto Ohtake　東京工業大学　工学院　教授

DLCの基礎と応用展開

2016 年 7 月 21 日　第 1 刷発行

監　　修　大竹尚登　　　　　　　　　　（T1013）
発行者　　辻　賢司
発　行　所　株式会社シーエムシー出版
　　　　　　東京都千代田区神田錦町 1-17-1
　　　　　　電話 03(3293)7066
　　　　　　大阪市中央区内平野町 1-3-12
　　　　　　電話 06(4794)8234
　　　　　　http://www.cmcbooks.co.jp/
編集担当　伊藤雅英／為田直子

〔印刷　あさひ高速印刷株式会社〕　　　　© N. Ohtake, 2016

落丁・乱丁本はお取替えいたします。

本書の内容の一部あるいは全部を無断で複写(コピー)することは，法律で認められた場合を除き，著作権および出版社の権利の侵害になります。

ISBN978-4-7813-1167-8　C3058　¥68000E